RÉSEAUX MOBILES 5G

Architecture, interface radio,
services, procédures et qualité

Bakary Konimba SAMAKÉ

RÉSEAUX MOBILES 5G

Architecture, interface radio, services, procédures et qualité

L'Harmattan
TOGOUNA MALI

5-7, rue de l'École-Polytechnique 75005 Paris

http://www.librairieharmattan.com

ISBN : 978-2-343-22908-9
EAN : 9782343229089

SOMMAIRE

I- HISTORIQUE DES TELECOMMUNICATIONS MOBILES

L'histoire des télécommunications de façon générale peut faire l'objet de tout un livre avec plusieurs tomes. Celle du segment des télécommunications mobiles à elle seule, peut également valoir plusieurs tomes.

Toutefois, les télécommunications mobiles et d'une manière générale les nouvelles technologies ont connu une évolution fulgurante à partir des années 1980 à nos jours.

Dans cette partie, nous allons uniquement donner chronologiquement les dates et évènements clés de l'évolution des télécommunications mobiles.

Pour permettre les télécommunications mobiles, deux principes essentiels sont à respecter :

- Le terminal (le téléphone) doit être déplaçable (mobile) et facilement portable,
- Le mode de liaison au reste du réseau de télécommunications doit être par canal radio.

Ces deux principes sont toujours valables aujourd'hui et régissent toujours les télécommunications mobiles. Mêmes si des évolutions énormes ont été effectuées sur les terminaux et sur le canal radio.

Les premiers systèmes de télécommunications mobiles consistaient à avoir une station radio avec laquelle communiquaient les terminaux dans un rayon de couverture limité. Ces premiers systèmes ont tout de suite connu des limitations qui sont :

- La mobilité réduite au rayon de couverture,
- La limitation de capacité si les canaux radios (fréquences) disponibles sont tous occupés.

Pour pallier à ces limitations, il fallait avoir plusieurs stations radio pour étendre la couverture et réutiliser les canaux radios (fréquences) pour résoudre le problème de capacité. Ce principe de multiplication de stations et de réutilisation de fréquences est appelé le système cellulaire ; la zone de couverture de chaque station radio constituant une cellule.

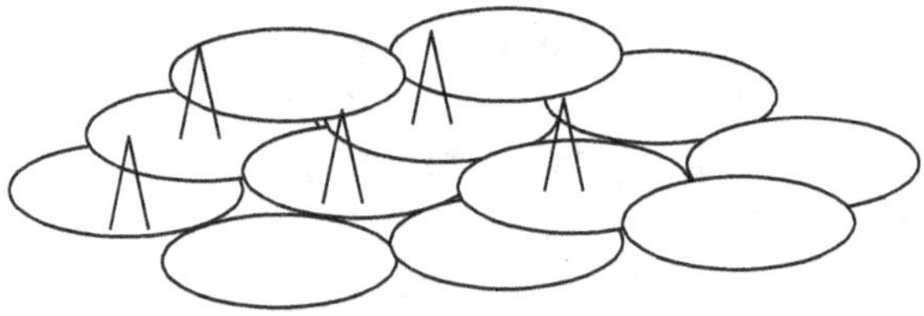

Figure 1 *: Système cellulaire*

Les premiers systèmes de communications mobiles ont existé vers les années 1919.

Il y eut ensuite plusieurs systèmes de communications mobiles disparates et de différents pays. L'interconnexion entre ces différents systèmes n'était pas possible alors qu'ils commençaient à être de plus en plus populaires. C'est ainsi que vers les années 80 des systèmes interopérables ont vu le jour et des groupes internationaux ont été créés pour procéder à l'élaboration de nouveaux systèmes plus évolués.

Les systèmes comme l'AMPS, le NMT, Radiocom 2000, etc… étaient des systèmes analogiques et ceux récents comme GSM, DCS, DECT, GPRS, UMTS, la LTE (4G) et la 5G etc.… sont numériques et plus évolués. A partir de la troisième génération de réseaux mobiles (UMTS), l'organisation 3GPP a été mise en place pour produire les normes et standards en matière de télécommunications mobiles. Ces ainsi que cette organisation a fait évolué les télécommunications mobiles jusqu'à la production des normes et standards de la 5G.

L'historique du développement des systèmes numériques à partir de la deuxième génération peut être résumé comme suite :

1979 : La Conférence Administrative Mondiale des Radiocommunications (CAMR), instance de l'Union Internationale des Télécommunications (UIT), est chargée de répartir les fréquences hertziennes. La bande des 900 Mhz, jusqu'alors réservée aux liaisons fixes, est libérée. La CAMR décide de l'ouvrir aux services mobiles terrestres et maritimes.

_1982_ : La Conférence Européenne des Postes et Télécommunications (CEPT) réserve des sous bandes de 25 Mhz chacune dans le spectre 890-915 Mhz pour l'émission des stations fixes et créée le groupe Groupe Spécial Mobile (GSM) qui est chargé d'élaborer les normes nécessaires. Le projet avance avec lenteur car les différents pays européens sont en train de mettre en place des réseaux analogiques.

_1985_ : Les opérateurs remarquent que le marché des mobiles explose, que les réseaux existants sont incompatibles et sont menacés de saturation. Le programme reçoit l'appui de la commission des Communautés Européennes qui décide d'imposer la future norme GSM à ses Etats membres.

Septembre 1985 : Treize pays se mettent d'accord sur les options de la future norme GSM et s'engagent à mettre en œuvre le radiotéléphone de voiture en 1991.

Juillet 1991 : France Télécom établit la première communication entre un mobile GSM et le réseau téléphonique, ainsi qu'avec le réseau Radiocom 2000.

_1991_ : Sous l'impulsion des britanniques, les spécifications GSM sont adaptées de façon mineure pour permettre de développer des systèmes dans la bande des 1800 Mhz. Ces systèmes, désignés par le terme DCS 1800 (Digital Communication System) sont plus ciblés pour des environnements urbains et doivent permettre d'éviter une saturation des réseaux dans les zones densément peuplées.

_1995_ : Publication de la phase 2 des recommandations GSM. Elle unifie des systèmes GSM 900 Mhz et DCS 1800. L'appellation GSM inclut donc le DCS 1800.

Cependant, des améliorations sont apportées à la norme et de nouveaux services sont spécifiés.

L'interopérabilité totale entre GSM 900 et DCS 1800 n'introduit aucun nouveau problème au niveau technique. A condition de disposer d'une licence sur les deux bandes, un opérateur peut déployer des stations de base 900 Mhz et 1800 Mhz connectées au même sous-système réseau.

En fait, GSM 900 et DCS 1800 reposent sur une architecture et des interfaces identiques, et ne diffèrent que sur l'aspect du déploiement cellulaire.

1998/1999 : Mise en place de la transmission de données sur le réseau GSM à travers l'introduction du GPRS/EDGE en 1998 et de l'UMTS en 1999/2000 suite à la création de la 3GPP (3rd Generation Partnership Project). Le GPRS est conforme à la norme Release 98 (R98) et l'UMTS à la 3GPP R99 avec l'utilisation du WCDMA au niveau de l'accès radio afin d'améliorer le débit de la transmission de données sur réseau mobile. A partir de ce moment, toute l'évolution du réseau mobile est conduite par les travaux du groupe 3GPP.

2001 : L'introduction de l'IP au niveau du cœur de réseau (Core Network) se fit avec la R4 (3GPP R4). Cette release permit la séparation entre média et signalisation au niveau cœur de réseau.

2002 : La release R5 décrit entre autres les principes du HSDPA (High Speed Downlink Packet Access) pour l'amélioration du débit de transmission de données dans le sens descendant et l'IMS (IP Multimedia CN Subsystem).

Fin 2004 : la 3GPP R6 qui introduit, entre autres fonctionnalités, le HSUPA pour améliorer le débit de la transmission de données dans le sens montant.

Fin 2006 : La 3GPP R7 a permis l'introduction du HSPA+ qui peut atteindre un débit de 42 Mbits/s et du MIMO (multiple input multiple output).

Fin 2008 : La 3GPP R8 a amené la redéfinition du réseau dans son ensemble avec le concept SAE (System Architecture Evolution) et l'EPC (Evolved Packet Core) pour le cœur de réseau de données, et avec le concept Long Term Evolution (LTE) pour l'accès radio. Il s'agit du début de la 4G.

Fin 2009 : La 3GPP R9 a approfondi les concepts introduits par la R8. Il introduit également l'interopérabilité entre le WiMAX et la LTE.

Début 2011 : La 3GPP R10 introduit la LTE Advanced corrigeant les imperfections de la LTE R8 et répondant aux spécifications de la 4G. Elle permet d'atteindre un débit de 1Gbits/s par utilisateur.

2012 : 3GPP R11 avec l'IPXS (Advanced IP Interconnection for Service) et l'ajout de nouvelle fonctionnalités pour la 3G/4G.

2015 : la 3GPP R12 avec l'introduction du Enhanced Small Cell et du massive MIMO

2016 : la 3GPP R13 est élaboré avec la description de la LTE adavanced Pro et d'autres fonctionnalités comme Elevation Beamforming, Full-Dimension MIMO, Indoor positioning, etc….

2017 : La release 3GPP R14 qui définit les IOT (massive Internet Of Things), Flexible Mobile Service Steering (FMSS), etc….

Fin 2018 : la 3GPP R15 pour la 5G.

Il faut ajouter que les éléments listés ici ne font pas l'exhaustivité des développements pour les releases 3GPP. A chaque release, les fonctionnalités des releases précédentes sont revues et améliorées si nécessaires et des nouvelles fonctionnalités sont introduites.

Nous pouvons remarquer qu'il a existé à nos jours 4 grandes générations de réseaux mobiles numériques qui sont : le GSM (2G), l'UMTS (3G), la LTE (4G) et la 5G.

Ce livre étant consacré aux réseaux mobiles 5G, nous allons décrire dans les premiers chapitres l'architecture du réseau 5G, la description détaillée de l'interface radio 5G, les services et les fonctionnalités offerts par le réseau 5G.

Dans les chapitres qui suivront, nous aborderons les aspects d'accessibilité au réseau, de mobilité et de gestions des sessions et des procédures de la 5G.

Dans la dernière partie, la question de la gestion de la qualité de service sur un réseau 5G sera traitée.

II- ARCHITECTURE DU RESEAU 5G

Après l'existence de plusieurs types de réseau de première génération non interopérables entre eux, le réseau GSM de deuxième génération est celui à partir duquel sont issues toutes les évolutions ultérieures de réseaux mobiles surtout avec la création de la 3GPP à partir de la 3G.

Quelle que soit la génération de réseau mobile, l'architecture adopte presque la même structure. Les protocoles et les fonctionnalités sont spécifiques et évoluent en fonction des générations et des technologies disponibles.

Dans ce chapitre, nous allons d'abord décrire la structure générale d'un réseau mobile, ensuite décrire les éléments constitutifs et les identifiants d'un réseau 5G, et enfin décrire les interfaces et les couches protocoles au niveau du réseau 5G.

II.1 : Structure générale d'un réseau mobile

Comme indiqué dans l'historique, le principe d'un réseau mobile est de permettre que l'abonné, disposant d'un équipement terminal offrant des services de télécommunications, puisse se déplacer convenablement avec ledit terminal sans détérioration de la qualité de service.

Pour cela, deux conditions essentielles doivent être garanties : le terminal ne doit pas être solidement relié au reste du réseau de télécommunications et son poids doit être réduit au maximum pour permettre sa portabilité.

La seconde condition a été satisfaite avec la progression dans les domaines électronique et informatique notamment à travers la miniaturisation des composants électroniques.

La première condition implique l'utilisation de signaux électromagnétiques ou signaux radios pour relier le terminal au reste du réseau. L'utilisation des signaux radios nécessitent que les terminaux soient composés d'émetteurs et de récepteurs pour faire la transmission et la réception des signaux. De même, des récepteurs et émetteurs devront exister du côté du reste du réseau pour échanger avec les terminaux. Ces émetteurs et récepteurs sont situés sur des stations qui servent de relais entre les terminaux mobiles et le reste du réseau. Ces stations dites stations relais ou stations de base sont placées sur des points hauts afin d'atteindre le maximum de terminaux mobiles.

Pour cela, le réseau est conçu de manière qu'un terminal puisse être servi en fonction de sa position par différentes stations et qu'une station puisse servir simultanément plusieurs terminaux.

Le lien ou l'interface entre le terminal et la station de base est appelé généralement interface radio.

A ce stade, le réseau peut être représenté par la figure ci-dessous.

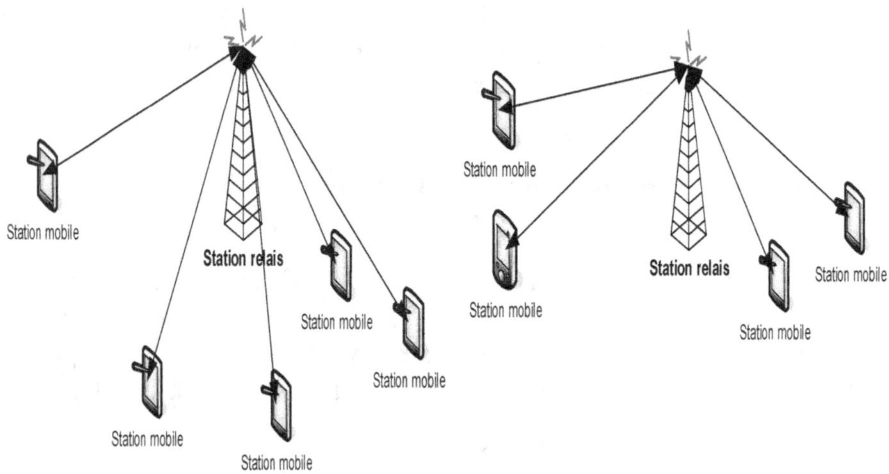

Figure 2 *: Terminaux et stations relais*

Pour les générations actuelles de réseau mobiles, les stations de base ne sont pas assez intelligentes pour contrôler et faire le routage des communications entre terminaux ou des terminaux vers des serveurs d'applications. Pour cela, elles sont reliées aux éléments agrégateurs plus intelligents et constituant le cœur de réseau. Ces éléments agrégateurs permettent de contrôler à la fois plusieurs stations. Aussi, vu la multiplicité des fonctions et rôles à assurer, ces éléments agrégateurs peuvent se répartir les fonctionnalités et rôles et sont de nature différente en fonction des rôles et fonctions assurées.

A ce stade, le réseau peut être représenté par la figure ci-dessous

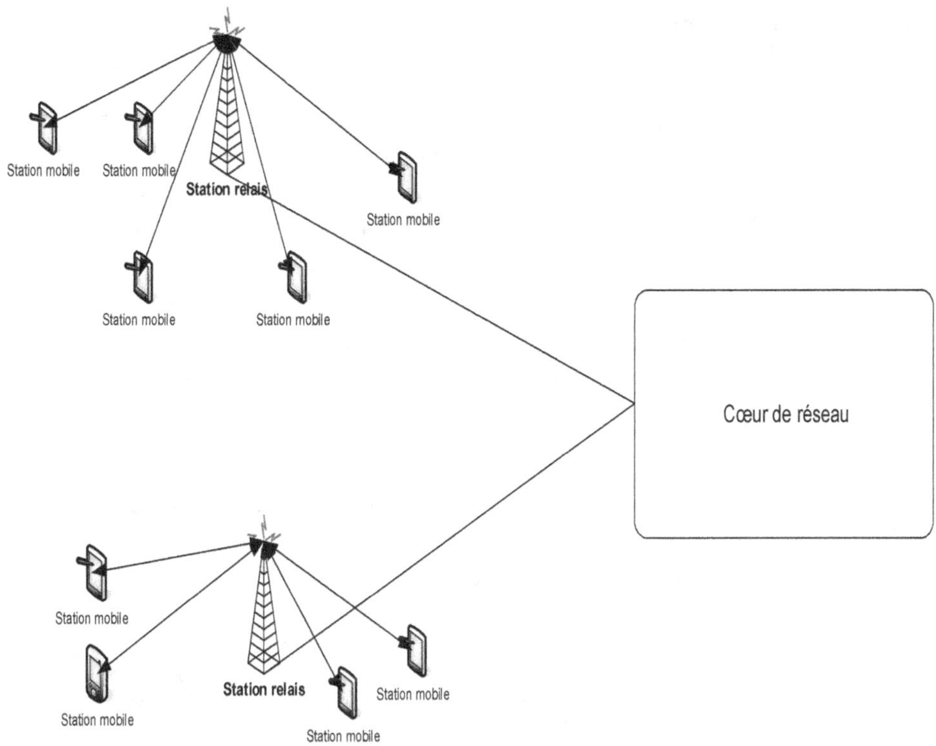

Figure 3 *: Terminaux, stations de base et cœur de réseau*

Sachant qu'un terminal est mobile et peut se trouver sous la couverture de toute station de base du réseau, il est nécessaire de connaitre à tout moment la position de tout terminal actif. Cela permet de gérer la mobilité. Cette information doit être disponible à tout moment et consultable par le cœur de réseau afin d'orienter ou aiguiller les communications vers la station de base à laquelle est relié un terminal donné. Des registres ou bases de données contenant ces informations sont associés au cœur de réseau pour assurer leur disponibilité. Un mécanisme de mise à jour de ces informations est implanté sur les éléments de réseau pour assurer la fiabilité de ces informations dites informations de localisation. Ces mécanismes de mises à jour et de consultations des bases de données pour l'extraction des informations de localisation, constituent la gestion de la mobilité.

Aussi, s'agissant d'un réseau dont le canal d'accès des terminaux est le signal radio, il est évident que la sécurité doit être appliquée sur ce réseau afin d'empêcher les terminaux non autorisés à accéder au réseau et afin de protéger les communications effectuées sur le réseau.

Pour cela également, des informations d'identification et d'authentification sont utilisées pour limiter l'accès aux terminaux autorisés, et des informations de cryptage sont utilisées pour protéger les communications effectuées sur le réseau. De même que les informations de localisation, les informations liées à la sécurité sont également contenues dans des registres ou bases de données. Les mécanismes permettant la mise à jour de ces informations et leur extraction des bases de données, constituent les procédures de gestion de la sécurité.

Avec l'ajout des bases de données relatives aux gestions de la mobilité et de la sécurité, la structure du réseau se présente comme suit :

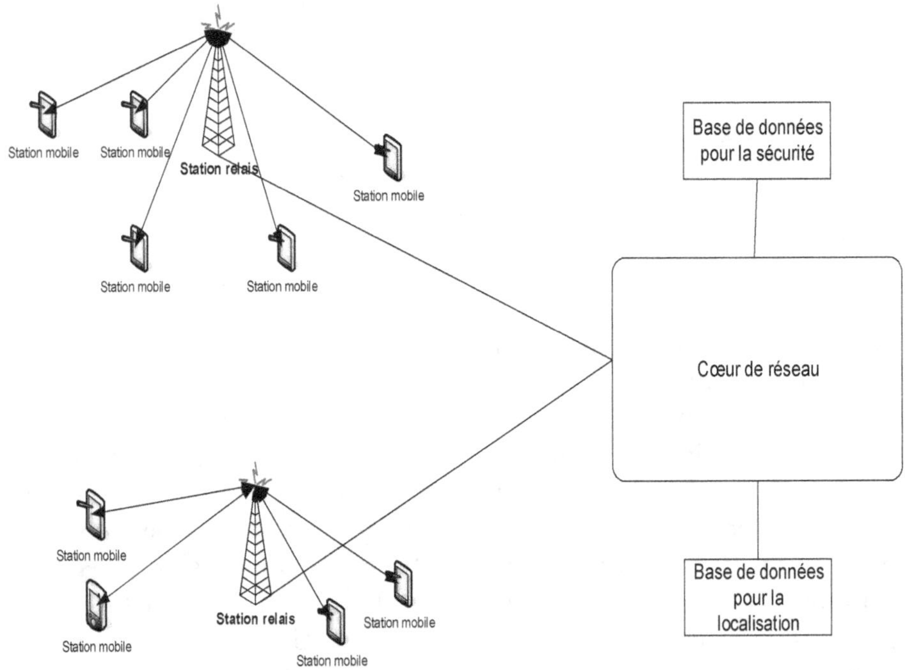

Figure 4 *: Structure canonique d'un réseau mobile*

La figure ci-dessus représente la structure canonique de tout type de réseau mobile. La nature, les protocoles et les fonctions des éléments de réseau dépendent de leurs générations et variantes.

A cette structure, peuvent être associés des équipements auxiliaires mais importants, appelés plateformes de services permettant d'ajouter des services à valeur ajoutée au réseau. Quelques exemples de plateformes sont :

- La plateforme de messagerie écrite permettant l'envoi de message texte entre terminaux,
- La plateforme de messagerie vocale permettant l'enregistrement et l'écoute de message vocaux,
- La plateforme de prépaiement permettant d'assurer le paiement à l'avance de l'utilisation des services du réseau,
- La plateforme de banque mobile permettant la mise à disposition de service bancaire via le réseau mobile,
- La plateforme de facturation permettant la facturation périodique des abonnés,
- Les plateformes de localisation permettant l'offre de service de géolocalisation,
- Des plateformes de fournitures de contenus audiovisuels,
- Des plateformes ou serveurs des réseaux de données permettant l'accès aux données par les utilisateurs,

Par ailleurs, les exploitants des réseaux mobiles doivent se doter ou utiliser les outils et systèmes pour assurer une meilleure qualité de service, rentabiliser et optimiser les investissements :

- L'outil de planification du réseau afin de rentabiliser les investissements en faisant un choix efficace des positions, capacités et fonctionnalités des éléments de réseaux,
- Les outils d'optimisation et de performance pour assurer la fourniture d'une bonne qualité de service,
- Les systèmes de supervision et de configuration pour la gestion des fautes et alarmes, le contrôle et droit d'accès, et les opérations de configuration (création, modification et suppression),
- Etc…

Ces plateformes et outils n'adoptent pas une conception standard et varient en fonction des fabricants. Cependant, leur utilisation est devenue plus que nécessaire et ils complètent l'architecture du réseau mobile qui se présente finalement comme suit :

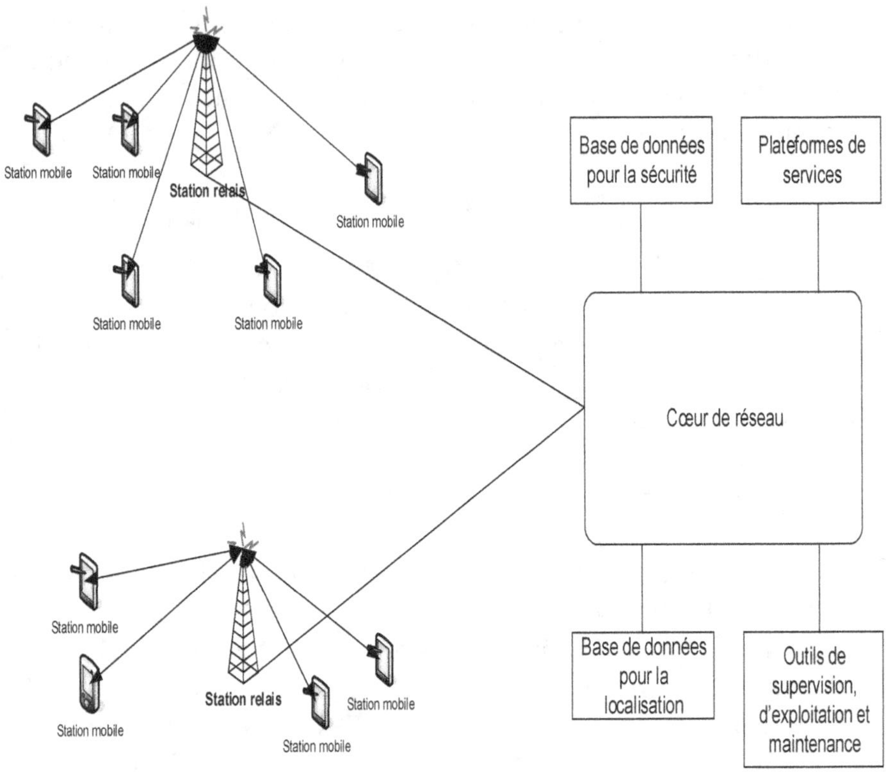

Figure 5 *: Structure complète d'un réseau mobile*

II.2 : Généralités sur l'architecture des réseaux 5G

L'architecture système de la 5G est conçue pour supporter les services et la transmission de données avec l'utilisation des techniques de déploiement basées sur le NFV (Network Function Virtualization) et le SDN (Software Defined Network). L'architecture de la 5G a impacté les interactions entre les fonctions de la partie CP (Control Plan) du réseau. Quelques concepts et principes sont les suivants :

- Séparer les fonctions du CP et celles du UP (User Plan) ; ce qui permet une évolutivité indépendante, un déploiement flexible et évolutif,
- Modulariser la conception des fonctions du réseau pour permettre un découpage flexible et efficace du réseau,

- Permettre à chaque fonction du réseau (NF : Network Function) d'interagir directement avec toute autre fonction si nécessaire,
- Minimiser les dépendances entre le réseau d'accès (Access Network, AN) et le cœur de réseau (Core Network, CN). L'architecture est définie avec un CN convergent avec une interface AN-CN commune qui intègre différent type de réseaux d'accès (3GPP et non 3GPP),
- Supporter un cadre unifié pour l'authentification,
- Supporter des NFs sans état défini, où les ressources pour le traitement sont séparées des ressources pour le stockage,
- Supporter les accès concurrents pour les services locaux et décentralisés. Pour supporter les services avec une faible latence et accéder aux services locaux, les fonctions du UP peuvent être déployés près du réseau d'accès (AN),
- Supporter le roaming avec du trafic issu du réseau nominal ou du réseau local visité.

Le système 5G contient les fonctions réseaux (NFs) suivantes qui seront décrites dans le sous-chapitre « Description des éléments fonctionnels du réseau 5G » :

- gNodeB (gNB)
- Authentication Server Function (AUSF)
- Access and Mobility Management Function (AMF)
- Data Network (DN), e.g. operator services, Internet access or 3rd party services
- Unstructured Data Storage Function (UDSF)
- Network Exposure Function (NEF)
- NF Repository Function (NRF)
- Network Slice Selection Function (NSSF)
- Policy Control Function (PCF)
- Session Management Function (SMF)
- Unified Data Management (UDM)

- Unified Data Repository (UDR)
- User Plane Function (UPF)
- Application Function (AF)
- User Equipment (UE)
- (Radio) Access Network ((R)AN)
- 5G-Equipment Identity Register (5G-EIR)
- Security Edge Protection Proxy (SEPP)

Ces fonctions réseaux peuvent être implémentées par groupe sur la même infrastructure réseau ou peuvent être réparties sur des infrastructures différentes.

L'architecture du réseau 5G est définie et structurée sur les services. L'interaction entre les fonctions de réseau (NF) est représentée en deux schémas :

- Une représentation basée service où une NF dans le Control Plan autorise et accepte une autre NF à accéder à ses services et vice versa à travers des interfaces. La NF fournissant le service est appelée NF Service producer (fonction réseau producteur de service) alors que celle utilisant le service est appelée NF Service Consumer (fonction réseau consommateur de service). Cette représentation inclut des points de références en mode point à point où c'est nécessaire. Le système 5G contient les interfaces suivantes basées service :
    - **Namf:** interface basée service exposée par AMF.
    - **Nsmf:** Interface basée service exposée par SMF.
    - **Nnef:** Interface basée service exposée par NEF.
    - **Npcf:** Interface basée service exposée par PCF.
    - **Nudm:** Interface basée service exposée par UDM.
    - **Naf:** Interface basée service exposée par AF.

- **Nnrf:** Interface basée service exposée par NRF.
- **Nnssf**: Interface basée service exposée par NSSF.
- **Nausf:** Interface basée service exposée par AUSF.
- **Nudr:** Interface basée service exposée par UDR.
- **Nudsf:** Interface basée service exposée par UDSF.
- **N5g-eir:** Interface basée service exposée par 5G-EIR.

- Une représentation basée sur les points de référence montre l'interaction existant entre les services des NFs décrite par une référence point à point (par exemple N11) entre deux NFs (par exemple AMF et SMF). Le système 5G contient les points de référence suivants :

  - **N1:** Point de référence entre l'UE et l'AMF.
  - **N2:** Point de référence entre l'(R)AN et l'AMF.
  - **N3:** Point de référence entre l'(R)AN et l'UPF.
  - **N4:** Point de référence entre le SMF et l'UPF.
  - **N6:** Point de référence entre l'UPF et le réseau de données.
  - **N9:** Point de référence entre deux UPFs.
  - **N5:** Point de référence entre le PCF et l'AF.
  - **N7:** Point de référence entre le SMF et le PCF.
  - **N8:** Point de référence entre l'UDM et l'AMF.
  - **N10:** Point de référence entre l'UDM et le SMF.
  - **N11:** Point de référence entre l'AMF et le SMF.
  - **N12:** Point de référence entre l'AMF et l'AUSF.
  - **N13:** Point de référence entre l'UDM et l'AUSF (Authentication Server Function).
  - **N14:** Point de référence entre deux AMFs.
  - **N15:** Point de référence entre le PCF et l'AMF dans le cas d'un scenario non-roaming, PCF dans le réseau visité et l'AMF dans le cas d'un scénario de roaming.
  - **N16:** Point de référence entre deux SMFs, (en roaming entre le SMF dans le réseau visité et le SMF dans le réseau nominal).
  - **N17:** Point de référence entre AMF et 5G-EIR.
  - **N18:** Point de référence entre une NF et UDSF.

- **N22:** Point de référence entre AMF et NSSF.
- **N24:** Point de référence entre le PCF dans un réseau visité et le PCF du réseau nominal (home network).
- **N27:** Point de référence entre le NRF du réseau visité et le NRF du réseau nominal.
- **N31:** Point de référence entre le NSSF dans le réseau visité et le NSSF du réseau nominal.

L'architecture système du réseau 5G a été conçue de manière à supporter les accès radio 3GPP et non 3GPP, à être interconnectée au cœur de réseau 4G et à supporter le roaming. Aussi, sa présentation peut se faire selon les interfaces basées service ou selon les points de référence. Pour supporter ces aspects, plusieurs scénarii d'architectures de référence sont prévus :

- Architecture sans roaming avec accès radio 3GPP,
- Architecture avec roaming avec accès radio 3GPP,
- Architecture sans roaming avec accès radio non 3GPP,
- Architecture avec roaming avec accès radio non 3GPP,
- Architecture basée sur interconnexion avec le cœur de réseau 4G (EPC),

Dans le présent livre, nous allons présenter les deux premières architectures.

II.2.1 : Architecture 5G sans roaming avec accès radio 3GPP

L'architecture du système 5G sans la fonctionnalité de roaming et ayant un accès radio 3GPP (New Radio, NR) se présente comme suit :

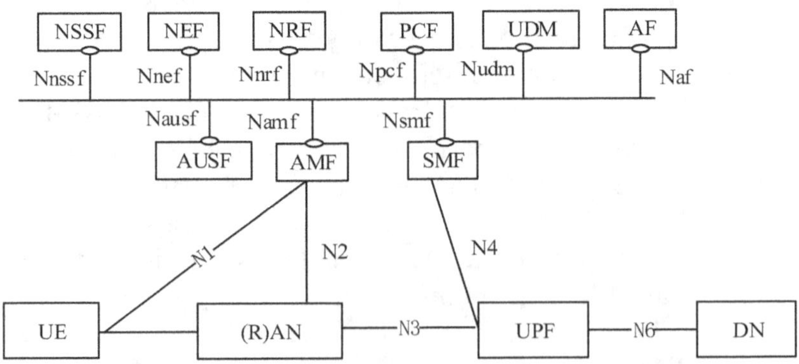

Figure 6 *: Architecture du réseau 5G avec accès radio 3GPP et sans roaming présentée avec les interfaces basées service*

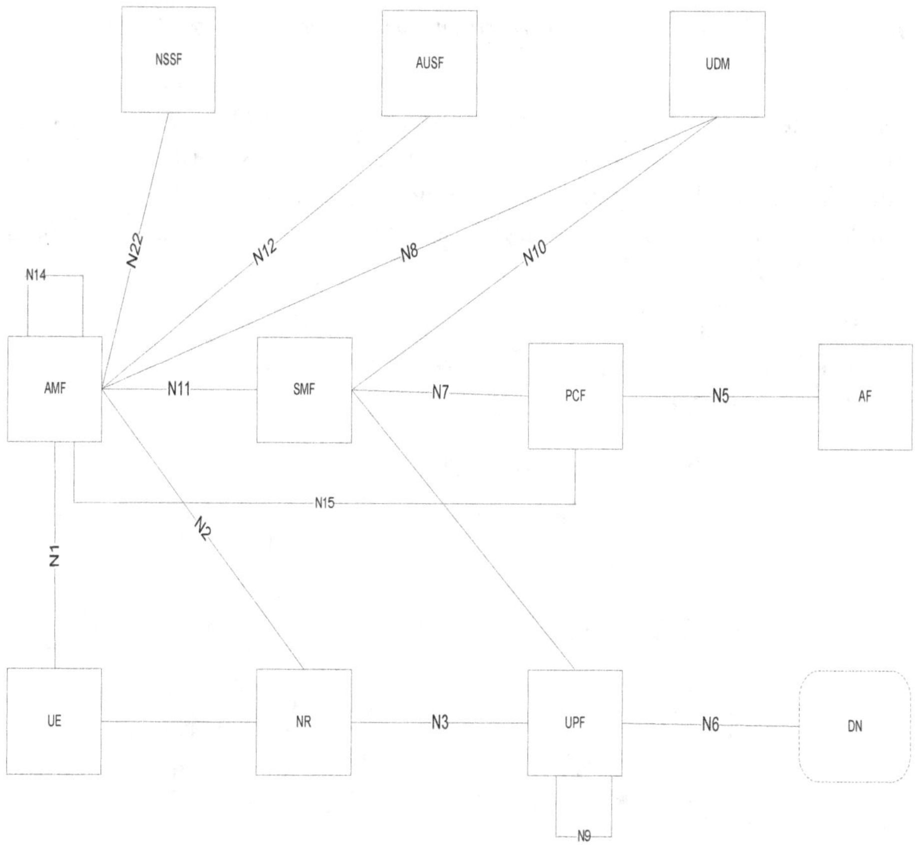

Figure 7 *: Architecture du réseau 5G avec accès radio 3GPP et sans roaming présentée avec les points de référence*

Dans la figure avec les points de référence, pour des besoins de clarté, l'UDSF, le NEF et le NRF ne sont pas présentés. Toutefois, toutes les NFs représentées dans la figure peuvent interagir avec ces trois éléments et ont donc des points de référence avec eux.

L'UDM utilise les données d'authentification et de souscription et le PCF utilisent des données de politique de contrôle. Ces données doivent être stockées dans l'UDR.

Pour des besoins de clarté également, l'UDR et ses connexions avec les autres NFs (par exemple le PCF) ne sont pas représentées.

II.2.2 : Architecture 5G avec roaming avec accès radio 3GPP

Lorsque le roaming est supporté sur un réseau 5G, deux modes de fonctionnement sont possibles : router les données utilisateurs (user plan) à travers le réseau nominal (home network routing, HR) ou ignorer ce réseau pour le routage de ces données utilisateurs (Local BreakOut, LBO).

L'architecture du système 5G avec la fonctionnalité de roaming en mode LBO et ayant un accès radio 3GPP (New Radio, NR) se présente comme suit :

- Avec les interfaces basées service

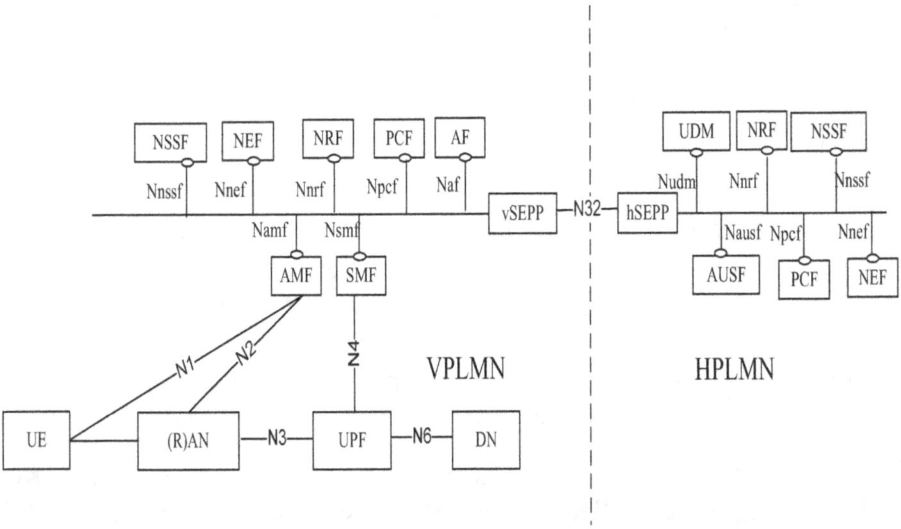

Figure 8 : *Architecture du réseau 5G avec accès radio 3GPP et avec roaming en mode LBO présentée avec les interfaces basées service*

- Avec les points de référence

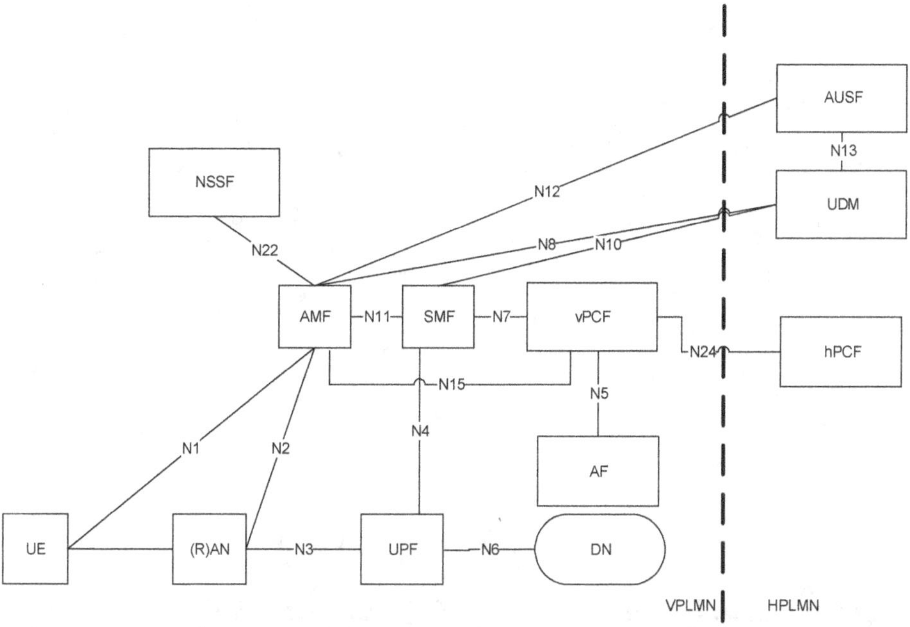

Figure 9 *: Architecture du réseau 5G avec accès radio 3GPP et avec roaming en mode LBO présentée avec les points de référence*

En mode LBO, le PCF du réseau visité (VPLMN) interagit avec l'AF afin de générer les règles de contrôle et de facturation (Policy and Charging Control, PCC) des services disponibles sur ledit VPLMN. Le PCF utilise les règles locales conformément aux accords de roaming établis avec le réseau nominal (HPLMN), le PCF n'ayant pas accès aux PCC du HPLMN.

L'architecture du système 5G avec la fonctionnalité de roaming avec le routage des données utilisateurs vers le réseau nominal et ayant un accès radio 3GPP (New Radio, NR) se présente comme suit :

- Avec les interfaces basées service

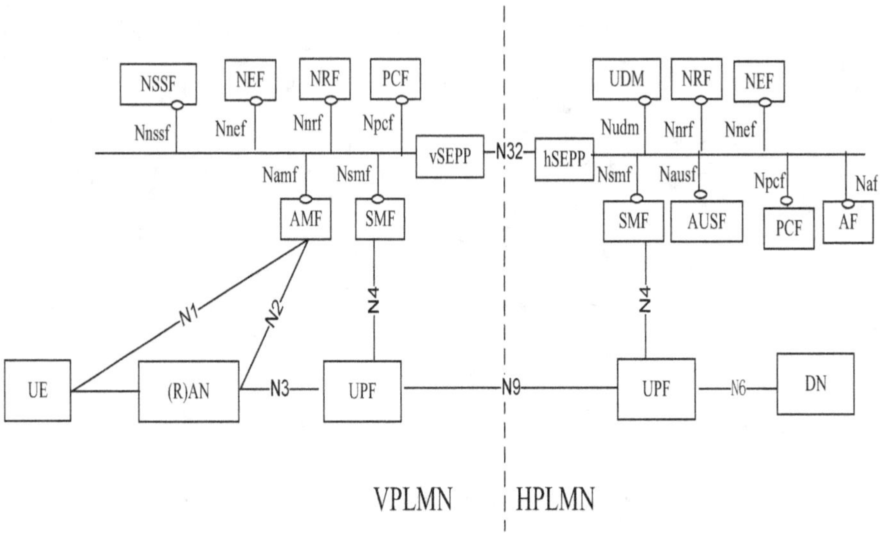

***Figure 10** : Architecture du réseau 5G avec accès radio 3GPP et avec roaming en routant le trafic utilisateur vers le réseau nominal, présentée avec les interfaces basées service*

- Avec les points de référence

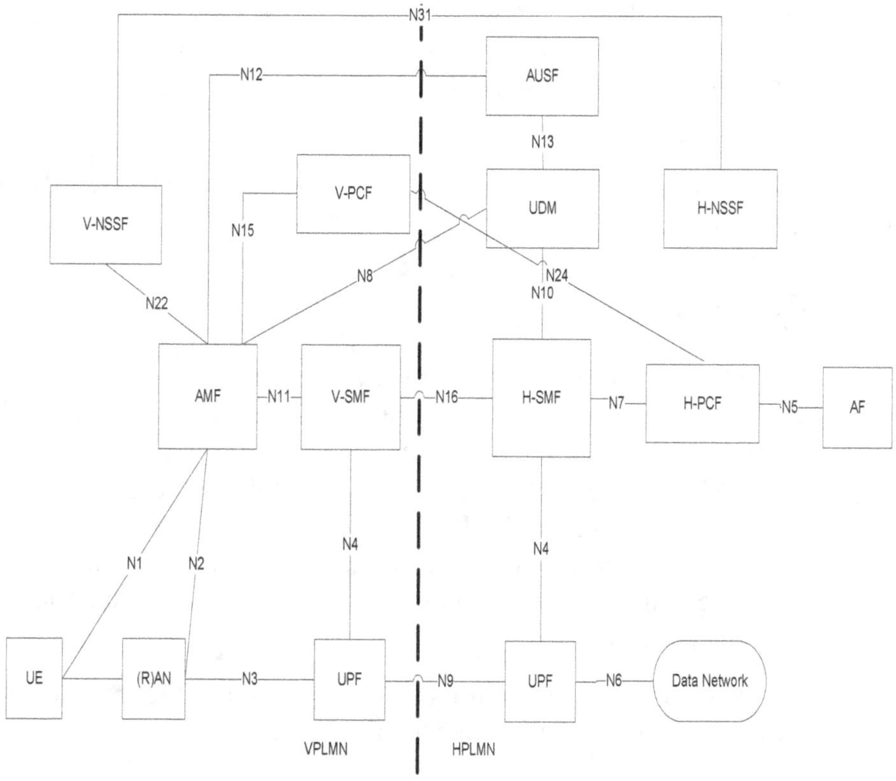

Figure 11 *: Architecture du réseau 5G avec accès radio 3GPP et avec roaming en routant le trafic utilisateur vers le réseau nominal présentée avec les points de référence*

Chaque réseau PLMN implémente des fonctionnalités de proxy pour sécuriser l'interconnexion avec les autres réseaux et masquer sa topologie aux niveaux des interfaces d'interconnexion.

II.3 : Identifiants des réseaux 5G

Les identifiants sont relatifs à l'abonné et aux entités fonctionnelles du réseau.

Les principaux identifiants utilisés dans le réseau 5G sont les suivants :

II.3.1 : Identifiants liés à l'abonné

II.3.1.1 : Subscriber Permanent Identifier (SUPI)

A chaque utilisateur du réseau 5G doit être assigné un identifiant permanent SUPI. Cet identifiant est globalement unique et est stocké dans l'UDM/UDR.

Le SUPI peut être :

- Un IMSI (International Mobile Subscriber Identity) composé du MCC (Mobile Country Code), du MNC (Mobile Network Code) et du MSIN (Mobile Subscriber Identity Number) ;
- Un NAI (Network Access Identifier) dont le format, défini dans le RFC 4282 de l'IETF (Internet Engineering Task Force), doit permettre d'identifier le réseau nominal de l'abonné d'une part et l'abonné lui-même de façon unique au sein de ce réseau.

Quel que soit le type de SUPI utilisé, il doit contenir l'identifiant du réseau nominal afin de permettre le roaming avec son utilisation.

Dans le cas de l'interconnexion avec un cœur de réseau EPC, le SUPI basé sur l'IMSI doit être utilisé afin que l'UE puisse transmettre un IMSI à l'EPC.

II.3.1.2 : Permanent Equipment Identifier (PEI)

Puisque le réseau 5G supporte plusieurs types de réseau d'accès, différents types d'UE doivent y avoir accès. L'identifiant utilisé pour les terminaux accédant au réseau 5G est le Permanent Equipment Identifier (PEI). Le PEI peut alors avoir différents formats en fonction du type de réseau d'accès utilisé. Le format utilisé est indiqué par l'UE lors de l'accès au réseau.

Pour les terminaux (UE) accédant à travers les technologies d'accès 3GPP, le PEI adopte le format de l'IMEI (International Mobile Equipment Identity).

II.3.1.3 : Globally Unique AMF Identity (GUAMI)

Le GUAMI identifie de manière globale et unique un AMF. Un réseau est constitué d'une ou plusieurs régions contenant un ou plusieurs AMFs. Les régions sont également constituées d'un ou plusieurs groupes (set) d'AMFs. Et chaque groupe contient un ou plusieurs AMFs.

Un AMF est identifié de manière unique dans un groupe par le « AMF pointer », un groupe d'AMFs est identifié de manière unique dans une région par le « AMF Set ID » et la région est identifiée de manière unique dans un réseau par « AMF Region ID ».

L'identifiant unique d'un AMF dans un réseau est <AMF Region ID> <AMF Set ID> <AMF Pointer> et globalement le <GUAMI> équivaut au <MCC> <MNC> <AMF Region ID> <AMF Set ID> <AMF Pointer>.

Le même AMF Set ID peut être utilisé dans deux régions différentes et le même AMF Pointer peut être utilisé dans deux groupes différents d'AMFs.

II.3.1.4 : 5G Globally Unique Temporary Identifier (5G GUTI)

Comme pour les générations antérieures des réseaux mobiles, pour ne pas révéler l'identifiant réel des UE, un identifiant temporaire est utilisé et diffusé à la place de l'identifiant permanent (SUPI). Pour la 5G, cet identifiant est appelé 5G GUTI. En outre, dans le cas du réseau 5G, le 5G GUTI permet d'identifier l'AMF et le réseau. Il est composé comme suit :

- L'identifiant de l'AMF (GUAMI) qui l'attribue à l'UE,
- L'identifiant unique de l'UE dans la zone de l'AMF lui donnant accès. Cet identifiant est le 5G-TMSI qui est similaire au TMSI (Temporary Mobile Subscriber Identity) et est alloué par l'AMF.

Le format du 5G GUTI est donc <GUAMI><5G-TMSI> où le 5G-TMSI est codé sur 32 bits et le GUAMI sur 24 bits dont AMF Region ID sur 16 bits, AMF Set ID sur 4 bits et AMF pointeur sur 4 bits.

II.3.1.5 : AMF Name

Chaque AMF dispose d'un nom appelé « AMF Name » qui peut être associé à un ou plusieurs GUAMI. Par contre, un GUAMI est associé à un et un seul AMF Name.

II.3.1.6 : Data Network Name (DNN)

Le DNN est l'équivalent de l'APN (Access Point Name) et il porte les mêmes informations que ce dernier. Comme l'APN, lors de l'établissement de session PDU, il permet de :

- sélectionner le SMF et l'UPF devant gérer la session,
- sélectionner l'interface N6 qui sera utilisée,
- déterminer les politiques devant être appliquées à la session.

II.3.1.7 : General Public Subscriber Identifier (GPSI)

Le GPSI est l'identifiant connu et utilisé par le public. En plus, il est utilisé pour adresser les UE des utilisateurs des réseaux d'accès non 3GPP. Dans ce cas, le système 3GPP enregistre et associe ce numéro avec un SUPI.

Le GPSI est le MSISDN ou un numéro externe comme spécifié dans les recommandations TS 23.003. Dans le cas où un MSISDN est fourni lors de la souscription, ce dernier est utilisé comme le GPSI.

Le GPSI est associé au SUPI sans que cette relation soit bijective.

II.3.1.8 : Subscription Concealed Identifier (SUCI)

Le SUCI est un identifiant préservant la confidentialité et qui contient le SUPI caché.

L'UE génère le SUCI en utilisant un schéma de protection avec la clé publique, c'est-à-dire, la clé publique du réseau nominal.

L'UE construit les éléments d'entrée du schéma de protection à partir de l'identifiant de souscription SUPI comme suit :

- pour les SUPI contenant l'IMSI, la partie de l'identifiant de souscription SUPI utilisée pour générer le SUCI contient le MSIN de l'IMSI ;
- pour les SUPI issu du NAI, la partie de l'identifiant de souscription SUPI utilisée pour générer le SUCI contient la portion du nom d'utilisateur du NAI.

L'UE inclut le SUCI à la place du SUPI, dans les messages NAS suivants uniquement :

- lorsque l'UE envoie un message de demande d'enregistrement de type « enregistrement initial » à un réseau PLMN pour lequel l'UE ne dispose pas encore de 5G-GUTI, l'UE inclut le SUCI dans la demande d'enregistrement ;
- lorsque l'UE répond à un message de demande d'identité à travers lequel le réseau demande à l'UE de fournir son identifiant permanent, l'UE inclut le SUCI dans le message de réponde à la demande d'identité ;
- lorsque l'UE envoie un message de demande de désinscription au PLMN durant une procédure d'enregistrement initial lors de laquelle l'UE ne reçoit pas le message d'acceptation de l'enregistrement avec le 5G-GUTI, l'UE inclut dans le message de demande de désinscription, le SUCI utilisé lors de l'enregistrement initial.

II.3.2: Autres identifiants

II.3.2.1: Fully Qualified Domain Name (FQDN) for N3IWF

Le FQDN est un nom de domaine absolu que l'UE utilise lorsqu'il accède à travers un réseau d'accès non 3GPP (N3IWF). Il identifie soit le réseau (PLMN), soit une zone de tracking ou soit un réseau visité en fonction des scénarii dans lesquels l'UE se trouve.

- **Identification de l'opérateur avec le N3IWF FQDN :**

Il identifie de manière unique le réseau PLMN auquel le réseau d'accès non 3GPP (N3IWF) est raccordé. Il est dans ce cas composé de sept étiquettes qui sont :

- Les trois étiquettes situées à la fin doivent être "pub.3gppnetwork.org",
- La troisième et la quatrième étiquette doivent identifier le PLMN à travers le MCC et le MNC de la manière suivante : "mnc<MNC>.mcc<MCC>.",
- Les deux premières doivent être : "n3iwf.5gc".

Le FQDN global pour identifier un PLMN dans le cas d'un accès à travers un réseau non 3GPP se présente donc de la manière suivante : "n3iwf.5gc.mnc<MNC>.mcc<MCC>.pub.3gppnetwork.org".

Lors du roaming, l'UE peut utiliser les services du HPLMN ou du VPLMN. Le FQDN sera composé du MCC et du MNC du HPLMN ou du VPLMN en fonction de celui fournissant le service.

- **Identification de la zone de tracking avec le N3IWF FQDN**

Pour supporter la localisation des terminaux UE dans un réseau d'accès non 3GPP (N3IWF), des zones de tracking peuvent être définies et chaque zone de tracking est identifiée par un code (TAC). L'UE utilise le nom de domaine absolu, FQDN composé du TAC, du MCC et du MNC, permettant de donner sa localisation.

Le FQDN pour la zone de tracking se présente sous la forme ci-dessous :

"tac-lb<TAC-low-byte>.tac-hb<TAC-high-byte>.tac.n3iwf.5gc.mnc<MNC>.mcc<MCC>. pub. 3gppnetwork.org"

- **Identification du pays visité avec le N3IWF FQDN**

Dans le cas où l'UE, en roaming, veut acceder au réseau 5G dans un pays à travers un réseau d'accès non 3GPP, le FQDN identifiant ce pays visité, est constitué afin de déterminer si le roaming à travers un réseau d'accès non 3GPP est autorisé. Il est également constitué de sept étiquettes et se présente comme ci-dessous :

"n3iwf.5gc.mcc<MCC>.visited-country.pub.3gppnetwork.org"

Le MCC étant celui du pays visité.

II.3.2.2 : Single Network Slice Selection Assistance Information (S-NSSAI)

Le Network Slicing est le principe permettant de créer des partitions du réseau (Network slice) 5G pour faire véhiculer de bout en bout sur chacune de ces partitions des services et fonctionnalités optimisés en fonction des besoins des utilisateurs ou de l'opérateur. Les détails sur le Network Slicing sont donnés dans le chapitre « Services et fonctionnalités ».

Chaque partition réseau (Network slice) est identifié par un identifiant qui est le S-NSSAI (Single Network Slice Selection Assistance Information).

Un S-NSSAI est composé de deux champs :

- Un SST (Slice/Service Type) qui précise le type de Network Slice en termes de fonctionnalités et service et dont certaines valeurs sont standardisées,
- Un SD (Slice Differentiator) qui est un champ optionnel et qui complète le SST pour faire la différence entre les Network Slice ayant le même SST.

Un S-NSSAI peut avoir une valeur standardisée lorsqu'il est composé uniquement du SST avec une valeur standard, ou peut avoir une valeur non standard lorsqu'il est composé du SST et du SD ou s'il contient le SST avec une valeur non standard.

Un S-NSSAI avec une valeur non standardisée identifie un Network Slice à l'intérieur du PLMN dans lequel il est défini. Il ne doit pas être utilisé par un UE sur un réseau autre que le PLMN sur lequel il est défini.

Le tableau ci-dessous donne les valeurs standardisées du SST.

Slice/Service type	SST value	caractéristiques
eMBB	1	Slice convenable pour la prise en charge du eMBB (enhanced Mobile Broadband) sur la 5G.
URLLC (Ultra Reliable Low Latency Communication)	2	Slice convenable pour la prise en charge des communications nécessitant une grande disponibilité et peu de latence.
MIoT	3	Slice convenable pour les objets connectés.

Tableau 1 *: Valeur du SST pour le Network Slice*

II.3.2.3 : Radio Network Temporary Identifier (RNTI)

Les RNTIs sont des identifiants utilisés pour différencier ou identifier les UEs connectés dans une cellule, à un canal radio spécifique, un groupe d'UEs dans le cas du paging, un groupe d'UEs pour lesquels le contrôle de puissance est effectué par l'eNB, les informations systèmes transmis à tous les UEs par la gNB.

Le RNTI est codé sur 16 bit est de plusieurs types dont dépendent ses valeurs. Les types de RNTI sont les suivants :

- **System Information RNTI (SI-RNTI)** est utilisé pour la diffusion des informations systèmes. Il s'agit d'un RNTI commun. Il n'est pas alloué explicitement à un UE et est commun à tous les UEs dans une cellule. Sa valeur est fixée à 65535.
- **Paging RNTI (P-RNTI)** est utilisé par l'UE pour la réception des messages de paging. Il s'agit également d'un RNTI commun. Il n'est pas alloué explicitement à un UE. Sa valeur est fixée à 65534.
- **Random Access RNTI (RA-RNTI)** est utilisé durant la procédure d'accès aléatoire. La gNB brouille (scramble) avec le RA-RNTI les CRC des canaux PDCCH pour la transmission des PDSCH portant les messages RAR (Random Access Response). Le RA-RNTI peut être adressé à plusieurs UEs en même temps.

- **Temporary Cell RNTI (TC-RNTI)** est également utilisé dans la procédure d'accès aléatoire. L'UE enregistre les TC-RNTI reçus dans les messages RAR et les utilise durant la procédure d'accès aléatoire en brouillant les messages msg3 et leurs retransmissions sur le PUSCH correspondant à l'envoi de la requête après réception du RAR. Le TC-RNTI peut être utilisé comme C-RNTI par un UE ayant complété la procédure d'accès aléatoire avec succès et ne disposant pas de C-RNTI.
- **Cell RNTI (C-RNTI)** est une identification unique utilisé pour identifier les connexions RRC et leur programmation qui sont dédiés à un UE particulier. La gNB assigne différents C-RNTI à différents UE. C-RNTI est utilisé par la gNB pour faire la différence de la transmission en uplink (PUCCH, PUSCH) d'un UE avec celles des autres UE.
- **Transmit Power Control RNTI (TPC RNTI)** est utilisé dans le contrôle de puissance en uplink. Il existe trois type de TPC-RNTI qui sont : TPC-PUSCH-RNTI, TPC-PUCCH-RNTI et TPC-SRS-RNTI. Il est assigné à un groupe d'UEs.

II.3.2.4 : NR Cell Global Identifier (NCGI)

Le NCGI est un identifiant utilisé pour identifier une cellule NR de manière globale. Il est construit avec l'identifiant du PLMN et celui de la cellule (NR Cell Identity, NCI).

II.3.2.5 : gNB Identifier (gNB ID)

Il est utilisé pour identifier une gNB dans un PLMN. Il est contenu dans le NCI des cellules qui lui dépendent.

II.3.2.6 : Global gNB ID

Il est l'identifiant global de la gNB. Il est construit avec le PLMN ID et le gNB ID. il utilise les mêmes MCC et MNC que le NCGI.

II.4 : Description des éléments fonctionnels des réseaux 5G

La liste des éléments fonctionnels du réseau 5G est fournie dans la partie « généralité sur l'architecture du réseau 5G ». Ce présent chapitre va donner les descriptions fonctionnelles de chacun des éléments constituant le réseau 5G.

II.4.1 : La gNodeB

La gNodeB est la station relais qui fournit l'interface radio à l'UE. Il constitue l'élément essentiel (sinon le seul élément) de l'accès radio 5G. La gNodeB supporte les fonctions suivantes :

- La gestion des ressources radios,
- La compression des entêtes IP, le cryptage et la protection de l'intégrité des données,
- La sélection d'un AMF lors de l'attachement d'un UE lorsque ce dernier ne fournit pas les informations essentielles pour la sélection d'un AMF,
- Le routage des données utilisateurs (User Plane Data) vers l'UPF,
- Le routage des messages de signalisation (Control Plan) vers l'AMF,
- L'établissement et la terminaison des connexions,
- L'organisation et la transmission des messages de paging venant de l'AMF,
- L'organisation et la transmission des informations de diffusion venant de l'AMF,
- Les mesures et la transmission des rapports de mesures,
- Le marquage des paquets au niveau de la couche transport pour l'Uplink,
- La gestion des sessions,
- Le support du partitionnement du réseau (Network slicing),
- La gestion des flux de qualité de service (QoS) et leur application aux porteuses radios,
- Le support de l'UE dans l'état RRC-INACTIVE,

- La fonction de distribution des messages NAS (Non Access Stratum)
- Le partage du réseau d'accès radio,
- La dual connectivité,
- L'interfonctionnement entre l'E-UTRA et le NR.

II.4.2 : L'AMF

The Access and Management Function (AMF) est l'entité fonctionnelle assurant les fonctions d'accès et de gestion de mobilité sur le réseau 5G. Les fonctionnalités supportées par l'AMF doivent l'être pour chacune de ses instances. L'AMF assure les fonctions suivantes :

- La terminaison des liens de signalisation (Control Plan) venant de l'accès radio (NG-RAN) sur l'interface N2,
- La terminaison des liens de signalisation entre l'UE et les autres éléments fonctionnels (NAS, Non Access Stratum) sur l'interface N1 notamment pour le chiffrement et l'intégrité des données,
- La gestion de l'enregistrement, de la connexion, de l'accessibilité et de la mobilité,
- L'interception légale en assurant l'interface avec ce système,
- Le transport des messages textes SMS entre l'UE et le SMF,
- Le transport des messages textes SMS entre l'UE et le SMSF,
- L'authentification et l'autorisation d'accès,
- L'assurance des fonctions de sécurité par le module SEAF (Security Anchor Functionality). Ce module interagit avec l'AUSF et l'UE, reçoit les clés intermédiaires générées lors de la procédure d'authentification de l'UE. Lorsqu'il s'agit d'une authentification d'un UE avec USIM, les informations d'authentification y compris les clés intermédiaires sont reçues de l'AUSF,
- La gestion des contextes de sécurité ou Security Context Management (SCM). Le SCM reçoit une clé du SEAF qu'il utilise pour générer les différentes clés spécifiques pour l'accès au réseau,

- La gestion des services de localisation pour les services réguliers,
- Le transport des messages des services de localisation entre l'UE et le LMF (Location Management Function) et entre le RAN et le LMF,
- L'allocation des Bearers ID lors de l'interconnexion avec l'EPS (Evolved Packet System).

En plus des fonctionnalités listées ci-dessus, l'AMF doit supporter les fonctionnalités suivantes pour un accès radio non 3GPP :

- Le support de l'interface N2 avec le réseau d'accès non 3GPP (N3IWF). Sur cette interface, certaines informations (par exemple les identités des cellules) et certaines procédures (par exemple relatives au hand-over) définies pour le réseau d'accès 3GPP, ne sont pas appliquées. Plutôt, des informations spécifiques N3IWF et non supportées par l'accès 3GPP doivent être échangées,
- Le support de la signalisation entre les autres éléments fonctionnels et l'UE (NAS) connecté à travers un N3IWF. Certaines procédures, comme le paging, supportées par la signalisation NAS à travers un accès 3GPP ne sont pas applicables pour un accès N3IWF.
- Le support de l'authentification des UEs connectés à travers un N3IWF,
- La gestion de la mobilité, de l'authentification et une partie des contextes de sécurité pour les UEs connectés à travers un N3IWF ou ayant un accès simultané à travers les deux types réseaux : 3GPP et non 3GPP,
- Le support d'un contexte d'enregistrement (registration) coordonné et valide pour le réseau d'accès 3GPP et non 3GPP,
- Le support d'un contexte de gestion de la connexion pour les UEs connectés à travers un N3IWF,

Il est à noter que toutes ces fonctionnalités ne sont pas obligatoires à être supportées par un AMF.

II.4.3 : Le SMF

Le Session Management Function (SMF) est l'entité fonctionnelle assurant la gestion des sessions de transmission de données sur le réseau 5G. Ses fonctions sont les suivantes :

- L'établissement, la modification et la terminaison des sessions avec la mise en place d'un tunnel entre le réseau d'accès et l'UPF,
- La gestion et l'allocation des adresses IP aux UE,
- Les fonctions de serveur et client DHCPv4 et DHCPv6,
- La résolution d'adresse MAC à partir des adresses IP reçues avec un module de serveur ARP proxy ou de IPv6 Neighbour Solicitation Proxying,
- La sélection et le contrôle de l'UPF incluant les requêtes proxy ARP ou IPV6 Neighbour Solicitation Proxying pour les paquets Ethernet. Il peut ramener ces requêtes à son niveau et les traiter.
- La configuration de l'aiguillage du trafic afin de le router vers le bon destinataire,
- La terminaison de l'interface du PCF (Policy Control Function),
- L'interception légale,
- La collecte des données de taxation et l'interfaçage avec les systèmes de taxation,
- Le contrôle et la coordination de la collecter des données de taxation au niveau de l'UPF,
- La terminaison des requêtes SM (session management) venant des autres éléments du cœur de réseau,
- La notification des données reçues dans le sens descendant (downlink data),

II.4.4 : L'UPF

L'User Plane Function (UPF) est l'entité fonctionnelle assurant la gestion des trafics des utilisateurs sur le système 5G. Il assure les fonctions suivantes :

- Le point d'ancrage des mobilités à l'intérieur et entre différents types de réseau (Intra/Inter-RAT) ;
- Le point d'interconnexion des sessions externes de PDU aux réseaux de données ;
- Le routage et transfert des paquets de données ;
- L'inspection de paquets en détectant par exemple les applications utilisées ;
- L'application des règles de politiques relatives au plan utilisateur comme la redirection et l'orientation (steering) du trafic de données ;
- L'interception légale (collection du trafic utilisateurs) ;
- Le reporting sur l'usage du trafic ;
- La gestion de la QoS pour le plan utilisateur, par exemple détermination du débit UL/DL ;
- La vérification du trafic en Uplink en faisant le mappage entre le flux QoS et le SDF (Service Data Flow) ;
- Le marquage des paquets au niveau de la couche transport en DL et UL ;
- La mise en mémoire tampon et notification des données en DL ;
- L'envoi (dans le cas où c'est l'UPF qui produit) et transfert (dans le cas où c'est le SMF qui produit) des marqueurs de fin (end markers) au NG-RAN source lors des procédures de Handover ;
- La résolution d'adresse MAC à partir des adresses IP reçues avec un module de serveur ARP proxy ou de IPv6 Neighbour Solicitation Proxying.

Il faut noter que toutes les fonctionnalités d'un UPF doivent être disponibles sur toute instance d'UPF pour le plan utilisateur (User Plane) d'une partition réseau (Network Slice).

II.4.5 : Le PCF

Le PCF (Policy Control Function) est l'entité fonctionnelle assurant le contrôle des politiques appliquées aux utilisateurs du réseau. Le PCF :

- Supporte le cadre unifié des politiques régissant le fonctionnement du réseau ;
- Fournit aux éléments fonctionnels du Control Plane les règles de politiques appliquées afin de les renforcer ;
- Accède aux informations de souscriptions relatives aux politiques à appliquer aux abonnés définies dans l'UDR (Unified Data Repository).

Le PCF accède uniquement à l'UDR se situant dans son PLMN.

II.4.6 : Le NEF

Le NEF (Network Exposure Function) est une sorte de passerelle exposant les capabilités et les évènements du réseau à l'ensemble des autres entités fonctionnelles. Pour cela, le NEF assure les fonctions suivantes :

- Exposition des capabilités et évènements du réseau : un NF expose ses capabilités et ses évènements aux autres NFs à travers le NEF. Cette exposition se fait de manière sécurisée notamment pour les réseaux tiers, les applications (facturation, provisionning, etc…) ;
- Le stockage et le retrait dans/de l'UDR des informations structurées en utilisant l'interface standard (Nudr) avec l'UDR ;
- La sécurisation des informations de provisionning venant des applications externes aux réseaux 3GPP : il permet à l'AF (Application Function) de fournir de manière sécurisée les informations au réseau 3GPP (par exemple, le comportement des terminaux). Dans ce cas, le NEF doit authentifier, autoriser et assister rigoureusement l'AF.
- La translation des informations internes et externes : il fait une translation entre les informations échangées avec les AFs en

externes et celles échangées les fonctions internes du réseau. En particulier, le NEF masque les informations sensibles des utilisateurs et du réseau aux applications externes en fonctions des politiques appliquées.

- La réception des informations des autres entités fonctionnelles (conformément aux capabilités exposées par ces entités). Il enregistre les informations reçues dans un format structuré dans l'UDR à travers une interface standardisée (Nudr). Les informations enregistrées peuvent être accéder et réexposées par le NEF aux autres fonctions réseaux et fonctions d'applications.
- Le support de la fonction PFD (Packet Flow Description). La sous entité fonctionnelle PFDF (Packet Flow Description Function) dans le NEF doit recevoir les PFDs des AFs, les stocker et les retirer de l'UDR et les fournir au SMF suite à une requête de ce dernier (pull mode) et sur initiative du PFDF (push mode). Le PFD est un ensemble d'information permettant la détection et l'identification des trafics des différentes applications.

Il faut souligner qu'une instance NEF doit supporter une ou plusieurs des fonctions décrites ci-dessus et conséquemment un NEF doit individuellement supporter un ensemble d'APIs en fonctions des capabilités exposées.

Le NEF accéder uniquement à l'UDR se situant dans son PLMN.

II.4.7 : Le NRF

Le Network Repository Function (NRF) est l'entité fonctionnelle permettant la découverte des instances des NFs les unes par les autres à la suite des requêtes de type « NF Discovery Request ».

Le NRF :

- Supporte la fonction de découverte des NFs. Il reçoit la requête de découverte d'une instance NF et fournit à cette dernière les informations sur les autres instances objets de sa requête.
- Maintient les profils des NFs disponibles et les services qu'ils supportent.

Le profil d'une instance NF maintenu dans un NRF inclut les informations suivantes :

- L'identité de l'instance NF,
- Le type de NF,
- L'identité du réseau (PLMN ID),
- Les identifiants NSSAI ou NSI ID relatifs au « Network Slice »,
- Le FQDN ou l'adresse IP de l'instance NF,
- Les informations de capacités de l'instance NF,
- Les informations d'autorisation des services spécifiques,
- Les noms des services supportés,
- Les informations sur les points de terminaisons des instances pour chaque service supporté,
- L'identification des données et informations enregistrées (uniquement applicable aux instances de la NF UDR),
- Les paramètres d'autres services comme le DNN, les points de terminaison des notifications pour chaque type de notification que l'instance NF doit recevoir.

Dans le contexte du partitionnement réseau (network slicing) et en fonction de la planification et l'implémentation du réseau, plusieurs NRFs peuvent être déployés à différents niveaux :

- Niveau réseau (PLMN level) pour lequel le NRF est configuré avec les informations de tout le réseau,
- Niveau partition du réseau en mode partagé (shared-slice level) pour lequel le NRF est configuré avec les informations d'un ensemble de slices,
- Niveau partition du réseau en mode spécifique (slice specific level) pour lequel le NRF est configuré avec les informations d'un S-NSSAI donné.

Dans le contexte du roaming, plusieurs NRFs doivent être également déployés sur les différents réseaux :

- Le NRF dans le réseau visité nommé vNRF et configuré avec les informations du PLMN visité,
- Le NRF du réseau nominal nommé hNRF et configuré avec les informations du PLMN nominal.

II.4.8 : L'UDM

L'Unified Data Management (UDM) supporte les fonctionnalités suivantes :

- La génération des informations (clés) d'authentification 3GPP AKA (Authentication and Key Agreement);
- La gestion de l'identification de l'utilisateur (par exemple, le stockage et la gestion du SUPI pour chaque abonné du système 5G) ;
- L'autorisation d'accès conformément aux données de souscription (par exemple, les restrictions roaming) ;
- La gestion de l'enregistrement des NFs servant à l'instant l'UE (par exemple, l'enregistrement pour chaque UE de l'AMF qui le prend en charge et du SMF qui gère ses sessions PDU) ;
- L'assurance de la continuité des services/sessions (par exemple, en maintenant les assignations SMF/DNN pour les sessions en cours ;
- La livraison des SMS MT (Mobile Terminaison) ;
- Interception légale, spécialement pour le roaming sortant lors duquel l'UDM est le seul point de contact pour cette interception légale ;
- La gestion des souscriptions ;
- La gestion des SMS

Pour assurer ces fonctionnalités, l'UDM utilise les données de souscription incluant celles d'authentification, qui doivent être enregistrées dans l'UDR (Unified Data Repository). Dans ce cas, l'UDM implémente une application logique et ne nécessite pas une unité de stockage interne des données utilisateurs. Il peut alors y avoir plusieurs UDM servant le même utilisateur lors des transactions différentes.

L'UDM est localisé dans le HPLMN des abonnés qu'il prend en charge et accède aux données de l'UDR se situant dans son réseau.

L'UDM est l'équivalent du HSS d'un réseau 4G.

II.4.9 : L'AUSF

L'Authentication Server Function (AUSF) supporte les fonctionnalités relatives à l'authentification des utilisateurs.

II.4.10 : N3IWF

La Non 3GPP Interworking Function (N3IWF) intervient lorsqu'un réseau d'accès non 3GPP et non approuvé. Il inclut les fonctionnalités suivantes :

- L'établissement d'un tunnel IPsec avec le terminal UE. Il met en place le protocole IKEv2/IPsec avec l'UE sur l'interface Nwu et transfert sur l'interface N2 les informations nécessaires à l'authentification et l'autorisation de l'UE pour accéder au cœur de réseau 5G.
- La terminaison des interfaces N2 et N3 avec le cœur de réseau 5G relatives respectivement au « control plan » et au « user plan »,
- Le traitement de la signalisation relative aux sessions PDU et à la QoS, sur l'interface N2 avec le SMF (relayé par l'AMF),
- L'établissement des associations de sécurité IPsec (IPsec SA) pour supporter les trafics des sessions PDU,
- Le relayage des paquets en downlink et uplink entre l'UE et l'UPF en assurant l'encapsulation et la décapsulation des paquets pour les tunnels IPsec et N3.
- Le renforcement de la QoS lors du marquage des paquets sur l'interface N3 en prenant en compte les exigences de QoS reçues sur l'interface N2,
- Le marquage des paquets en uplink sur l'interface N3
- L'assurance de la mobilité locale à l'intérieur d'un réseau d'accès non 3GPP en utilisant le protocole MOBIKE de l'IETF,
- Le support de la sélection de l'AMF.

II.4. 11 : L'AF

L'Application Function (AF) est l'entité assurant la fourniture de services à travers le réseau 5G. Pour cela, il interagit avec le cœur de réseau 5G en :

- En agissant sur le routage du trafic en fonction de la nature des services de l'application,
- En accédant au NEF afin de découvrir les autres éléments fonctionnels,
- En interagissant avec le PCF pour le contrôle des politiques à appliquer en fonctions des services utilisés.

En fonction du mode déploiement du réseau de l'opérateur, les AFs valides sont autorisés à interagir avec les autres éléments fonctionnels du réseau.

Les AFs non autorisés par l'opérateur à accéder aux éléments fonctionnels du réseau doivent utiliser un module externe à travers le NEF pour accéder auxdits éléments fonctionnels.

II.4.12 : UDR

L'Unified Data Repository (UDR) supporte les fonctionnalités suivantes :

- Le stockage et l'extraction des données de souscription par l'UDM,
- Le stockage et l'extraction des données relatives aux politiques par le PCF,
- Le stockage et l'extraction des données structurées d'exposition des fonctions et des données des applications (incluant le PFD (Packet Flow Description) pour la détection des applications, les informations relatives aux requêtes des UEs sur les applications).

L'UDR doit être localisé dans le même réseau que la NF y stockant et extrayant les données.

II.4.13 : L'UDSF

L'UDSF (Unstructured Data Storage Function) est une entité fonctionnelle optionnelle permettant le stockage et l'extraction des données par toute autre entité fonctionnelle.

L'USDF et l'UDR peuvent être co-localisés.

II.4.14 : Le SMSF

Le Short Message Service Function (SMS) est l'entité fonctionnelle supportant le service SMS. Il supporte les fonctionnalités suivantes :

- La vérification de la souscription au service SMS,
- La prise en charge des échanges avec l'UE suivant les protocoles SM-RP pour le relayage et SM-CP pour le contrôle,
- Le relayage des messages de l'UE vers le SMS-GMSC/IWMSC/SMS-Router,
- Le relayage des messages du SMS-GMSC/IWMSC/SMS-Router vers l'UE,
- La production des CDR relatifs aux SMS,
- L'interception légale pour les SMS,
- L'interaction avec l'AMF et le SMS-GMSC pour les procédures de notification lorsque l'UE est indisponible pour la réception du SMS (notifie le SMS-GMSC pour informer l'UDM lorsque l'UE est indisponible pour recevoir le SMS),
- La sélection d'un domaine SMS via l'UDM par la sélection d'une autre entité éventuelle pour une tentative de livraison du SMS lorsqu'il y a un échec de livraison via le SMSF.

II.4.15 : Le NSSF

Le Network Slice Selection Function (NSSF) est l'entité fonctionnelle permettant la sélection du slice (partition) du réseau pour l'UE en fonction des services et applications utilisés.

Il assure les fonctionnalités suivantes :

- La sélection du lot des instances de « Network slice » devant servir l'UE,
- La détermination des NSSAI alloués et si nécessaire, la correspondance avec les S-NSSAIs,
- La détermination du lot d'AMFs à utiliser pour servir l'UE, ou, sur la base de la configuration, la détermination d'une liste d'AMFs suite à une requête sur le NRF.

II.4.16 : Le 5G-EIR

Le 5G-EIR (5G Equipment Identity Register) est l'entité fonctionnelle et optionnelle permettant de vérifier l'état du PEI. Par exemple, s'il n'est pas dans la liste noire.

II.4.17 : Le LMF

Le LMF (Location Management Function) supporte les fonctionnalités suivantes :

- La détermination de la localisation d'un UE,
- L'obtention de l'UE des mesures de localisation en downlink ou d'une estimation de la position de localisation,
- L'obtention du NG-RAN des mesures de localisation en uplink,
- L'obtention du NG-RAN des données d'assistance pour les UE sans association (non actifs).

II.4.18 : Le SEPP

Le SEPP (Security Edge Protection Proxy) est un serveur proxy non-transparent et permettant le filtrage et le contrôle des messages de signalisation (control plan) entre PLMN. Il permet également de masquer la topologie du réseau aux éléments extérieurs.

II.5 : Principe de découverte et de sélection des éléments fonctionnels et leurs services

II.5.1 : Généralités

Lorsqu'un élément fonctionnel (NF) a besoin des services d'un autre élément fonctionnel (NF), il vérifie la disponibilité des informations relatives à ce NF dans sa configuration. Lorsque ces informations ne sont pas configurées, le NF doit procéder à la découverte des instances du type de NF voulu pour en sélectionner.

Cette découverte est faite à travers le NRF comme indiqué au point II.4.6.

Le NF initiant la requête de découverte, fournit le type de NF voulu ou des informations spécifiques au NRF. Le NRF retourne au NF initiateur, les adresses IP ou les FQDN ou les identifiants des services et de l'ensemble des instances du NF voulu. Sur la base de ces informations, le NF initiateur peut sélectionner une instance du type de NF voulu pouvant répondre à ses besoins.

Dans le cas où la découverte doit se faire dans un autre PLMN, le NF initiateur adresse la requête contenant l'identifiant du PLMN distant, au NRF de son propre PLMN. Le NRF local s'adresse à son tour au NRF distant.

Dans le souci de masquer la topologie du réseau aux éléments externes, le NRF distant peut retourner les informations relatives au serveur proxy (SEPP) et non celles du NF voulu. Le serveur proxy se chargera de traiter avec l'instance du type de NF voulu conformément au point II.4.17.

Eu égard aux fonctions assurées par les différents types de NF, un NF donné offre ses services à un ou à plusieurs autres types de NF. Il est ainsi sélectionné uniquement par les types de NF auxquels il offre ses services et dans lesquels est créée une fonction pour sa sélection.

II.5.2 : Sélection du SMF

La fonction de sélection du SMF est supportée par l'AMF et utilisée pour localiser une instance SMF devant se charger d'une session PDU.

Comme indiqué ci-dessus, la fonction de sélection de SMF configurée dans l'AMF doit utiliser le NRF pour découvrir les instances de SMF sauf si l'AMF est configuré avec les informations sur le SMF qu'il peut utiliser.

La fonction de sélection dans l'AMF est utilisée pour les accès 3GPP et non 3GPP.

Les paramètres suivants doivent être considérés lors de la sélection d'un SMF :

- Data Network Name (DNN) sélectionné.
- S-NSSAI.
- Informations de souscription contenue dans l'UDM, comme :
    - par DNN: si le roaming LBO est autorisé
    - par S-NSSAI: les DNN(s) souscrits
    - par (S-NSSAI, pour un DNN souscrit): si le roaming LBO est autorisé
- Politiques locales de l'opérateur.
- Les conditions de charges des SMFs candidats.
- Les technologies d'accès utilisées par l'UE

Dans le cas où il y a une session PDU en cours pour l'UE dans le même DNN et le S-NSSAI sur un SMF, ce SMF doit être sélectionné pour toute nouvelle session dans le même DNN et avec le S-NSSAI. Dans le cas contraire, un autre SMF peut être sélectionné pour assurer par exemple un partage de charge entre SMF ou permettre la mise en veille d'un SMF sans perte de trafic.

En roaming de type « Home Network Routing », la fonction de sélection du SMF sélectionne un SMF dans le VPLMN et un SMF dans le HPLMN.

Lorsque les contextes de souscription fournis par l'UDM de l'UE autorisent la prise en charge de session PDU dans le réseau visité

VPLMN (roaming LBO) pour le DNN et le S-NSSAI spécifiés, la fonction de sélection de SMF sélectionne un SMF dans le réseau visité. Lorsque le DNN et le S-NSSAI ne permettent pas la sélection d'un SMF dans le VPLMN, ou lorsque les souscriptions ne permettent pas la prise en charge de session PDU dans le réseau visité (LBO), un SMF dans le VPLMN et un SMF du HPLMN sont alors sélectionnés. Le DNN et le S-NSSAI sont ainsi utilisés pour la sélection du SMF dans le HPLMN.

II.5.3 : La sélection de l'UPF

La sélection et la re-sélection de l'UPF est effectué par le SMF en considérant les scénarii de déploiement de l'UPF qui peuvent être le mode centralisé ou le mode distribué permettant un rapprochement au réseau d'accès. La sélection de l'UPF doit également tenir compte d'un déploiement des UPF avec différentes fonctionnalités.

Le SMF peut être configuré, à tout moment, avec les UPFs disponibles, à travers les outils OAM (Operating, Administration and Maintenance).

La fonction de sélection de l'UPF se trouvant dans le SMF peut utiliser le NRF pour découvrir les instances de l'UPF disponibles. Dans ce cas, le SMF soumet une requête au NRF contenant les paramètres DNN et S-NSSAI. En retour, le NRF fournit au SMF les adresses IP et/ou les FQDNs des instances UPFs disponibles. Ces informations peuvent être accompagnées des localisations, capacités, fonctionnalités et capabilités optionnelles des instances UPFs disponibles.

En roaming de type "Home Network Routing", les UPFs du HPLMN sont sélectionnés par les SMFs du HPLMN et les UPFs du VPLMN sont sélectionnés par les SMFs du VPLMN. Les critères exacts utilisés pour la sélection de l'UPF sont fonction du déploiement et sont contrôlés par la configuration de l'opérateur.

Les paramètres suivants doivent être considérés par le SMF lors de la sélection de l'UPF :

- La charge dynamique de l'UPF.

- La capacité statique relative à chaque UPF parmi les UPFs supportant le même DNN.
- La disponibilité dans le SMF, des informations de localisation de l'UPF.
- Les informations de localisation de l'UE.
- La capacité de l'UPF et les fonctionnalités réquises pour la session PDU.
- Le DNN (Data Network Name).
- Le type de session PDU (i.e. IPv4, IPv6, Ethernet Type ou non structuré) et si applicable, le prefix ou l'adresse complète dans le cas d'utilisation d'adresse IP statique.
- Le mode de SSC (Session and Service Continuity) sélectionné pour la session PDU.
- Le profil de souscription de l'UE dans l'UDM.
- Le DNAI (Data Network Acces Identifier) inclus dans les règles PCC Rules fournies par le PCF
- Les politiques locales de l'opérateur
- Le S-NSSAI.
- La technologie d'accès utilisée par l'UE.

II.5.4 : La sélection de l'AUSF

L'AMF effectue la sélection de l'AUSF pour permettre l'authentification entre l'UE et le cœur de réseau 5G du HPLMN.

La fonction de sélection de l'AUSF située dans l'AMF doit utiliser le NRF pour la découverte des instances de l'AUSF disponibles et ensuite sélectionner. Cette découverte à travers le NRF n'est pas nécessaire lorsque ces informations sont localement configurées sur l'AMF.

Cette fonction de sélection de l'AUSF située dans l'AMF est valable pour les réseaux d'accès de types 3GPP et non 3GPP.

Les paramètres suivants doivent être considérés lors de la sélection d'un AUSF par l'AMF :

- Le SUPI

- L'identifiant du réseau nominal (par exemple le MCC et le MNC) du SUCI (Subscription Concealed Identifier).

II.5.5 : La sélection de l'AMF

La fonctionnalité de sélection de l'AMF est applicable aux réseaux d'accès 3GPP et non 3GPP. La fonction est supportée par le réseau d'accès 5G (5G-AN, par exemple le RAN ou le N3IWF) et est utilisée pour sélectionner un AMF pour un UE donné. Elle est également supportée par les AMFs pour sélectionner un autre AMF lors des relocations ou lorsque l'AMF initialement sélectionné, n'est pas approprié pour servir l'UE. Elle est enfin supportée par d'autres NFs dans le CP (control Plan) du cœur de réseau 5G. Par exemple, le SMF supporte la fonction de sélection de l'AMF parmi un ensemble lorsque l'AMF original servant un UE est indisponible.

Le 5G-AN sélectionne un ensemble d'AMF et un AMF dans cet ensemble dans les conditions suivantes :

1. Lorsque l'UE ne fournit ni de 5G-S-TMSI ni de GUAMI au 5G-AN,
2. Lorsque l'UE fournit le 5G-S-TMSI ou le GUAMI sans informations suffisantes de routage ou sans informations de routage utilisables (par exemple un GUAMI avec un identifiant d'une autre zone ne relevant pas de l'AMF)
3. L'AMF a instruit le réseau d'accès (AN) que l'AMF (identifié par le GUAMI) est indisponible ou si le réseau d'accès constate que l'AMF est non fonctionnel.

Les autres NFs du CP sélectionnent un autre AMF dans un ensemble d'AMF lorsqu'un AMF leurs a instruit que certain(s) AMF(s) identifié(s) par le(s) GUAMI(s) sont indisponibles alors qu'ils n'avaient pas reçu de notification ou s'ils détectent directement la défaillance de certains AMF.

La fonction de sélection de l'AMF dans le 5G-AN doit considérer les facteurs suivants lors d'une sélection :

- Les identifiants de la région et du groupe contenus dans le GUAMI,

- Le NSSAI demandé,
- Les politiques appliquées par l'opérateur.

La fonctionnalité de sélection de l'AMF située dans le 5G-AN ou dans les NFs du cœur de réseau prend en compte la disponibilité et la répartition des charges lors de la sélection d'un AMF dans un groupe (set) d'AMF.

Lorsque le 5G-S-TMSI ou le GUAMI fourni par l'UE au 5G-AN contient un identifiant de groupe AMF (AMF set ID) qui est utilisable alors que l'AMF identifié par le pointeur AMF n'est pas utilisable ou l'AMF correspondant indique qu'il est hors service, le 5G-AN utilise l'identifiant de groupe (AMF Set ID) pour sélectionner un autre AMF dans le groupe.

La fonction de sélection de l'AMF situé dans l'AMF ou dans les autres NFs du cœur de réseau doivent utiliser le NRF pour découvrir les instances d'AMF sauf si les informations sur les AMFs sont disponibles par d'autres moyens comme les configurations locales sur l'AMF et sur les autres NFs. Le NRF retourne à l'AMF ou aux autres NFs, les adresses IP ou les FQDNs des instances AMF répondant à leurs requêtes.

II.5.6 : La sélection du N3IWF

L'accès au système 5G à partir d'un réseau d'accès non 3GPP nécessite une prise en compte de la sécurité des informations véhiculées. Cette sécurisation se fait à travers le protocole IPsec qui est implémenté dans l'UE et dans un noeud au niveau du cœur de réseau. Dans le cas du 5G, ce noeud peut être le N3IWF ou l'ePDG (evolved Packet Data Gateway) qui est un élément du cœur de réseau 4G (EPC). Dans le cas où l'ePDG est utilisé pour la prise en charge de la sécurisation des informations échangées, sa sélection est combinée avec celle du N3IWF à travers lequel tout accès non 3GPP au système 5G est pris en charge.

Deux modes de sélection du N3IWF sont donc possibles pour le cas d'un accès non 3GPP :

1. La sélection en mode stand-alone (seul) du N3IWF

2. La sélection en mode combiné ePDG/N3IWF

II.5.6.1 Sélection en mode stand-alone du N3IWF

II.5.6.1.1 Généralités

L'UE procède à la sélection du N3IWF sur la base des informations qui lui sont configurées par son réseau nominal et sur la base de sa connaissance du réseau auquel il est attaché.

Lorsqu'un UE essaye de constituer un FQDN pour un N3IWF sélectionné dans un PLMN donné, il doit choisir selon l'un des formats suivants (voir chapitre II.3.2.1) :

- Le FQDN sur la base de l'identifiant de l'opérateur,
- Le FQDN sur la base de l'identité de la zone de tracking,
- Le FQDN configuré dans l'UE par son réseau nominal.

Le choix se fait de la manière suivante :

1. Si l'UE tente de sélectionner un N3IWF dans le PLMN dans lequel il est enregistré et l'UE est configuré pour utiliser pour ce PLMN le FQDN de la zone de Tracking et
2. L'UE connait le TAI (Tracking Area ID) de la zone dans laquelle il est,
3. Alors l'UE constitue un FQDN sur la base de l'identité de la zone de tracking.
4. Sinon, il constitue un FQDN sur la base de l'identifiant de l'opérateur.

L'UE peut être également configuré par le HPLMN avec les informations suivantes :

- Les identifiants du N3IWF : le FQDN ou l'adresse IP du N3IWF dans le HPLMN
- Les informations de sélection du N3IWF qui contiennent une liste de PLMNs prioritaires qui sont préférés pour la sélection N3IWF. Ils indiquent également si la sélection d'un N3IWF dans un PLMN donné doit être sur la base de l'identité de la zone de tracking ou de l'identifiant de l'opérateur. Cette liste

de PLMNs peut inclure le HPLMN. Cette liste contient les PLMNs ayant un accord roaming avec le HPLMN et pouvant avoir des interconnexions avec des réseaux d'accès non confiants.

II.5.6.1.2 : Procédure de sélection du N3IWF

L'UE effectue la sélection en exécutant les étapes suivantes :

1. L'UE doit essayer de déterminer le pays dans lequel il est localisé. Cela est déterminé par les méthodes d'implémentation dans le réseau. Si l'UE ne peut pas déterminer le pays dans lequel il est localisé, il arrête la procédure de sélection du N3IWF.
2. Si l'UE détermine qu'il est localisé dans son pays nominal, alors :
    a. Il doit sélectionner un N3IWF dans son HPLMN. Si les informations de sélection du N3IWF contiennent le HPLMN, l'UE doit constituer un FQDN. Si ces informations ne contiennent pas le HPLMN et l'UE est configuré avec un identifiant du N3IWF alors il doit choisir cet identifiant. Sinon l'UE doit constituer un FQDN basé sur l'identifiant de l'opérateur.
    b. Si l'UE ne peut pas sélectionner un N3IWF du HPLMN, alors l'UE doit arrêter la procédure de sélection.
3. Si l'UE détermine qu'il est localisé hors de son pays nominal (pays visité), alors :
    a. Si l'UE est enregistré à travers un accès 3GPP dans un PLMN et ce PLMN correspond à une entrée des informations de sélection du N3IWF, l'UE doit sélectionner un N3IWF dans ce PLMN. Si l'UE échoue la connexion à un N3IWF de PLMN, il doit sélectionner un N3IWF en effectuant une procédure de résolution DNS
    b. Dans tous les autres cas (lorsque l'UE n'est pas configuré avec les informations de sélection du N3IWF ou l'UE est enregistré sur un PLMN par 3GPP mais ce PLMN ne correspond pas à une entrée des informations

de sélection ou l'UE n'est pas enregistré par accès 3GPP sur aucun PLMN), l'UE doit sélectionner un N3IWF en effectuant une procédure de résolution DNS.

La sélection de l'ePDG suit la même procédure que celle du N3IWF lorsqu'elle est nécessaire dans le mode combiné ci-dessous.

II.5.6.2 : Sélection en mode combiné ePDG/N3IWF

La procédure de sélection du N3IWF est basée sur le mécanisme de l'ePDG amélioré avec les spécificités du N3IWF de manière à supporter les PLNM disposant simultanément de l'ePDG et du N3IWF.

Pour sélectionner un PLMN parmi ceux identifiés, le déroulement est le suivant :

1. L'UE doit déterminer si la sélection du nœud pour l'accès non 3GPP est pour un service IMS ou non.
2. S'il s'agit d'un service IMS, l'UE doit choisir le type de noeud (i.e ePDG ou N3IWF) sur la base de la préférence définie et paramétrée par l'opérateur. Si l'UE a ses fonctionnalités 5GS désactivées, il doit nécessairement choisir l'ePDG quelle que soit la préférence définie par l'opérateur. Le type de nœud choisi est utilisé pour la sélection.
   Dans le cas où la première sélection échoue, l'UE fait une tentative de sélection de l'autre type de nœud. Si cette dernière sélection n'est pas possible ou échoue, l'UE tente un autre réseau PLMN.
3. Pour les services non IMS, l'UE doit sélectionner le N3IWF quelle que soit la préférence définie par l'opérateur. Si la sélection du N3IWF échoue ou n'est pas possible, l'UE tente de sélectionner l'ePDG dans le même PLMN. Si la sélection de l'ePDG échoue ou n'est pas possible, l'UE tente un autre réseau PLMN.

II.5.7 : La sélection du PCF

II.5.7.1 : Principes généraux

La découverte et la sélection des instances du PCF se font sur la base des principes ci-dessous :

- Il peut avoir plusieurs PCFs dans un réseau PLMN,
- Le PCF doit pouvoir faire la corrélation entre la session d'un service d'une AF établie sur l'interface N5 ou Rx, et la session PDU correspondante établie sur l'interface N7,
- Le réseau doit être déployé de manière qu'un PCF donné peut prendre en compte certains DN (Data Network) uniquement,
- L'identification unique d'une session PDU dans le PCF doit être possible sur la base du couplet (UE ID, DNN), du couplet (adresse IP, DNN) ou du triplet (UE ID, adresse IP, DNN)

II.5.7.2 Sélection du PCF pour un UE ou une session PDU

L'AMF fait la sélection du PCF pour l'UE et le SMF fait la sélection du PCF pour la session PDU. Les PCFs sélectionnés peuvent être le même ou peuvent être différents en fonction des alternatives suivantes :

- L'AMF utilise le NRF pour découvrir les instances de PCFs pour un UE sauf si les informations sur les PCFs sont disponibles à travers d'autres moyens comme la configuration locale de l'AMF conformément aux stratégies de l'opérateur,
- Le SMF utilise le NRF pour découvrir les instances de PCFs pour une session PDU sauf si les informations sont disponibles à travers d'autre moyens comme la configuration locale du SMF ou reçue de l'AMF. Les facteurs suivants doivent être considérés lors de la sélection d'un PCF par le SMF :
    - La politique locale de l'opérateur,
    - Le DNN sélectionné,
    - Le PCF sélectionné par l'AMF dans le but de sélectionner le même PCF.

II.5.8 : Découverte de l'UDM

La NF consommatrice de service exécute la fonction de découverte de l'UDM pour découvrir dans le PLMN, l'UDM qui gère les souscriptions de l'utilisateur.

La fonction de découverte de l'UDM doit utiliser le NRF pour découvrir les instances UDM sauf si les informations de l'UDM sont disponibles par d'autres moyens comme la configuration locale sur sa NF. Elle choisit alors une instance UDM sur la base des informations reçues à travers le NRF ou localement. La fonction de découverte de l'UDM dans la NF consommatrice est applicable aux réseaux d'accès 3GPP et non 3GPP.

L'un des paramètres suivants peut être utilisé lors de la découverte de l'UDM :

- L'identifiant du réseau nominal (par exemple MNC et/ou MCC) du SUPI,
- GPSI (par exemple à travers le NEF/PCF après réception des requêtes de l'AF),
- L'identifiant du réseau nominal (par exemple MNC et/ou MCC) du SUCI.

II.5.9 : Sélection et découverte de l'UDR

Plusieurs instances d'UDR peuvent être déployées dans un réseau et chaque instance peut être dédiée au stockage d'informations spécifiques ou à la fourniture de service à un ensemble de NF.

Une NF consommatrice des services d'un UDR doit utiliser le NRF pour découvrir l'instance d'UDR appropriée sauf si les informations sur cette instance sont disponibles par d'autres moyens comme les données de la configuration locale de cette NF. La fonction de découverte de l'UDR située dans les NFs est valable pour les réseaux d'accès 3GPP et non 3GPP.

La NF consommatrice des services de l'UDR doit sélectionner une instance UDR qui contient les informations qui lui sont relatives. Par exemple, l'UDM sélectionne une instance UDR contenant les données de souscription, le NEF sélection une instance UDR contenant les données d'exposition et le PCF sélectionne lune instance UDR contenant les données des applications et sur les politiques appliquées par l'opérateur.

Les facteurs suivants doivent être considérés pour la découverte et la sélection de l'UDR :

- Le SUPI ou le GPSI ou l'Identifiant de Groupe Externe (EGI),
- L'Identifiant de Lot de données (Data Set Identifier). Trois types de lots de données sont à considérer : données de souscription, données sur les politiques appliquées par l'opérateur et les données pour l'exposition.

II.6 : Interfaces et Couches de protocoles

Ce chapitre décrit les différentes couches de protocoles entre les entités du système 5G (5GS), par exemple entre l'UE et les Fonctions du cœur de réseau 5G, entre le réseau d'accès (AN) et les Fonctions du cœur de réseau 5G ou entre Fonctions du cœur de réseau 5G.

Les couches de protocoles sont constituées pour le « Control Plan » véhiculant les informations de signalisation et pour le « User Plan » supportant les données des utilisateurs.

II.6.1 : Interfaces et couches de protocoles pour le « Control Plan »

II.6.1.1 : Les couches de protocoles entre le réseau d'accès 5G (5G-AN) et le cœur de réseau 5G : N2

L'interface N2 correspond à la partie signalisation de l'interface NG (NG-C).

Les procédures suivantes sont définies sur cette interface :

- Procédures relatives à la gestion de l'interface N2 et qui ne sont pas relatives à un UE donné, telles que la configuration ou la réinitialisation de l'interface.

- Procédures relatives à un UE donné :
  - Procédures relatives au transport NAS (en destination du cœur de réseau). Ces procédures sont supposées être appliquées à tout accès. Mais elles doivent correspondre aux messages de transport NAS dans le sens Uplink supportant des informations comme la localisation de l'abonné (par exemple le Cell Id sur un réseau d'accès 3GPP ou tout autre type d'information de localisation pour le réseau d'accès non 3GPP),
  - Procédures relatives à la gestion des contextes pour l'UE. Ces procédures sont appliquées à tout accès. Les messages correspondant doivent conternir :
    - Des informations sur quelques types d'accès (liste de restriction pour le Handover pour les accès 3GPP uniquement),
    - Des informations qui doivent être transférer de manière transparente par l'AMF entre le 5G-AN et le SMF
  - Procédures relatives aux ressources pour les sessions PDU. Ces procédures sont appliquées à tout accès. Elles doivent supporter les messages contenant les informations qui sont transférées de manière transparente par l'AMF entre le 5G-AN et le SMF
  - Procédures relatives à la gestion du Hand-over. Ces procédures sont initiées uniquement pour un accès 3GPP.

L'interface N2 supporte :

- La connexion de plusieurs types de 5G-AN (par exemple 3GPP RAN, N3IWF) au cœur 5G (5GC) à travers le même protocole pour le « Control Plan » : un simple NGAP (NG Application Protocol) est utilisé pour les deux accès 3GPP et non 3GPP.
- Pour un UE donné, il y a un seul point de terminaison de l'interface N2 sur l'AMF indépendamment du nombre de session pour cet UE,
- Le découplage entre l'AMF et les autres entités fonctionnels telles que le SMF qui nécessite le contrôle des services supportés par le réseau d'accès 5G. Un exemple est le contrôle

des ressources du « User Plan » dans le réseau d'accès 5G pour une session PDU. Pour ce cas, le NGAP doit supporter les informations dont l'AMF est uniquement responsable pour le transfert entre le réseau d'accès 5G et le SMF.

II.6.1.1.1 : La couche de protocole entre le réseau d'accès et l'AMF

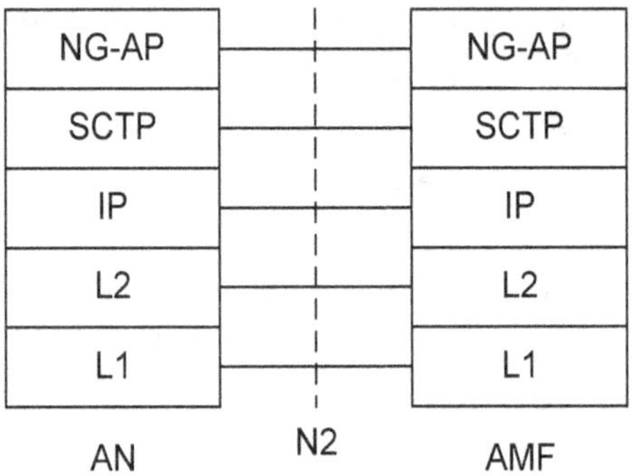

Figure 12 : *Couche de protocole AN-AMF*

Le NGAP (NG Application Protocol) est le protocole de niveau application entre le réseau d'accès 5G et l'AMF. Le SCTP (Stream Control Transmission Protocol) garantie la livraison des messages de signalisations en le réseau d'accès 5G et l'AMF.

II.6.1.1.2 : La couche de protocole entre le réseau d'accès et le SMF

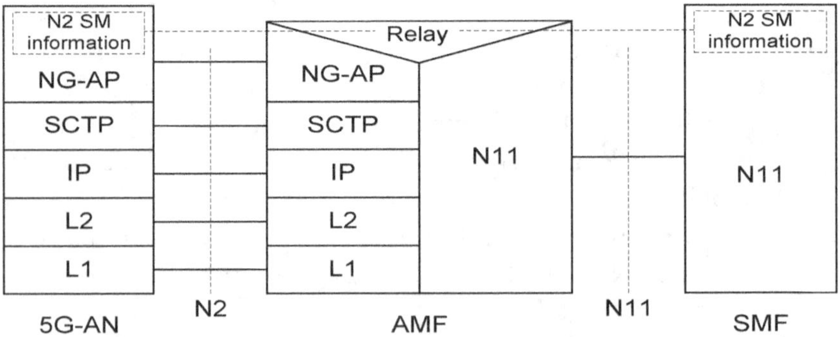

Figure 13 : *Couche de protocole AN-SMF*

Le N2 SM Information est un sous ensemble des informations NGAP que l'AMF transfert de manière transparente entre le réseau d'accès et le SMF.

II.6.1.2 : Couche de protocole entre l'UE et le cœur de réseau 5G : N1

Une simple interface N1 NAS (Non Access Stratum), dont le point de terminaison est localisé à l'AMF, est utilisée pour chaque accès à travers lequel l'UE se connecte. Cette simple interface est utilisée à la fois pour la gestion de l'enregistrement, la gestion de la connexion et les procédures et messages de la gestion des sessions.

Le protocole NAS sur l'interface N1 comprend les modules NAS-MM (Mobility Management) et NAS-SM (Session Management).

Il existe plusieurs types de protocoles entre l'UE et les éléments fonctionnels du cœur de réseau à l'exception de l'AMF qui doivent être supportés sur l'interface N1 à travers le protocole NAS-MM. Quelques cas de ces protocoles sont la signalisation relative à la gestion des sessions et les SMS.

Sur le protocole NAS-MM, les messages et procédures relatifs aux gestions de l'enregistrement et de la connexion (RM et CM) sont séparés des autres messages et procédures comme pour la gestion des sessions (SM).

Le protocole NAS-MM supporte les capabilités suivantes :

- Les procédures NAS se terminant sur l'AMF qui se composent :
    - du traitement avec l'UE des procédures et modules de gestion de l'enregistrement et de gestion de la connexion y compris le transport NAS. Lors de ce traitement l'AMF supporte les capabilités suivantes :
        - Durant les procédures RM/CM, il décide d'accepter ou non la partie de la signalisation N1 relative au RM/CM sans tenir compte de la combinaison éventuelle des autres messages de type différent du NAS-MM tels que ceux relatives à la gestion des sessions.

      ▪ Il connait si un message NAS doit être routé vers une autre entité fonctionnelle (par exemple pour la gestion des sessions SM) ou doit être traité localement par exemple pour les procédures RM/CM.
  - De la fourniture d'une connexion NAS sécurisée (chiffrement et protection de l'intégrité) entre l'UE et l'AMF y compris les données utiles.
  - De la fourniture du contrôle d'accès si cela est applicable.
- La possibilité de transmettre d'autres types de messages NAS, tels que le NAS SM, avec les messages NAS RM/CM avec le support du transfert de différents types de messages et données utiles ne se terminant pas à l'AMF. Cela inclut :
  - Les informations sur le type de données utiles,
  - Les informations additionnelles relatives au transfert (par exemple les NFs de destination),
  - Les données utiles (par exemple le SMS),
- Le même protocole NAS s'applique au accès 3GPP et non 3GPP. Lorsqu'un UE est servi par un seul AMF alors qu'il est connecté à travers des accès multiples 3GPP et non 3GPP, il y a alors une connexion NAS N1 par type d'accès.

La sécurité des messages NAS est fournie conformément au contexte de sécurité établi entre l'UE et l'AMF.

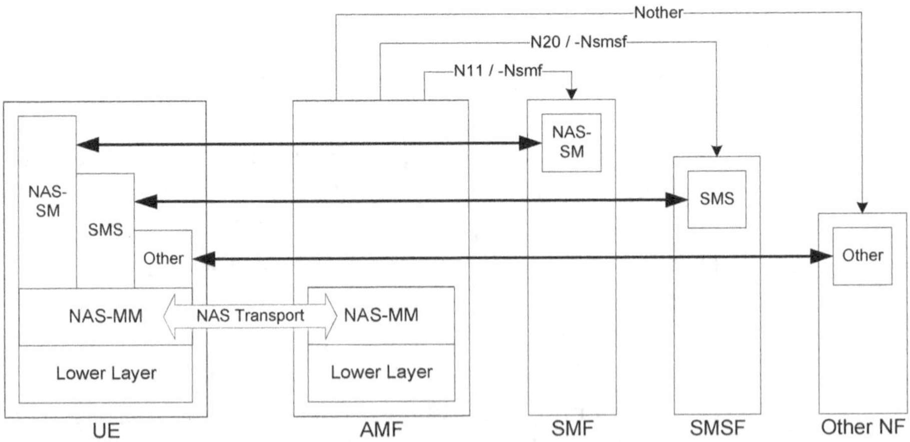

***Figure 14** : Transfert des messages SM et des SMS par l'AMF*

La figure ci-dessus décrit le transfert des messages et données relatives à la gestion des sessions et aux SMS.

II.6.1.2.1 : Couche de protocole entre l'UE et l'AMF

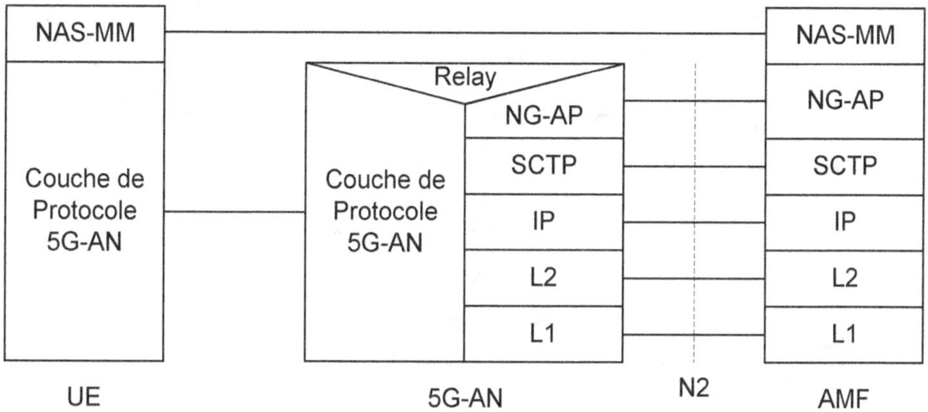

***Figure 15** : Couche de protocole entre l'UE et l'AMF*

Le NAS-MM supporte la gestion de l'enregistrement, la gestion des connexions, l'activation et la désactivation de la transmission des données utilisateurs (User Plane). Il est également responsable du chiffrement et de la protection de l'intégrité de la signalisation NAS.

La couche de protocole pour l'accès 5G (5G-AN) dépend du type d'accès utilisé (3GPP ou non 3GPP).

II.6.1.2.2 : Couche de protocole entre l'UE et le SMF

Le NAS-SM supporte la prise en charge de la gestion des sessions entre l'UE et le SMF.

Les messages NAS-SM sont gérés (créés et traités) par la couche NAS-SM de l'UE et du SMF. Le contenu des messages de signalisation de gestion des sessions n'est pas interprété par l'AMF.

La couche NAS-MM traite la signalisation relative à la gestion des sessions (SM) comme suit :

- Lors de la transmission des messages SM, il crée un message MM contenant les entêtes de sécurité, indiquant le transport d'un message SM et en ajoutant les informations pour le destinateur du message NAS-MM afin que ce dernier puisse savoir la destination du message.
- Lors de la réception des messages SM, il traite la partie relative au NAS-MM et interprète les informations additionnelles afin de déterminer le destinateur du message.

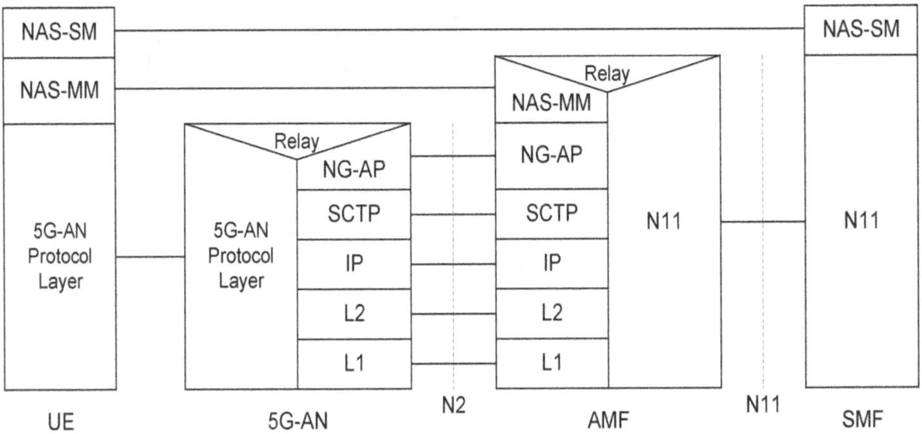

Figure 16 : *Couche de protocole entre l'UE et le SMF*

Le message SM doit inclure l'ID de la session PDU.

Le NAS-SM supporte l'établissement, la modification et la terminaison des sessions PDU pour les données utilisateurs. Les messages sont transmis via l'AMF et sont transparents pour ce dernier.

II.6.1.3 : Couche de protocoles entre les fonctions réseaux (NFs) du cœur de réseau 5G

L'interaction entre les NFs se fait à travers les interfaces basées services comme définis dans le chapitre II.2. La couche de protocole utilisée à cet effet est représentée ci-dessous.

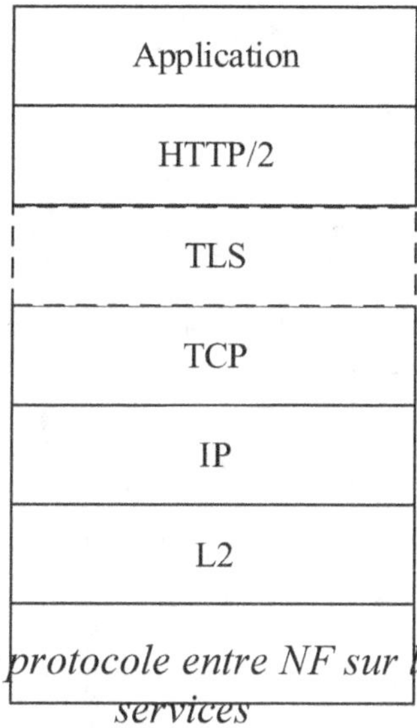

Figure 17 *: Couche de protocole entre NF sur les interfaces basées services*

Les interfaces basées services utilisent le protocole HTTP/2 pour supporter les données des applications (NFs). Pour des besoins de sécurité sur la couche de transport (TCP), les NFs 3GPP doivent supporter le TLS (Transport Layer Security). Le TLS doit être implémenté sur l'ensemble du réseau PLMN si d'autres mesures de sécurité comme l'IPX ne sont pas appliquées. Chaque NF doit supporter le TLS autant lorsqu'il agit comme serveur que lorsqu'il agit comme client.

Le TCP (Transport Control Protocol) est utilisé sur la couche transport conformément aux exigences du http. Les couches inférieures sont l'IP et celles des niveaux 2 et 1.

II.6.1.4 : Couche de protocoles pour les réseaux d'accès non 3GPP

La connexion à travers un réseau d'accès non 3GPP nécessite la mise en place des mécanismes de sécurité notamment d'authentification et d'encapsulation des données échangées dans un tunnel IPsec. Pour cela, une couche protocolaire est établie pour la mise en place de la signalisation IPsec entre l'UE et le N3WIF et une autre couche de protocole est établie pour les échanges après l'établissement de la signalisation IPsec.

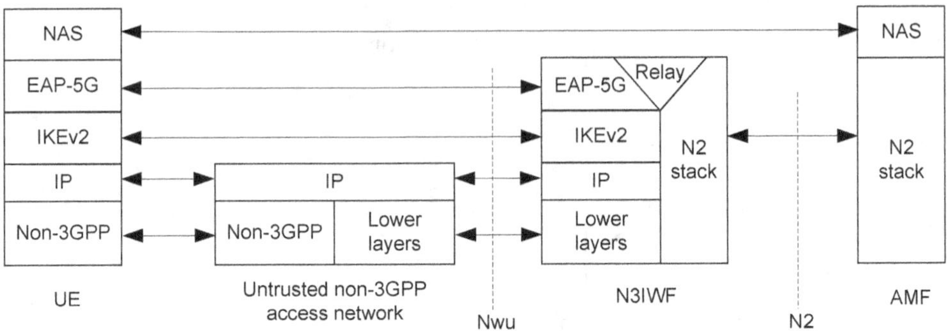

***Figure 18** : Couche de protocole dans le réseau d'accès non 3GPP avant établissement du tunnel IPsec*

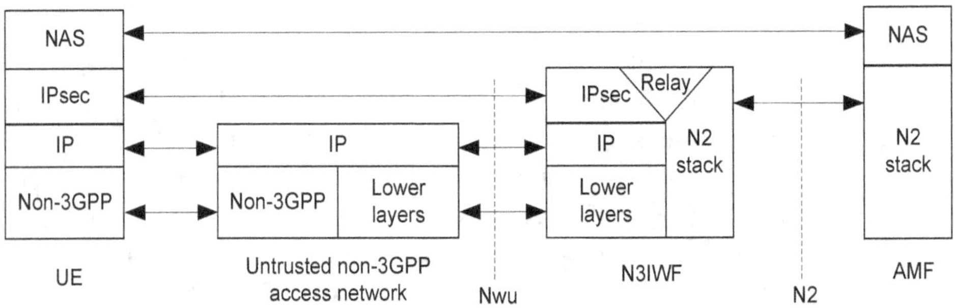

***Figure 19** : Couche de protocole dans le réseau d'accès non 3GPP après établissement du tunnel IPsec*

NAS : Non Access Stratum contient les messages échangés entre l'UE et les entités fonctionnelles qui ne sont pas dans le réseau d'accès.

EAP-5G : Extended Authentification Protocol pour le réseau 5G est utilisé pour l'authentification des utilisateurs connectés à travers un réseau d'accès non 3GPP.

IKEv2 : Internet Key Exchange permet l'échange de clés pour l'établissement d'un tunnel IPsec.

IPsec : Tunnel IPsec pour l'échange de données cryptées avec les clés précédemment échangées.

Dans toutes les deux couches protocolaires, les protocoles pour les couches inférieures sont le protocole IP pour la couche réseau et des protocoles propriétaires au réseau non 3GPP pour les couches liaisons et physiques.

La première couche de protocoles permet de mettre en place un tunnel IPsec et aussi faire l'authentification de l'utilisateur si nécessaire.

La seconde couche de protocoles permet l'échange des messages NAS dans le tunnel IPsec.

II.6.2 : Interfaces et couches de protocoles pour le « User Plan »

Si les protocoles du « Control Plan » concerne les échanges de messages de signalisation entre les entités du réseau, ceux du « User Plan » concerne les échanges de flux de données entre les UEs (les utilisateurs) et les réseaux de données. Le « User Plan » concerne donc la transmission des données utiles des utilisateurs vers les réseaux de données.

La figure ci-dessous représente sa couche protocolaire pour le cas d'un réseau d'accès 3GPP.

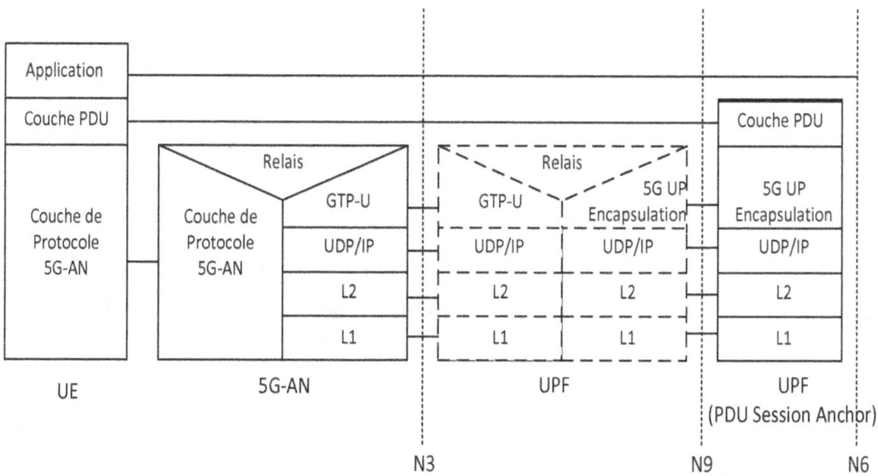

Figure 20 *: Couche de protocole pour le « User Plan »*

Application : est l'application utilisée avec le réseau de données.

Couche PDU : cette couche concerne la transmission des unités de paquets de données entre les UEs et les réseaux de données (par exemple Internet).

GTP-U : (GPRS Tunneling Protocol for the User Plan) permet de faire le multiplexage des données de plusieurs sessions PDU sur l'interface N3 entre le 5G-AN et l'UPF. Le GTP encapsule les paquets PDUs. Il fait également de marquage des champs relatifs à la qualité de service voulue pour chaque PDU.

5G UP Encapsulation : Il permet de faire le multiplexage des données de plusieurs sessions PDU sur l'interface N6 entre deux UPFs. Il permet également d'encapsuler les paquets PDUs marque les champs relatifs à la qualité de service voulue pour chaque PDU.

Couche de protocoles 5G-AN : il s'agit des couches de protocoles utilisées sur le réseau d'accès entre l'UE et la gNodeB pour la transmission des données. Elle est structurée conformément à la figure ci-dessous :

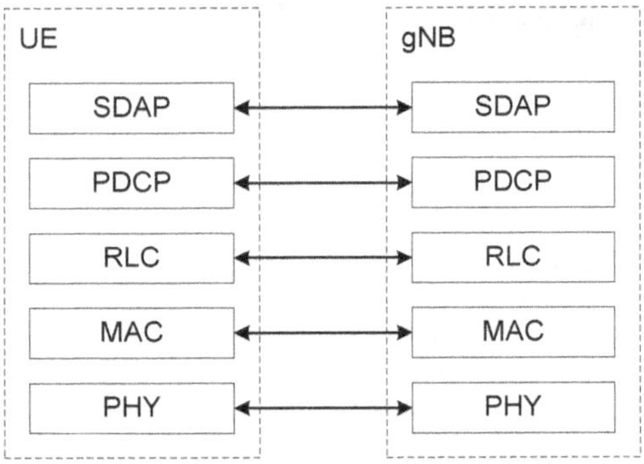

Figure 21 *: Couche de protocole « User Plan » de l'accès radio 5G (5G-AN)*

On y note le SDAP (Service Data Application Protocol) permettant de faire le mappage et le marquage des flux de qualité de services, le PDCP (Packet Data Convergence Protocol) permettant de faire le numérotage des séquences, la compression et décompression des entêtes, le cryptage, le RLC (Radio Link Control) permettant la correction d'erreurs, la segmentation, le réassemblage et la détection d'erreur de protocole. Les protocoles MAC et PHY sont respectivement pour la couche liaison et la couche physique et sont détaillées dans le chapitre « Interface Radio ».

Dans le cas d'un accès non 3GPP, la couche de protocole pour le « User Plane » est donnée par la figure ci-dessous, dans laquelle un tunnel GRE (*Generic Routing Encapsulation*)/IPsec est établi pour encapsuler et crypter les données à transmettre.

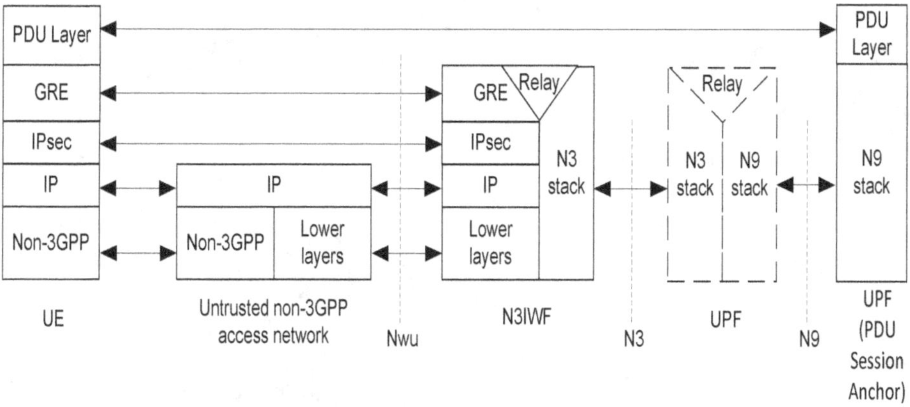

***Figure 22** : Couche de protocole « User Plan » avec un accès radio non 3GPP*

III- INTERFACE RADIO (NEW RADIO, NR)

L'interface radio est l'interface entre l'UE et la gNodeB (gNB). Cette interface est appelée Interface New Radio ou Interface NR. Elle est structurée en couches protocolaires dont la partie « User Plane » est représentée par la figure 21 paragraphe II.6.2 et dont la partie « Control Plane » est donnée ci-dessous.

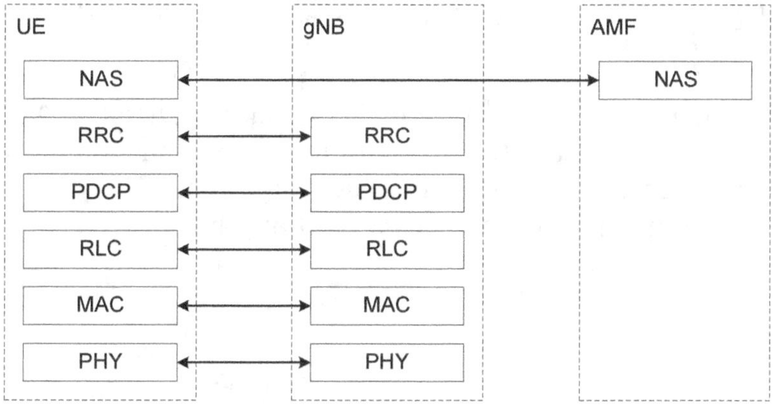

Figure 23 *: Couche de protocole « Control Plan » de l'accès radio 5G (5G-AN)*

La couche protocolaire de l'interface radio NR gère les trois premières couches du modèle OSI (physique, liaison et réseau). La couche physique constitue le signal radio transmis entre l'UE et la gNB. La couche liaison est composée des sous-couches MAC (Medium Access Control), RLC (Radio Link Control) et PDCP (Packet Data Convergence Protocol). La couche réseau équivaut à la couche RRC (Radio Resource Control) pour le « Control Plane » et SDAP (Service Data Application Protocol) pour le « User Plane ».

Ce chapitre décrit chacune de ces couches de l'interface radio NR (New Radio).

III.1 : Couche physique de l'interface radio NR

L'interface radio NR étant l'interface entre l'UE et la station de base gNodeB, la ressource physique utilisée sur cette interface est le signal électromagnétique caractérisé par la fréquence.

Les fréquences sur lesquelles l'interface radio NR de la 5G opère, sont réparties sur deux plages (Frequency Range, FR) :

Désignation de la plage de fréquence	**Plage de fréquence**
FR1	450 MHz – 6000 MHz
FR2	24250 MHz – 52600 MHz

Tableau 2 *: Définition des plages de fréquences utilisées pour la 5G*

La plage de fréquence FR2 correspond aux ondes millimétriques (mmWave).

Pour assurer le mode duplex, le FDD (Frequency Division Duplex) et le TDD (Time Division Duplex) sont utilisés en fonction des bandes de fonctionnement. Les tableaux ci-dessous donnent le type de mode duplex utilisé pour chaque bande de fonctionnement.

Bande de fonctionnement	**Uplink (UL) BS reçoit / UE transmet** F_{UL_low} – F_{UL_high}	**Downlink (DL) BS transmet / UE reçoit** F_{DL_low} – F_{DL_high}	**Mode Duplex**
n1	1920 MHz – 1980 MHz	2110 MHz – 2170 MHz	FDD
n2	1850 MHz – 1910 MHz	1930 MHz – 1990 MHz	FDD
n3	1710 MHz – 1785 MHz	1805 MHz – 1880 MHz	FDD
n5	824 MHz – 849 MHz	869 MHz – 894 MHz	FDD
n7	2500 MHz – 2570 MHz	2620 MHz – 2690 MHz	FDD
n8	880 MHz – 915 MHz	925 MHz – 960 MHz	FDD
n20	832 MHz – 862 MHz	791 MHz – 821 MHz	FDD
n28	703 MHz – 748 MHz	758 MHz – 803 MHz	FDD
n38	2570 MHz – 2620 MHz	2570 MHz – 2620 MHz	TDD
n41	2496 MHz – 2690 MHz	2496 MHz – 2690 MHz	TDD
n50	1432 MHz – 1517 MHz	1432 MHz – 1517 MHz	TDD
n51	1427 MHz – 1432 MHz	1427 MHz – 1432 MHz	TDD
n66	1710 MHz – 1780 MHz	2110 MHz – 2200 MHz	FDD
n70	1695 MHz – 1710 MHz	1995 MHz – 2020 MHz	FDD
n71	663 MHz – 698 MHz	617 MHz – 652 MHz	FDD
n74	1427 MHz – 1470 MHz	1475 MHz – 1518 MHz	FDD
n75	N/A	1432 MHz – 1517 MHz	SDL

n76	N/A	1427 MHz – 1432 MHz	SDL
n77	3300 MHz – 4200 MHz	3300 MHz – 4200 MHz	TDD
n78	3300 MHz – 3800 MHz	3300 MHz – 3800 MHz	TDD
n79	4400 MHz – 5000 MHz	4400 MHz – 5000 MHz	TDD
n80	1710 MHz – 1785 MHz	N/A	SUL
n81	880 MHz – 915 MHz	N/A	SUL
n82	832 MHz – 862 MHz	N/A	SUL
n83	703 MHz – 748 MHz	N/A	SUL
n84	1920 MHz – 1980 MHz	N/A	SUL

Tableau 3 *: Mode duplex et bande de fonctionnement pour la plage FR1*

Bande de fonctionnement	**Uplink (UL) and Downlink (DL)** **BS transmet/reçoit** **UE transmet/reçoit** F_{UL_low} – F_{UL_high} F_{DL_low} – F_{DL_high}	**Mode Duplex**
n257	26500 MHz – 29500 MHz	TDD
n258	24250 MHz – 27500 MHz	TDD
n260	37000 MHz – 40000 MHz	TDD

Tableau 4 *: Mode duplex et bande de fonctionnement pour la plage FR2*

Les modes duplex SUL et SDL sont respectivement pour des bandes de fonctionnement supplémentaires en Uplink (Supplementary Uplink) et en Downlink (Supplementary Downlink).

L'interface radio NR utilise comme technique d'accès l'OFDM (Orthogonal Frequency Division Multiplex) en Downlink et en Uplink. En l'Uplink, un pré-codage utilisant la Transformée de Fourrier Discrète (DFT, Discret Fourrier Transform) est optionnellement utilisé et a pour rôle de réduire le PAPR (Peak to Average Power Ratio).

En Downlink aussi bien qu'en Uplink, un préfixe cyclique (Cyclic Prefix, CP) est utilisé et ajouté aux symboles à transmettre pour permettre d'une part d'éviter l'interférence inter-symboles liée aux trajets multiples et d'autre part assurer l'orthogonalité des fréquences sous porteuses.

Le préfixe cyclique est créé par le fait de démarrer le symbole présent par une portion du début du symbole suivant. La durée du préfixe cyclique détermine son type qui peut être normal ou étendu.

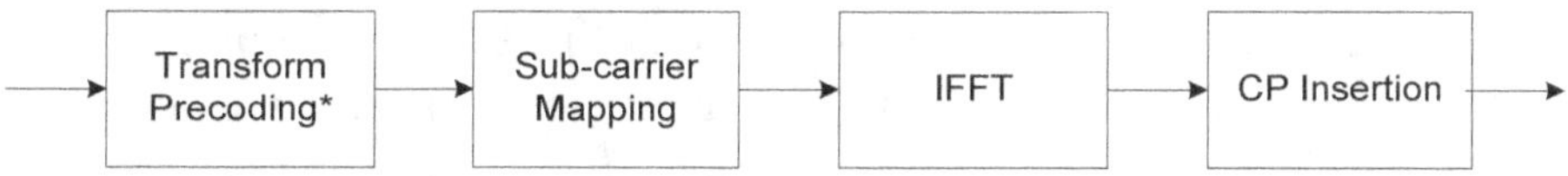

**présent optionnellement en Uplink, non présent en Dowlink*

***Figure 24** : Blocs fonctionnels de l'OFDM avec CP*

Le principe de l'OFDM consiste à subdiviser la bande de fréquence allouée en plusieurs petites porteuses appelées sous porteuses (sub-carriers) et orthogonales entre elles. La transmission des données est alors repartie sur ces différentes sous porteuses.

L'espacement Δf entre les sous porteuses est de la forme $\Delta f = 2^{\mu} \times 15$ kHz avec $\mu=\{0,1,3,4\}$ où μ définit la numérologie. Le tableau ci-dessous donne les valeurs de la numérologie avec l'espacement entre sous porteuses correspondant, le type de CP et les types d'informations supportées.

μ	$\Delta f = 2^{\mu} \cdot 15[\text{kHz}]$	**Préfixe Cyclique (CP)**	**Supporte les données**	**Supporte la synchronisation**
0	15	Normal	Oui	Oui
1	30	Normal	Oui	Oui
2	60	Normal, Etendu	Oui	Non
3	120	Normal	Oui	Oui
4	240	Normal	Non	Oui

***Tableau 5** : Numérologie, CP et type d'information*

III.1.1 : Structure de la trame

La transmission en Downlink et Uplink est organisée sur des trames d'une durée de 10 ms. Chaque trame est composée de 10 sous-trames d'une durée de 1 ms chacune. Aussi chaque trame est divisée en deux demi-trames égales et composées de 5 sous-trames chacune. La demi-trame 0 est constituée des sous-trames 0 à 4 et la demi-trame 1 est constituée des sous-trames 5 à 9.

Il y a une structuration de trames en Downlink et une structuration de trames en Uplink pour chaque porteuse.

La transmission de la trame numéro *i* à partir de l'UE se fait en avance de temps de $T_{TA} = (N_{TA} + N_{TA,offset})T_c$ avant le démarrage de la même trame numéro *i* en Dowlink. T_{TA} dépend de la bande de fréquence utilisée.

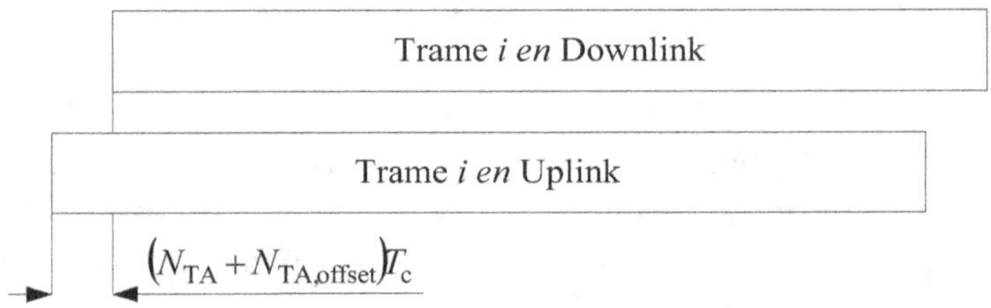

Figure 25 *: Décalage de la transmission entre trames en Downlink et Uplink*

Chaque trame est composée d'un nombre de symboles qui dépend de la numérologie μ, c'est-à-dire, de l'espacement entre sous-porteuses. En fonction du type de préfixe cyclique utilisé, les symboles sont regroupés en slot. Un slot est constitué de 14 symboles pour les CP normaux et de 12 symboles pour les CP étendus. Le nombre de slots par trame est alors fonction de la numérologie et est indiqué dans les tableaux ci-dessous.

μ	N_{symb}^{slot}	$N_{slot}^{frame,\mu}$	$N_{slot}^{subframe,\mu}$
0	14	10	1
1	14	20	2
2	14	40	4
3	14	80	8
4	14	160	16
5	14	320	32

Tableau 6 *: Nombre de symboles par slot, nombre de slot par trame et sous-trame pour un CP normal*

μ	N_{symb}^{slot}	$N_{slot}^{frame,\mu}$	$N_{slot}^{subframe,\mu}$
2	12	40	4

Tableau 7 *: Nombre de symboles par slot, nombre de slot par trame et sous-trame pour un CP étendu*

Pour chaque numérologie ou espacement entre sous-porteuse μ, les slots sont numérotés de manière croissante de 0 à $N_{slot}^{subframe\mu}$ -1 dans une sous-trame et de 0 à $N_{slot}^{frame,\mu}$ -1 dans une trame.

Chaque slot adopte un format dépendant de la nature des symboles et du type de duplex (FDD ou TDD) utilisé. Le tableau ci-dessous donne les différents formats que peut avoir un slot. Les formats numéros 62 à 255 sont réservés.

Un symbole OFDM dans un slot peut être classifié comme Downlink (D), Uplink (U) ou Flexible (X).

Un exemple de structure de la trame OFDM est donné par la figure ci-dessous pour un CP normal :

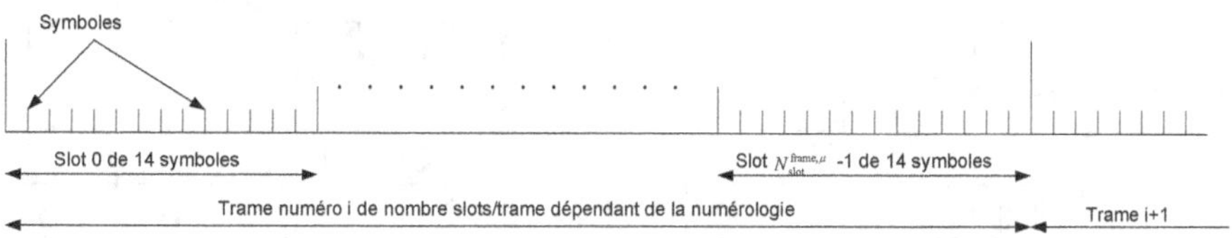

Figure 26 *: Structure de la trame OFDM*

Format	**Numéro de symbole dans un slot**													
	0	**1**	**2**	**3**	**4**	**5**	**6**	**7**	**8**	**9**	**10**	**11**	**12**	**13**
0	D	D	D	D	D	D	D	D	D	D	D	D	D	D
1	U	U	U	U	U	U	U	U	U	U	U	U	U	U
2	X	X	X	X	X	X	X	X	X	X	X	X	X	X
3	D	D	D	D	D	D	D	D	D	D	D	D	D	X
4	D	D	D	D	D	D	D	D	D	D	D	D	X	X
5	D	D	D	D	D	D	D	D	D	D	D	X	X	X
6	D	D	D	D	D	D	D	D	D	D	X	X	X	X
7	D	D	D	D	D	D	D	D	D	X	X	X	X	X
8	X	X	X	X	X	X	X	X	X	X	X	X	X	U
9	X	X	X	X	X	X	X	X	X	X	X	X	U	U
10	X	U	U	U	U	U	U	U	U	U	U	U	U	U
11	X	X	U	U	U	U	U	U	U	U	U	U	U	U
12	X	X	X	U	U	U	U	U	U	U	U	U	U	U
13	X	X	X	X	U	U	U	U	U	U	U	U	U	U
14	X	X	X	X	X	U	U	U	U	U	U	U	U	U
15	X	X	X	X	X	X	U	U	U	U	U	U	U	U
16	D	X	X	X	X	X	X	X	X	X	X	X	X	X
17	D	D	X	X	X	X	X	X	X	X	X	X	X	X
18	D	D	D	X	X	X	X	X	X	X	X	X	X	X
19	D	X	X	X	X	X	X	X	X	X	X	X	X	U
20	D	D	X	X	X	X	X	X	X	X	X	X	X	U
21	D	D	D	X	X	X	X	X	X	X	X	X	X	U
22	D	X	X	X	X	X	X	X	X	X	X	X	U	U
23	D	D	X	X	X	X	X	X	X	X	X	X	U	U
24	D	D	D	X	X	X	X	X	X	X	X	X	U	U
25	D	X	X	X	X	X	X	X	X	X	X	U	U	U
26	D	D	X	X	X	X	X	X	X	X	X	U	U	U
27	D	D	D	X	X	X	X	X	X	X	X	U	U	U
28	D	D	D	D	D	D	D	D	D	D	D	D	X	U
29	D	D	D	D	D	D	D	D	D	D	D	X	X	U
30	D	D	D	D	D	D	D	D	D	D	X	X	X	U
31	D	D	D	D	D	D	D	D	D	D	D	X	U	U
32	D	D	D	D	D	D	D	D	D	D	X	X	U	U
33	D	D	D	D	D	D	D	D	D	X	X	X	U	U
34	D	X	U	U	U	U	U	U	U	U	U	U	U	U
35	D	D	X	U	U	U	U	U	U	U	U	U	U	U

36	D	D	D	X	U	U	U	U	U	U	U	U	U	U
37	D	X	X	U	U	U	U	U	U	U	U	U	U	U
38	D	D	X	X	U	U	U	U	U	U	U	U	U	U
39	D	D	D	X	X	U	U	U	U	U	U	U	U	U
40	D	X	X	X	U	U	U	U	U	U	U	U	U	U
41	D	D	X	X	X	U	U	U	U	U	U	U	U	U
42	D	D	D	X	X	X	U	U	U	U	U	U	U	U
43	D	D	D	D	D	D	D	D	D	X	X	X	X	U
44	D	D	D	D	D	D	X	X	X	X	X	X	U	U
45	D	D	D	D	D	D	X	X	U	U	U	U	U	U
46	D	D	D	D	D	D	X	D	D	D	D	D	D	X
47	D	D	D	D	D	X	X	D	D	D	D	D	X	X
48	D	D	X	X	X	X	X	D	D	X	X	X	X	X
49	D	X	X	X	X	X	X	D	X	X	X	X	X	X
50	X	U	U	U	U	U	U	X	U	U	U	U	U	U
51	X	X	U	U	U	U	U	X	X	U	U	U	U	U
52	X	X	X	U	U	U	U	X	X	X	U	U	U	U
53	X	X	X	X	U	U	U	X	X	X	X	U	U	U
54	D	D	D	D	D	X	U	D	D	D	D	D	X	U
55	D	D	X	U	U	U	U	D	D	X	U	U	U	U
56	D	X	U	U	U	U	U	D	X	U	U	U	U	U
57	D	D	D	D	X	X	U	D	D	D	D	X	X	U
58	D	D	X	X	U	U	U	D	D	X	X	U	U	U
59	D	X	X	U	U	U	U	D	X	X	U	U	U	U
60	D	X	X	X	X	X	U	D	X	X	X	X	X	U
61	D	D	X	X	X	X	U	D	D	X	X	X	X	U
62 – 255	Reserved													

Tableau 8 *: Formats des slots pour un CP normal*

III.1.2 : Les ressources physiques

III.1.2.1 : Ports d'antenne

Les ports d'antenne sont des ports logiques identifiés par des numéros de port et différenciés par leurs caractéristiques physiques (gain, délai, effet Doppler, étalement, paramètres de réception spatiale, etc…) à transmettre le signal. Un port d'antenne utilisé par un canal sur lequel un symbole est transmis peut-être déduit d'un autre canal sur lequel un autre symbole est transmis en utilisant le même port d'antenne.

Autrement, deux canaux utilisant le même port d'antenne présentent les mêmes caractéristiques physiques pour la transmission des symboles.

III.1.2.2 : Grille de ressources (resource grid)

Pour chaque numérologie et porteuse, une grille de ressources de $N_{\text{grid},x}^{\text{size},\mu} N_{\text{sc}}^{\text{RB}}$ sous-porteuses et $N_{\text{symb}}^{\text{subframe},\mu}$ symboles OFDM sont définis. $N_{\text{grid},x}^{\text{size},\mu} N_{\text{sc}}^{\text{RB}}$ est le nombre de sous-porteuses par bloc de ressources en fonction de la numérologie et $N_{\text{symb}}^{\text{subframe},\mu}$ est le nombre de symboles par sous-trame dépendant également de la numérologie utilisée. x désigne le downlink ou l'uplink. Il y a une grille de ressource par port d'antenne, par numérologie et par direction de transmission (downlink et uplink).

III.1.2.3 : Elément de ressource (resource element)

Chaque élément de la grille de ressources pour un port d'antenne p et un espacement entre sous-porteuse (numérologie) μ est appelé élément de ressource et est identifié de manière unique par $(k,l)_{p,\mu}$ où k est l'index de la sous-porteuse dans le domaine fréquentiel et l est position du symbole dans le domaine temporel relativement à un point de référence. L'élément de ressource $(k,l)_{p,\mu}$ correspond à la valeur complexe $a_{k,l}^{(p,\mu)}$. Lorsque le port d'antenne p et/ou la numérologie μ sont connus, l'élément de ressource peut être identifié par $a_{k,l}^{(p)}$ ou $a_{k,l}$.

III.1.2.4 : Bloc de ressource (resource blocks) RB

Un bloc de ressources équivaut à 12 sous-porteuses consécutives dans le domaine fréquentiel. Il existe trois types de bloc de ressources :

III.1.2.4.1 : Blocs de ressources de référence

Le premier bloc de ressources de référence est numéroté 0 et cette numérotation s'incrémente dans le domaine fréquentiel. Le sous-porteuse 0 du bloc de ressource de référence numéro 0 est commune à toutes les numérologies, est notée point de référence A et sert comme point de référence commun à toutes les autres grilles de bloc de ressources.

III.1.2.4.2 : Blocs de ressources communs (CRB)

Les blocs de ressources communs sont numérotés à partir de 0 et leurs numéros progressent au fur et à mesure dans le domaine fréquentiel pour chaque numérologie. La sous-porteuse 0 du bloc de ressources commun numéro 0 coïncide avec le point de référence A.

La relation entre le numéro de bloc de ressource commun n_{CRB} dans le domaine fréquentiel et l'élément de ressource (k,l) pour une numérologie μ est donnée par $n_{\mathrm{CRB}}^{\mu} = \left\lfloor \frac{k}{N_{\mathrm{sc}}^{\mathrm{RB}}} \right\rfloor$ qui équivaut à k modulo nombre de sous-porteuse par bloc de ressource ou k modulo 12. k est le numéro de la sous-porteuse supportant l'élément de ressource et est défini relativement à la sous-porteuse 0 de la grille de ressource de la numérologie utilisée.

III.1.2.4.3 : Blocs de ressources physiques (PRB)

Les blocs de ressources physiques sont définis sur la bande passante d'une porteuse et sont numérotés de 0 à $N_{\mathrm{BWP},i}^{\mathrm{size}} - 1$ où i est le numéro de la porteuse. La relation entre les blocs de ressources communs et les blocs de ressources physiques sur une bande passante de porteuse i donnée est $n_{\text{CRB}} = n_{\text{PRB}} + N_{\text{BWP},i}^{\text{start}}$ où $N_{\text{BWP},i}^{\text{start}}$ est le numéro du bloc de ressources commun se trouvant au début de la bande passante de porteuse.

III.1.2.4.4 : Blocs de ressources virtuels

Les blocs de ressources virtuels sont définis sur une bande passante de porteuse et numérotés de 0 à $N_{\text{BWP},i}^{\text{size}} - 1$ où i est le numéro de la bande passante de porteuse.

III.1.2.5 Bande passante de porteuse

Une bande passante de porteuse est un lot de blocs de ressources physiques contigus sélectionnés dans un lot de blocs de ressources communs contigus pour une numérologie et sur une porteuse données.

III.1.3 Les canaux et signaux physiques

Un canal physique est un lot d'éléments de ressource supportant des informations issues des couches supérieures (couche liaison MAC et plus) à travers les canaux de transport. Les canaux de transport sont des points d'accès aux services (SAP, Service Access Point) entre la couche physique et la couche liaison MAC.

Un signal physique est également un lot d'éléments de ressources utilisé par la couche physique mais ne supportant pas d'informations des couches supérieures. Les signaux physiques sont utilisés comme références par la gNB et l'UE pour situer les canaux physiques. Ils accompagnent ou précèdent donc les canaux physiques. Ils sont également utilisés comme signaux de synchronisation.

Les canaux et signaux physiques sont de plusieurs types et existent pour le Downlink et l'Uplink.

III.1.3.1 : Les canaux et signaux physiques utilisés en Downlink

III.1.3.1.1 : Les canaux physiques utilisés en Downlink

Les canaux physiques utilisés dans le Downlink sont les suivants :

- Physical Downlink Shared Channel, PDSCH
- Physical Downlink Control Channel, PDCCH
- Physical Broadcast Channel, PBCH

Le PDSCH assure les fonctions suivantes dans le traitement des canaux de transport :

- L'attachement du CRC (contrôle de redondance cyclique) du bloc de transport,
- L'attachement du CRC et de la segmentation du bloc de code,
- Le codage canal,
- Le traitement du Hybrid-ARQ (Automatic Repeat Request),
- L'adaptation de débit,
- Le mappage aux ressources et ports d'antennes assignés

Le PDSCH utilise les modulations QPSK, 16QAM, 64QAM et 256QAM. Il utilise un lot de ports d'antenne déterminés selon la procédure contenue dans les spécifications 3GPP TS 38.214. Il est mappé aux blocs de ressources virtuels qui à leur tour sont mappés aux blocs de ressources physiques.

Le PDCCH est utilisé pour planifier les transmissions du PDSCH en downlink et du PUSCH (Physical Uplink Shared Channel) en uplink. Le PDCCH supporte les informations de contrôle pour le downlink (Downlink Control Information) qui contiennent :

- Les assignations en downlink avec les informations sur la modulation, le format de codage, l'allocation de ressources, l'hybrid-ARQ relatif au canal logique DL-SCH (DL Shared Channel),
- Les assignations planifiées en uplink avec les informations sur la modulation, le format de codage, l'allocation de ressources,

l'hybrid-ARQ relatif au canal logique UL-SCH (UL Shared Channel).

En plus de ces assignations, le PDCCH peut être utilisé pour :

- L'activation et la désactivation des PUSCH planifiés,
- L'activation et la désactivation de la transmission des PDSCH semi-persistants,
- La notification à une ou plusieurs UE du format de codage,
- La notification à une ou plusieurs UE des PRBs et des symboles OFDM sur lesquels la transmission n'est pas autorisée,
- La transmission des commandes de contrôle de puissance pour le PUCCH et le PUSCH,
- La transmission d'une ou plusieurs commandes pour le contrôle de puissance de la transmission du SRS (Sounding Reference Signal) par une ou plusieurs UE,
- La commutation de la part de bande passante active pour un UE,
- L'initiation de la procédure d'accès aléatoire (Random Access).

Le PDCCH utilise la modulation QPSK. Pour le mappage avec les blocs de ressources, le PDCCH est constitué d'un ou plusieurs éléments de canaux de contrôle (CCE, Control Channel Element). Un CCE est composé de 6 groupes d'éléments de ressources (REG, Resource Element Group) correspondant chacun à un bloc de ressource durant un symbole OFDM. L'ensemble REG et CCE sont contenus dans des lots de ressources de contrôle (CORESET, Control Resource Set). Les blocs de ressources du CORESET sont numérotés à partir de 0 dans le sens croissant en commençant dans le plan temporel par le premier symbole OFDM du bloc de ressource ayant le plus petit numéro. Un CORESET est constitué de $N_{\mathrm{RB}}^{\mathrm{CORESET}}$ blocs de ressources dans le domaine fréquentiel et $N_{\mathrm{symb}}^{\mathrm{CORESET}} \in \{1,2,3\}$ symboles dans le domaine temporel dont les valeurs sont déterminées par les paramètres de configuration reçus des couches supérieures. Un UE peut être configuré avec un ou plusieurs CORESET.

Le PBCH supporte un bloc d'information principal (Master Information Block, MIB) contenant les informations systèmes permettant la recherche et la sélection de cellules.

Le PBCH utilise la modulation QPSK. Il utilise le port d'antenne numéro 4000. Son mappage avec les blocs de ressources s'effectue avec celui des signaux physiques et sera décrit dans la partie qui suit.

III.1.3.1.2 : Les signaux physiques utilisés en Downlink

Les signaux physiques utilisés en Downlink sont composés de signaux de référence et de signaux de synchronisation qui sont les suivants :

- Signaux de référence
  - Signaux de référence de démodulation pour les canaux physiques PDSCH, PDCCH et PBCH (Demodulation reference signals, DM-RS, for PDSCH, PDCCH and PBCH)
  - Signaux de référence pour le repérage de la phase (Phase-tracking reference signal, PT-RS)
  - Signaux de référence pour les informations sur l'état des canaux (Channel-state information reference signal, CSI-RS)
- Signaux de synchronisation
  - Signaux de synchronisation primaire (Primary synchronization signal, PSS)
  - Signaux de synchronisation secondaire (Secondary synchronization signal, SSS)

Les signaux de référence sont constitués à partir des séquences pseudo-aléatoire $c(n)$ donnée par :

$$c(n) = (x_1(n+N_C) + x_2(n+N_C)) \bmod 2$$
$$x_1(n+31) = (x_1(n+3) + x_1(n)) \bmod 2$$
$$x_2(n+31) = (x_2(n+3) + x_2(n+2) + x_2(n+1) + x_2(n)) \bmod 2$$

Où $N_C = 1600$ et donc la séquence $x_1(n)$ est initialisée par $x_1(0) = 1, x_1(n) = 0, n = 1,2,...,30$ et la séquence $x_2(n)$ est initialisé par $c_{\text{init}} = \sum_{i=0}^{30} x_2(i) \cdot 2^i$ dont les valeurs dépendent de l'application de la séquence (en fonction du type de signal de référence qui l'utilise).

Les signaux de synchronisation sont constitués à partir de séquences générées avec les identifiants des cellules. Les identités des cellules $N_{\text{ID}}^{\text{cell}}$ sont de la forme $N_{\text{ID}}^{\text{cell}} = 3N_{\text{ID}}^{(1)} + N_{\text{ID}}^{(2)}$ où $N_{\text{ID}}^{(1)} \in \{0,1,...,335\}$ et $N_{\text{ID}}^{(2)} \in \{0,1,2\}$. Soit un total de 1008 valeurs d'identifiants de cellules.

a) Le DM-RS pour le PDSCH

Le DM-RS pour le PDSCH est un signal dont la séquence est de la forme :

$$r(m) = \frac{1}{\sqrt{2}}(1 - 2 \cdot c(2m)) + j\frac{1}{\sqrt{2}}(1 - 2 \cdot c(2m+1))$$

Il doit être initialisé avec $c_{\text{init}} = \left(2^{17}(14n_s + l + 1)\left(2N_{\text{ID}}^{n_{\text{SCID}}} + 1\right) + 2N_{\text{ID}}^{n_{\text{SCID}}} + n_{\text{SCID}}\right) \bmod 2^{31}$ où l est le numéro du symbole OFDM dans le slot et où :

- $n_{\text{SCID}} \in \{0,1\}$ et $N_{\text{ID}}^{n_{\text{SCID}}} \in \{0,1,...,65535\}$ sont fournis par le paramètre de configuration *DL-DMRS-Scrambling-ID* issu des couches supérieures,

- $n_{\text{SCID}} = 0$ et $N_{\text{ID}}^{n_{\text{SCID}}} = N_{\text{ID}}^{\text{cell}}$ si non configurés

Le DM-RS pour le PDSCH utilise les ports d'antenne dont les numéros commencent par 1000.

Les signaux du DM-RS pour le PDSCH utilisent les blocs de ressources communs et sont mappés conformément au *tableau : « mappage des signaux de référence et de synchronisation sur les blocs de ressources communs ».*

b) Le DM-RS pour le PDCCH

Le DM-RS pour le PDCCH est un signal dont la séquence est de la forme :

$$r(m) = \frac{1}{\sqrt{2}}(1 - 2 \cdot c(2m)) + j\frac{1}{\sqrt{2}}(1 - 2 \cdot c(2m+1))$$

Le DM-RS pour le PDCCH utilise les ports d'antenne dont les numéros commencent par 2000.

Les signaux du DM-RS pour le PDCCH utilisent les blocs de ressources communs et sont mappés conformément au *tableau : « mappage des signaux de référence et de synchronisation sur les blocs de ressources communs »*.

c) Le DM-RS pour le PBCH

Le DM-RS pour le PDCCH est un signal dont la séquence est de la forme :

$$r(m) = \frac{1}{\sqrt{2}}(1 - 2 \cdot c(2m)) + j\frac{1}{\sqrt{2}}(1 - 2 \cdot c(2m+1))$$

Il doit être initialisé avec $c_{\text{init}} = 2^{11}(\bar{i}_{\text{SSB}} + 1)(\lfloor N_{\text{ID}}^{\text{cell}}/4 \rfloor + 1) + 2^{6}(\bar{i}_{\text{SSB}} + 1) + (N_{\text{ID}}^{\text{cell}} \bmod 4)$

$\bar{i}_{\text{SSB}} = 4i_{\text{SSB}} + n_{\text{hf}}$

Où :

- pour $L_{\max} = 4$, n_{hf} est le numéro de la demi-trame dans laquelle le PBCH est transmis et i_{SSB} est constitué par les deux derniers bits les plus significatifs de l'index du bloc utilisé par le SS/PBCH.

- Pour $L_{\max} = 8$ ou $L_{\max} = 64$, $n_{\text{hf}} = 0$ and i_{SSB} est constitué par les trois derniers bits les plus significatifs de l'index du bloc utilisé par le SS/PBCH

$L_{\max}$ étant le nombre maximal de lobes (faisceaux) SS/PBCH sur une période SS/PBCH et sur une bande de fréquence donnée.

Le DM-RS pour le PBCH utilise les ports d'antenne dont les numéros commencent par 4000.

Les signaux du DM-RS pour le PBCH utilisent les blocs de ressources communs et sont mappés conformément au *tableau : « mappage des signaux de référence et de synchronisation sur les blocs de ressources communs »*.

d) Le PT-RS pour le PDSCH

Le PT-RS pour le PDSCH est un signal dont la séquence est de la forme $r_k = r(2m+k')$ où $r(2m+k')$ est la même séquence que celle utilisée par le DM-RS pour le PDSCH et *k'* le numéro de la sous porteuse.

Le PT-RS pour le PDSCH utilise les ports d'antenne dont les numéros commencent par 1000.

Les signaux du PT-RS pour le PDSCH utilisent les blocs de ressources communs et sont mappés conformément au *tableau : « mappage des signaux de référence et de synchronisation sur les blocs de ressources communs ».*

e) Le CSI-RS

Le CSI-RS est un signal dont la séquence est de la forme :

$$r(m) = \frac{1}{\sqrt{2}}\left(1 - 2 \cdot c(2m)\right) + j\frac{1}{\sqrt{2}}\left(1 - 2 \cdot c(2m+1)\right)$$

Il est initialisé avec $c_{\text{init}} = \left(2^{10} \cdot \left(14n_{\text{s,f}} + l + 1\right)\left(2n_{\text{ID}} + 1\right) + n_{\text{ID}}\right) \bmod 2^{31}$ où $n_{\text{s,f}}$ est le numéro de slot dans la trame, l est le numéro de symbole OFDM dans le slot, and n_{ID} est configuré et reçu des informations des couches supérieurs à travers le paramètre *ScramblingID.*

Le CSI-RS utilise les ports d'antenne dont les numéros commencent par 3000.

Les signaux du CSI-RS utilisent les blocs de ressources communs et sont mappés conformément au *tableau : « mappage des signaux de référence et de synchronisation sur les blocs de ressources communs ».*

f) Le PSS

Le PSS est un signal dont la séquence est de la forme :

$$\begin{aligned} d_{\text{PSS}}(n) &= 1 - 2x(m) \\ m &= \left(n + 43N_{\text{ID}}^{(2)}\right) \bmod 127 \\ 0 &\le n < 127 \end{aligned}$$

Où $x(i+7) = \left(x(i+4) + x(i)\right) \bmod 2$ et $\left[x(6)\ \ x(5)\ \ x(4)\ \ x(3)\ \ x(2)\ \ x(1)\ \ x(0)\right] = \left[1\ \ 1\ \ 1\ \ 0\ \ 1\ \ 1\ \ 0\right]$

Le PSS utilise les ports d'antenne dont les numéros commencent par 4000.

Les signaux du PSS utilisent les blocs de ressources communs et sont mappés conformément au *tableau : « mappage des signaux de référence et de synchronisation sur les blocs de ressources communs »*.

g) Le SSS

Le SSS est un signal dont la séquence est de la forme :

$$d_{SSS}(n) = [1 - 2x_0((n + m_0)\bmod 127)][1 - 2x_1((n + m_1)\bmod 127)]$$

$$m_0 = 15\left\lfloor \frac{N_{ID}^{(1)}}{112} \right\rfloor + 5N_{ID}^{(2)}$$

$$m_1 = N_{ID}^{(1)} \bmod 112$$

$$0 \le n < 127$$

Où
$$x_0(i+7) = (x_0(i+4) + x_0(i))\bmod 2$$
$$x_1(i+7) = (x_1(i+1) + x_1(i))\bmod 2$$

et

$$[x_0(6)\ \ x_0(5)\ \ x_0(4)\ \ x_0(3)\ \ x_0(2)\ \ x_0(1)\ \ x_0(0)] = [0\ \ 0\ \ 0\ \ 0\ \ 0\ \ 0\ \ 1]$$
$$[x_1(6)\ \ x_1(5)\ \ x_1(4)\ \ x_1(3)\ \ x_1(2)\ \ x_1(1)\ \ x_1(0)] = [0\ \ 0\ \ 0\ \ 0\ \ 0\ \ 0\ \ 1]$$

Le SSS utilise les ports d'antenne dont les numéros commencent par 4000.

Les signaux du PSS utilisent les blocs de ressources communs et sont mappés conformément au *tableau : « mappage des signaux de référence et de synchronisation sur les blocs de ressources communs »*.

III.1.3.1.3 : Bloc des Signaux physiques de synchronisation et canaux PBCH (bloc SS/PBCH)

Dans le domaine temporel, un bloc SS/PBCH est constitué de quatre symboles OFDM numérotés de 0 à 3 où les signaux PSS, SSS, et PBCH avec son DM-RS associé occupent des positions déterminées conformément au tableau ci-dessous.

Dans le domaine fréquentiel, un bloc SS/PBCH est constitué de 240 sous-porteuses contiguës avec les sous-porteuses numérotées de 0 à 239. Les éléments de ressources non utilisés sont mis à « zéros ». Leurs positions respectives sont également données dans le tableau ci-dessous. La sous-porteuse numéro 0 du bloc SS/PBCH correspond avec la sous-porteuse numéro k_0 du bloc de ressource commun N_{CRB}^{SSB} défini par les paramètres de configuration et reçu des informations des couches supérieures dans le paramètre *offset-ref-low-scs-ref-PRB.*

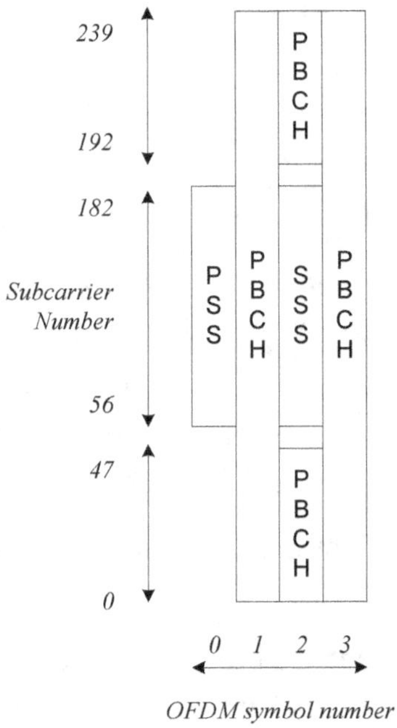

Figure 27 *: Structure temporel et fréquentiel du bloc SS/PBCH*

Canal ou signal	numéro l du symbole OFDM relatif au début d'un bloc SS/PBCH	Numéro de sous-porteuse k relatif au début d'un bloc SS/PBCH
PSS	0	56, 57, …, 182
SSS	2	56, 57, …, 182
Mis à 0	0	0, 1, …, 55, 183, 184, …, 236
	2	48, 49, …, 55, 183, 184, …, 191
PBCH	1, 3	0, 1, …, 239
	2	0, 1, …, 47, 192, 193, …, 239
DM-RS for PBCH	1, 3	$0+v, 4+v, 8+v, \ldots, 236+v$
	2	$0+v, 4+v, 8+v, \ldots, 44+v$ $192+v, 196+v, \ldots, 236+v$

Tableau 9 *: Mappage des signaux de référence et de synchronisation sur les blocs de ressources communs*

III.1.3.2 : Les canaux et signaux physiques utilisés en Uplink

III.1.3.2.1 : Les canaux physiques utilisés en Uplink

Les canaux physiques utilisés en Uplink correspondent à un lot d'éléments de ressources supportant les informations issues des couches supérieures. Ils sont les suivants :

- Physical Uplink Shared Channel, PUSCH
- Physical Uplink Control Channel, PUCCH
- Physical Random Access Channel, PRACH

De même que pour le downlink, en uplink le PUSCH supporte les fonctions suivantes :

- L'attachement du CRC (contrôle de redondance cyclique) du bloc de transport,
- L'attachement du CRC et de la segmentation du bloc de code,
- Le codage canal,
- Le traitement du Hybrid-ARQ,

- L'adaptation de débit,
- Le mappage aux ressources et ports d'antennes assignés

Le PUSCH utilise les modulations BPSK, QPSK, 16QAM, 64QAM et 256QAM. Il utilise les mêmes ports d'antenne que le signal physique de référence de sondage (Sounding Reference Signal, SRS). Les ports d'antennes utilisés sont ceux commençant par 1000. Dans le cas où le 'Codebook' n'est pas utilisé, le port d'antenne de la $(i+1)_{\text{ième}}$ ressource SRS est donné par $p_i = 1000 + i$. Dans le cas où le 'Codebook' est utilisé, le port d'antenne est spécifié dans le paramètre de configuration *configuredGrantConfig* issu des couches supérieures. Pour chaque port d'antennes, les symboles du PUSCH sont mappés aux blocs de ressources virtuels en respectant les critères suivants :

- Les blocs de ressources virtuels sont assignés à la transmission de données,
- Les éléments de ressources correspondants au niveau des blocs de ressources physiques ne sont pas utilisés pour la transmission des signaux DM-RS et PT-RS.

Le mappage des éléments de ressources virtuels (k, l) alloués au PUSCH se fait dans l'ordre croissant de l'index k et ensuite de l'index l.

Les éléments de ressources virtuels sont à leur tour mappés aux éléments de ressources physiques en faisant un mappage désentrelacé. Dans ce cas le bloc de ressource virtuel n est mappé au bloc de ressource physique n.

Le PUCCH supporte les informations de contrôle en uplink (Uplink Control Information, UCI) de l'UE vers la gNodeB. L'UCI concerne la transmission des informations de CSI (Channel State Information), d'acquittement ACK/NAK et de requête de planification de ressources.

Le PUCCH adopte cinq formats en fonction de la taille de l'UCI et de la durée du PUCCH comme indiqué dans le tableau ci-dessous.

Format PUCCH	**Longueur des symboles OFDM** N_{symb}^{PUCCH}	**Nombre de bits**
0	1 – 2	≤2
1	4 – 14	≤2
2	1 – 2	>2
3	4 – 14	>2
4	4 – 14	>2

Tableau 10 *: Formats du PUCCH*

Le PUCCH de format 1 utilise les modulations BPSK et QPSK. Les autres formats utilisent des séquences de générations qui sont fonction du format utilisé.

Le PUCCH utilise le port d'antenne 2000. Le mappage se fait sur des éléments de ressources respectant les conditions suivantes :

- Ils sont dans les blocs de ressources réservés pour la transmission,
- Ils ne sont pas utilisés par les signaux DM-RS associés.

Le mappage se fait de deux manières :

- à partir du paramètre de configuration *PUCCH-ResourceSet* inclus dans *PUCCH-Config* et issu des couches supérieures,
- sur des positions prédéfinies conformément au tableau ci-dessous.

Index	Format PUCCH	premier symbole	Nombre de symbole	PRB offset $RB_{\text{BWP}}^{\text{offset}}$	Lot des index initiaux du CS (cyclic shift)
0	0	12	2	0	{0, 3}
1	0	12	2	0	{0, 4, 8}
2	0	12	2	3	{0, 4, 8}
3	1	10	4	0	{0, 6}
4	1	10	4	0	{0, 3, 6, 9}
5	1	10	4	2	{0, 3, 6, 9}
6	1	10	4	4	{0, 3, 6, 9}
7	1	4	10	0	{0, 6}
8	1	4	10	0	{0, 3, 6, 9}
9	1	4	10	2	{0, 3, 6, 9}
10	1	4	10	4	{0, 3, 6, 9}
11	1	0	14	0	{0, 6}
12	1	0	14	0	{0, 3, 6, 9}
13	1	0	14	2	{0, 3, 6, 9}
14	1	0	14	4	{0, 3, 6, 9}
15	1	0	14	$\lfloor N_{\text{BWP}}^{\text{size}}/4 \rfloor$	{0, 3, 6, 9}

Tableau 11 *: Positions des ressources PUCCH lorsque les ressources ne sont pas dédiées (configurées)*

Le PRACH permet à l'UE d'avoir un accès aléatoire afin d'initier une opération.

Les préambules du PRACH $x_{u,v}(n)$ doivent être générés comme suit :

$$x_{u,v}(n) = x_u((n+C_v) \bmod L_{\mathrm{RA}})$$

$$x_u(i) = e^{-j\frac{\pi u i(i+1)}{L_{\mathrm{RA}}}}, i = 0,1,\ldots,L_{\mathrm{RA}}-1$$

Duquel la représentation dans le domaine fréquentiel découle et est donnée par :

$$y_{u,v}(n) = \sum_{m=0}^{L_{\mathrm{RA}}-1} x_{u,v}(m) \cdot e^{-j\frac{2\pi mn}{L_{\mathrm{RA}}}}$$

Où la valeur de $L_{\mathrm{RA}} = 839$ ou $L_{\mathrm{RA}} = 139$ sont en fonction de la numérologie utilisé.

Le port d'antenne utilisé par le PRACH est 4000.

Dans le domaine temporel, les préambules du PRACH sont transmis sur les éléments de ressources donnés par le paramètre de configuration *prach-ConfigurationIndex* issu des couchers supérieures.

Dans le domaine fréquentiel, les préambules du PRACH sont transmis sur les éléments de ressources donnés par le paramètre de configuration *msg1-FrequencyStart* issu des couchers supérieures. Les ressources fréquentielles, $n_{\mathrm{RA}} \in \{0,1,\ldots,M-1\}$ où M est donné par le paramètre de configuration *msg1-FDM* issu des couches supérieures, sont numérotées dans l'ordre croissant au sein de la bande passante active en commençant par la porteuse ayant la plus petite fréquence.

III.1.3.2.2 : Les signaux physiques utilisés en Uplink

En uplink, les signaux physiques sont uniquement des signaux de référence. Les signaux physiques utilisés en uplink sont les suivants :

- les signaux de référence de démodulation DM-RS pour les canaux physiques PUSCH et PUCCH,
- les signaux de référence pour le repérage de phase (Phase Tracking Reference Signal, PT-RS) pour les canaux physiques PUSCH,
- les signaux de référence sonnant (Sounding Reference Signal, SRS)

Comme pour les signaux de référence en downlink, les signaux de référence en uplink sont générés à partir des séquences pseudo-aléatoires $c(n)$.

a) Le DM-RS pour le PUSCH :

Lorsque la transformée de pré-codage n'est pas utilisée, le DM-RS pour le PUSCH est un signal dont la séquence est de la forme :

$$r(n)=\frac{1}{\sqrt{2}}\left(1-2\cdot c(2n)\right)+j\frac{1}{\sqrt{2}}\left(1-2\cdot c(2n+1)\right)$$

Il doit être initialisé avec $c_{\text{init}}=\left(2^{17}\left(N_{\text{symb}}^{\text{slot}}n_{\text{s,f}}^{\mu}+l+1\right)\left(2N_{\text{ID}}^{n_{\text{SCID}}}+1\right)+2N_{\text{ID}}^{n_{\text{SCID}}}+n_{\text{SCID}}\right)\text{mod}\,2^{31}$ où l est le numéro du symbole OFDM dans le slot, $n_{s,f}^{\mu}$ est le numéro de slot dans la trame OFDM et où :

- $N_{\text{ID}}^{0}, N_{\text{ID}}^{1} \in \{0,1,\ldots,65535\}$ sont fournis respectivement par les paramètres de configuration *scramblingID0* et *scramblingID1* contenus dans les éléments d'informations *DMRS-UplinkConfig,* si disponibles, issus des couches supérieures et lorsque le PUSCH est planifié à travers le format 0_1 des DCI ou à travers des données de configuration,
- $N_{\text{ID}}^{0} \in \{0,1,\ldots,65535\}$ est fourni par le paramètre de configuration *scramblingID0* contenu dans les éléments d'informations *DMRS-UplinkConfig,* si disponibles, issus des couches supérieures et lorsque le PUSCH est planifié à travers le format 0_0 des DCI,
- Sinon $N_{\text{ID}}^{n_{\text{SCID}}}=N_{\text{ID}}^{\text{cell}}$.

La valeur $n_{\text{SCID}} \in \{0,1\}$ est déterminée par les paramètres d'initialisation du DM-RS.

Lorsque la transformée de pré-codage est utilisée, le DM-RS pour le PUSCH est un signal dont a séquence est de la forme : $r(n)=r_{u,v}^{(\alpha,\delta)}(n)$

$$n=0,1,\ldots,M_{\text{sc}}^{\text{PUSCH}}/2^{\delta}-1$$

Où $r_{u,v}^{(\alpha,\delta)}(m)$ est donné dans les spécifications 3GPP TS 38 211 chapitre 5.2.2.

En fonction de l'utilisation du pré-codage, du type de DM-RS et du nombre de symbole (longueur), les ports d'antenne pour le DM-RS sont codés sur 2, 3, 4 ou 5 bits.

Le DM-RS est mappé sur des blocs de ressources communs alloués à la transmission du PUSCH.

Sur le plan fréquentiel, le point de référence pour k est :

- La sous porteuse 0 du bloc de ressource commun N°0 lorsque la transformée de pré-codage n'est pas utilisée,
- La sous porteuse 0 du bloc de ressource commun ayant le plus petit numéro par ceux planifiés pour le PUSCH lorsque la transformée de pré-codage est utilisée.

Sur le plan temporel, la position l_0 du premier symbole DM-RS dépend du type de mappage utilisé :

- Pour le mappage PUSCH de type A, elle est fournie par le paramètre de configuration *dmrs-TypeA-Position* issu des couches supérieures,
- Pour le mappage PUSCH de type B, elle est à la position 0.

b) Le PT-RS pour le PUSCH :

Le PT-RS est transmis par l'UE uniquement si le paramètre *phaseTrackingRS* est présent dans les informations de configuration du DM-RS *DMRS-UplinkConfig* issu des couches supérieures.

Lorsque la transformée de pré-codage n'est pas utilisée, le PT-RS pour la sous porteuse k sur la couche j est donné par :

$$r^{(\tilde{p}_j)}(m) = \begin{cases} r(m) & \text{if } j = j' \text{ or } j = j'' \\ 0 & \text{otherwise} \end{cases}$$

Où $r(m)$ est équivalent à la séquence pour le DM-RS et les ports associés à la transmission du PT-RS sont les ports 1000, 1001, 1002 et 1003.

Le PT-RS pour le PUSCH doit être mappé aux éléments de ressources en suivant

$$\begin{bmatrix} a_{k,l}^{(p_0,\mu)} \\ \vdots \\ a_{k,l}^{(p_{\rho-1},\mu)} \end{bmatrix} = \beta_{\text{PT-RS}} W \begin{bmatrix} r^{(\tilde{p}_0)}(2n+k') \\ \vdots \\ r^{(\tilde{p}_{\nu-1})}(2n+k') \end{bmatrix}$$

$$k = \begin{cases} 4n + 2k' + \Delta & \text{type de configuration DM} - \text{RS } 1 \\ 6n + k' + \Delta & \text{type de configuration DM} - \text{RS } 2 \end{cases}$$

Où :

- l est la position de symbole parmi ceux affectés à la transmission du PUSCH,
- Les éléments de ressources (k,l) ne sont pas utilisés pour le DM-RS,
- k' et Δ sont en fonction des ports $\tilde{p}_0, \ldots, \tilde{p}_{\nu-1}$ conformément au type de configuration DM-RS utilisé (1 ou 2)
- W est une matrice de pré-codage qui est la même utilisée pour le PUSCH
- β_{PTRS} est un facteur de réglage d'amplitude afin de conformer les puissances aux niveaux requis.

Lorsque la transformée de pré-codage est activée, le PT-RS est généré par la séquence:

$$r_m(m') = w(k') \frac{e^{j\frac{\pi}{2}(m \bmod 2)}}{\sqrt{2}} \left[(1 - 2c(m')) + j(1 - 2c(m')) \right]$$

$$m' = N_{\text{samp}}^{\text{group}} s' + k'$$

$$s' = 0, 1, \ldots, N_{\text{group}}^{\text{PT-RS}} - 1$$

$$k' = 0, 1, N_{\text{samp}}^{\text{group}} - 1$$

Où $c(i)$ est initialisé avec $c_{\text{init}} = \left(2^{17}\left(N_{\text{symb}}^{\text{slot}} n_{s,f}^{\mu} + l + 1\right)(2N_{\text{ID}} + 1) + 2N_{\text{ID}}\right) \text{mod} 2^{31}$.

Pour le mappage, cette séquence doit être d'abord multipliée par β' et ensuite mappée aux symboles $N_{\text{samp}}^{\text{group}} N_{\text{group}}^{\text{PT-RS}}$ de $\tilde{x}^{(0)}(m)$ où :

- $\tilde{x}^{(0)}(m)$ est composé des symboles de valeur complexe dont les positions sont l avant la transformée de pré-codage,

- m dépend du nombre de groupe PT-RS ($N_{\text{group}}^{\text{PT-RS}}$), le nombre d'instance par groupe ($N_{\text{samp}}^{\text{group}}$) et le nombre de sous porteuse par PUSCH ($M_{\text{sc}}^{\text{PUSCH}}$),
- β' est le rapport entre l'amplitude du point le plus décalé de la constellation pour la modulation utilisée pour PUSCH et l'amplitude du point le plus décalé de la constellation pour la modulation π/2-BPSK.

c) Le DM-RS pour le PUCCH :

Chaque format de PUCCH est associé avec un DM-RS qui lui concerne et qui adopte la même forme de séquence que celle du PUCCH.

Tous les DM-RS pour les différents formats PUCCH utilisent le port d'antenne 2000.

Ils sont mappés sur des éléments de ressources affectés à la transmission du PUCCH.

d) Le SRS :

Les ressources pour le SRS sont configurées à travers le paramètre *SRS-Resource* contenu dans les éléments d'informations reçus des couches supérieures et composé des champs suivants :

- $N_{\text{ap}}^{\text{SRS}} \in \{1,2,4\}$ désignant le nombre de port d'antenne. Les numéros de port d'antenne sont fournis par le paramètre *nrofSRS-Ports,* $p_i = 1000 + i$ lorsque le paramètre *usage* in *SRS-ResourceSet* n'est pas mis à 'nonCodebook' et ils sont spécifiés dans le paramètre de configuration *configuredGrantConfig* issu des couches supérieures lorsque le paramètre *usage* in *SRS-ResourceSet* est mis à 'nonCodebook'.
- $N_{\text{symb}}^{\text{SRS}} \in \{1,2,4\}$ symboles consécutifs dont la valeur est donnée par le champ *nrofSymbols* contenu dans le paramètre de configuration *resourceMapping* issu des couches supérieures.
- l_0, la position de démarrage dans le domaine temporel donnée par $l_0 = N_{\text{symb}}^{\text{slot}} - 1 - l_{\text{offset}}$ où $l_{\text{offset}} \in \{0,1,\ldots,5\}$ est contenu dans le

paramètre de configuration *resourceMapping* issu des couches supérieures.

- k_0, la position de démarrage dans le domaine fréquentiel.

Le SRS pour est un signal dont a séquence est de la forme :
$r^{(p_i)}(n,l') = r_{u,v}^{(\alpha_i,\delta)}(n)$

$0 \leq n \leq M_{sc,b}^{RS} - 1$

$l' \in \{0,1,\ldots,N_{symb}^{SRS} - 1\}$

Où $r_{u,v}^{(\alpha,\delta)}(n)$ est donné dans les spécifications 3GPP TS 38 211 chapitre 5.2.2.

III.1.4 : Les canaux de transport

Les canaux de transport sont les points d'accès au service (Service Access Point, SAP) entre la couche physique et la sous-couche MAC. Ils correspondent à la manière et aux caractéristiques avec lesquelles les données sont transmises sur l'interface radio.

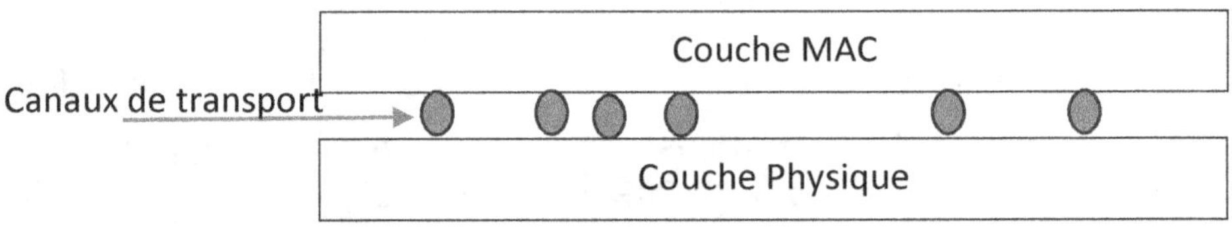

Figure 28 *: Position des canaux de transport*

Les canaux de transport existent en downlink et en uplink.

Les canaux de transport en downlink sont les suivants :

1. **Broadcast Channel (BCH)** caractérisé par :

   - format de transport fixe et prédéfini ;

   - la nécessité d'être diffusé dans toute la zone de couverture de la cellule, que cela soit en un message unique ou sous forme de beamforming de différentes instances BCH.

2. **Downlink Shared Channel (DL-SCH)** caractérisé par :
   - le support du HARQ ;
   - le support de l'adaptation dynamique du lien par la variation de la modulation, le codage et la puissance de transmission ;
   - peut être diffusé dans toute la cellule ;
   - peut utiliser le beamforming ;
   - le support de l'allocation de ressources dynamique et semi-statique ;
   - le support pour l'UE de la réception discontinue (DRX) afin d'activer l'économie d'énergie au niveau de l'UE.
3. **Paging Channel (PCH)** caractérisé par :
   - le support pour l'UE de la réception discontinue (DRX) afin d'activer l'économie d'énergie au niveau de l'UE ;
   - la nécessité d'être diffusé dans toute la zone de couverture de la cellule, que cela soit en un message unique ou sous forme de beamforming de différentes instances PCH ;
   - le mappage aux ressources physiques qui peuvent être dynamiquement utilisées comme canaux de trafic ou de contrôle.

Les canaux de transport en uplink sont les suivants :

1. **Uplink Shared Channel (UL-SCH)** caractérisé par:
   - la possibilité d'utiliser le beamforming ;
   - le support de l'adaptation dynamique du lien par la variation de la puissance de transmission et potentiellement la modulation et le codage ;
   - le support du HARQ ;
   - le support de l'allocation de ressources dynamique et semi-statique ;.

2. **Random Access Channel(s) (RACH)** caractérisé par:
   - le contrôle limité de l'information ;
   - le risque de collision.

La figure suivante donne la correspondance entre les canaux de transport et les canaux physiques.

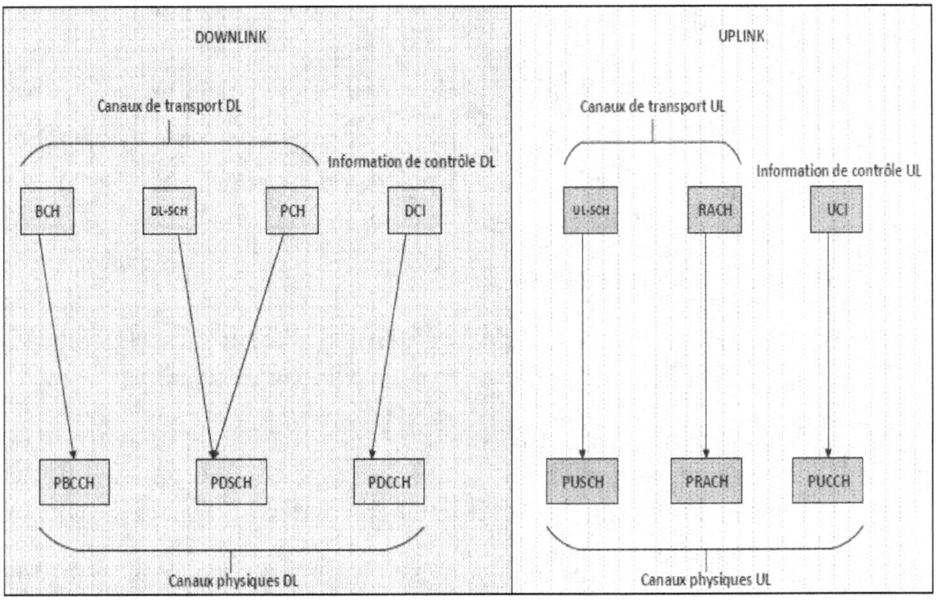

Figure 29 *: Correspondance entre canaux physiques et canaux de transport*

Le DCI et l'UCI respectivement pour Downlink Control Information et Uplink Control Information, sont des informations de contrôle du lien radio insérées au niveau de la couche physique.

III.1.5 : Les procédures de la couche physique

III.1.5.1 : Procédures de contrôle

III.1.5.1.1 : Procédures de synchronisation

a) Recherche de cellule

La recherche de cellule est une procédure permettant à l'UE d'acquérir la synchronisation en temps et en fréquence dans une cellule et de détecter l'identité physique (Cell ID) de la cellule.

L'UE utilise les signaux de synchronisation primaire et secondaire (PSS et SSS) afin de procéder à cette recherche.

Sur la base de la disposition des canaux physiques en downlink, les canaux physiques de diffusion (Physical Broadcast Channel, PBCH), les canaux de synchronisation primaire et secondaire (PSS et SSS) sont situés sur des symboles consécutifs et forment un bloc SS/PBCH. L'UE se réfère sur cette disposition pour détecter les occasions de réception des signaux de synchronisation.

b) Ajustement du délai de transmission (Transmission Timing Adjustment)

L'UE peut disposer d'une valeur de $N_{\mathrm{TA\_offset}}$ constituant un offset pour l'avance en temps (Timing Advance Offset) pour la cellule serveuse à travers le paramètre de configuration *n-TimingAdvanceOffset* si configuré pour cette cellule serveuse. Dans le cas contraire, l'UE détermine une valeur par défaut du $N_{\mathrm{TA\_offset}}$.

Lorsque l'UE est configurée avec deux porteuses dans une cellule serveuse, la même valeur d'offset pour l'avance en temps $N_{\mathrm{TA\_offset}}$ est appliquée aux deux porteuses.

Jusqu'à la réception d'une commande pour le timing advance concernant le TAG (Timing Advance Group) auquel sa cellule serveuse fait partie, l'UE ajuste son timing pour la transmission des canaux uplink PUSCH/SRS/PUCCH dans toutes les cellules serveuses incluses dans le TAG en se référant sur la valeur du $N_{\mathrm{TA\_offset}}$ que l'UE considère être la même pour toutes ces cellules. A la réception de la commande de timing advance, la valeur du timing advance pour les canaux uplink PUSCH/SRS/PUCCH est la même pour toutes les cellules serveuses ayant le même TAG que la cellule courante.

Pour un espacement entre sous porteuses SCS (Subcarriers spacing) de $2^{\mu} \cdot 15$ kHz, la commande pour le timing advance indique le changement du timing de l'uplink par rapport au timing courant du TAG en multiples de $16 \cdot 64 \cdot T_c / 2^{\mu}$ où T_c correspond à la différence constatée.

Suite à la réponse d'une requête RACH, la commande du timing advance pour un TAG indique la valeur N_{TA} à travers des index T_{A} = 0, 1, 2, ..., 3846 et dont la valeur est $N_{\mathrm{TA}} = T_{\mathrm{A}} \cdot 16 \cdot 64 / 2^{\mu}$ en fonction du SCS utilisé pour la première transmission effectuée par l'UE après réception de la réponse à la requête RACH.

Dans les autres cas, la commande du timing advance pour un TAG indique l'ajustement entre le timing advance courant $N_{\mathrm{TA\_old}}$, avec le nouveau timing advance à utiliser $N_{\mathrm{TA\_new}}$, à travers des index T_{A} = 0, 1, 2,..., 63 par $N_{\mathrm{TA\_new}} = N_{\mathrm{TA\_old}} + (T_{\mathrm{A}} - 31) \cdot 16 \cdot 64 / 2^{\mu}$ pour un SCS de $2^{\mu} \cdot 15$ kHz utilisé.

III.1.5.1.2 : Procédures de supervision du lien radio (Radio Link Monitoring)

La qualité du lien radio en Downlink est supervisée par l'UE pour la cellule primaire dans le but d'indiquer son état (out-of-sync/in-sync) aux couches supérieures. Dans la cellule primaire, l'UE n'est pas tenue de faire la supervision des parts de bande passante (BandWith Part, BWP) qui lui sont allouées en dehors de celle active.

L'UE procède à la supervision du lien radio en utilisant les blocs associés au SS/PBCH dont les index sont fournis par le paramètre *RadioLinkMonitoringRS (RadioLinkMonitoring Reference Signal)*. Dans le cas contraire, c'est-à-dire l'absence du *RadioLinkMonitoringRS,* l'UE utilise les TCI (Transmission Configuration Indicator) composés d'un ou plusieurs CSI-RS (Channel State Information Reference Signal) associés à la réception du PDCCH.

Si l'UE utilise plusieurs BWP à la fois dans une cellule serveuse, elle procède à la supervision du lien radio pour chaque BWP en utilisant les signaux de référence correspondant aux index fournis par le paramètre *RadioLinkMonitoringRS* relatif à cette BWP.

La couche physique de l'UE indique l'interruption du lien radio (out-of-sync) aux couches supérieures, dans les trames où c'est nécessaire, lorsque la qualité du lien devient plus mauvaise que le seuil Q_{out}. Lorsque la qualité du lien devient meilleure au seuil Q_{in}, la couche physique de l'UE indique l'établissement du lien radio (in-sync) aux couches supérieures.

III.1.5.1.3 : Contrôle de puissance en Uplink

Le contrôle de puissance en uplink détermine la puissance pour la transmission des canaux et signaux PUSCH, PUCCH, SRS, et PRACH. L'UE maintient un maximum de quatre connexions simultanées par cellule serveuse pour la transmission des canaux et signaux PUSCH/PUCCH/SRS.

Une occasion de transmission i de PUSCH/PUCCH/SRS/PRACH est définie par un slot d'index $n^{\mu}_{s,f}$ dans la trame dont le premier symbole dans le slot est S et ayant L symboles consécutifs.

Dans le cas d'une simple opération avec deux porteuses uplink ou une opération avec une agrégation de carrière, si la puissance totale de l'UE pour la transmission d'un PUSCH, d'un PUCCH, d'un PRACH ou d'un SRS lors d'une occasion de transmission i atteint $\hat{P}_{\mathrm{CMAX}}(i)$, où $\hat{P}_{\mathrm{CMAX}}(i)$ est la valeur linéaire de $P_{\mathrm{CMAX}}(i)$, l'UE alloue la puissance aux PUSCH/PUCCH/PRACH/SRS conformément à l'ordre de priorité ci-dessous et de manière que la puissance transmise par l'UE durant chaque symbole de l'occasion de transmission i soit inférieure ou égale à $\hat{P}_{\mathrm{CMAX}}(i)$. Dans le calcul de cette puissance totale, l'UE n'inclut pas les puissances allouées aux symboles ayant démarré après ceux de l'occasion de transmission i. La puissance totale transmise par l'UE durant un symbole d'un slot est définie comme la somme des valeurs linéaires des puissances transmises par l'UE pour le PUSCH, le PUCCH, le PRACH, et le SRS durant ce symbole.

La priorité d'allocation de puissance est la suivante :

- la transmission du PRACH dans la cellule primaire (PCell)
- la transmission du PUCCH avec l'information HARQ-ACK (Hybrid automatic repeat request acknowledgement) et/ou des signaux de références SR ou la transmission du PUSCH avec l'information HARQ-ACK.
- la transmission du PUCCH avec les informations CSI ou la transmission du PUSCH avec les informations CSI
- la transmission du PUSCH sans l'information HARQ-ACK ou CSI
- la transmission du SRS, avec une priorité élevée pour le SRS apériodique par rapport au SRS semi-permanent et/ou périodique, ou la transmission du PRACH dans une cellule serveuse différente du PCell.

Dans le cas du même ordre de priorité lors d'une opération avec agrégation de porteuses, l'UE priorise l'allocation de puissance aux transmissions dans la cellule primaire du MCG (Master Cell Group) ou du SCG (Secondary Cell Group) par rapport aux transmissions dans une cellule secondaire. Elle priorise également la transmission dans une PCell que dans une PSCell (Primary Secondary Cell).

Dans le cas du même ordre de priorité dans une opération avec deux porteuses en Uplink, l'UE priorise l'allocation de porteuse à la porteuse sur laquelle elle transmet le PUCCH. En cas d'absence de transmission PUCCH sur les deux porteuses, elle priorise l'allocation de puissance à la porteuse dite non-supplémentaire.

III.1.5.1.4 : Double connectivité (Dual Connectivity, DC)

L'UE peut établir simultanément deux connexions différentes sur deux groupes de cellules dont l'un primaire (MCG) et l'autre secondaire (SCG). Les connexions peuvent être établies à travers des accès radio E-UTRA ou NR.

Trois types de DC se distinguent :

1. EN-DC : l'UE est configurée avec un groupe de cellules primaire (MCG) en E-UTRA et un groupe de cellules secondaire (SCG) en NR,
2. NE-DC : l'UE est configurée avec un groupe de cellules primaire (MCG) en NR et un groupe de cellules secondaire (SCG) en E-UTRA,
3. l'UE est configurée avec un groupe de cellules primaire (MCG) en NR et un groupe de cellules secondaire (SCG) en NR.

III.1.5.1.5 : Procédure d'accès aléatoire (Random Access Procedure)

Avant d'initier la procédure d'accès aléatoire au niveau de la couche physique, cette dernière reçoit des couches supérieures les index d'un lot de blocs SS/PBCH et fournit en retour aux couches supérieures les mesures du niveau de puissance de réception des signaux de référence (RSRP).

Aussi, avant d'initier la procédure d'accès aléatoire au niveau de la couche physique, cette dernière reçoit les informations suivantes des couches supérieures :

- les paramètres de configuration de la transmission du PRACH (format du préambule, ressources temporelles et fréquentielles),
- les paramètres pour la détermination des séquences et du décalage cyclique du PRACH

Du point de vue couche physique, la procédure d'accès aléatoire consiste à la transmission du préambule (Msg1) dans le PRACH, le message de réponse d'accès aléatoire (Random Access Response, RAR) sur un canal PDCCH/PDSCH et si applicable la transmission d'un PUSCH dont la position est définie dans le RAR.

Lorsque la transmission du PRACH est initiée par un ordre à l'UE reçu à travers le PDCCH, la transmission du PRACH se fait avec le même SCS (Subcarriers Spacing) que celui d'un PRACH initié par les couches supérieures.

Lorsque l'UE est reliée à deux porteuses d'une cellule serveuse et elle reçoit un ordre à travers le PDCCH pour initier un PRACH, elle utilise la valeur du champ UL/SUL présent dans l'ordre PDCCH pour déterminer la porteuse à utiliser pour la transmission du PRACH.

III.1.5.2 : Procédures de transmission de données

Les procédures de transmission de données concernent le PDSCH en downlink et le PUSCH en uplink.

Pour le PDSCH, la procédure consiste à déterminer le schéma de transmission (transmission scheme), à faire l'allocation des ressources, à déterminer le niveau de modulation, mapper les ressources, localiser les ports d'antennes et recevoir les signaux de référence.

Pour le PUSCH, la procédure consiste à déterminer le schéma de transmission (transmission scheme), à faire l'allocation des ressources, à appliquer ou non la transformée de pré-codage, à déterminer le niveau de modulation, à mapper les ressources et à gérer les signaux de référence (SRS, DM-RS PT-RS).

III.2 : Couche 2 : MAC/RLC/PDCP

La couche 2 est composée de plusieurs sous-couches qui sont : la sous-couche MAC (Medium Access Controler), la sous-couche RLC (Radio Link Controler), la sous-couche PDCP (Packet Data Convergence Protocol) et la sous-couche SDAP (Service Data Adaptation Protocol). Ces sous-couches fonctionnent selon les principes suivants :

- la couche physique offre à la sous-couche MAC les canaux de transport,
- la sous-couche MAC offre à la sous-couche RLC les canaux logiques,
- la sous-couche RLC offre à la sous-couche PDCP les canaux RLC,

- la sous-couche PDPC offre à la sous couche SDAP les porteurs radios (radio bearers),
- la sous-couche SDAP supporte les flux de gestion de la qualité relatifs à la transmission de données et à la signalisation en destination du cœur de réseau 5G.

III.2.1 : La sous-couche MAC

III.2.1.1 : Les services et fonctions

La sous-couche MAC inclut les fonctions et services suivants :

- la correspondance entre canaux logiques et canaux de transport,
- le multiplexage/démultiplexage des SDUs (Service Data Unit) MAC relevant d'un ou plusieurs canaux logiques en/des blocs de transport vers/de les canaux de transport de la couche physique,
- l'ordonnancement de la fourniture des informations en uplink (par exemple, les informations de mesures),
- la correction d'erreur à travers le HARQ
- la gestion de la priorité entre les UEs par moyen de l'ordonnancement dynamique,
- la gestion de la priorité en canaux logiques dans l'UE (uplink),

Une seule entité MAC peut supporter à la fois plusieurs numérologies, plusieurs timings de transmission et plusieurs cellules.

III.2.1.2 : Les canaux logiques

Différents types de services de données sont offerts par la couche MAC. Chaque type de canal logique est défini par la nature des informations qu'il supporte. Les canaux logiques sont classés en deux grands groupes : les canaux de contrôle et les canaux de trafic.

Les canaux de contrôle sont utilisés uniquement pour la transmission des informations de contrôle (control plan) et sont les suivants :

- Broadcast Control Channel (BCCH): canal de contrôle de diffusion utilisé pour la diffusion des informations systèmes en downlink.

- Paging Control Channel (PCCH): canal de contrôle de paging utilisé pour faire la recherche des UEs en downlink.

- Common Control Channel (CCCH): canaux de contrôle communs utilisés pour la transmission des information de contrôle entre l'UE et le réseau. Ces canaux sont utilisés lorsque l'UE n'a pas de connexion RRC (Radio Resource Control) avec le réseau.

- Dedicated Control Channel (DCCH): les canaux de contrôle dédiés qui sont des canaux point à point bidirectionnels transmettant les informations de contrôle dédiées entre l'UE et le réseau.

Les canaux de trafics sont utilisés pour la transmission des données utilisateurs (user plane). Il existe un seul type de canaux de trafic qui est le canal de trafic dédié (Dedicated Traffic Channel, DTCH). Il est un canal point à point, dédié à un UE pour le transfert des données des utilisateurs. Il existe en uplink et downlink.

III.2.1.3 Correspondance entre canaux logiques et canaux de transport

La correspondance entre canaux logiques et canaux de transport est donnée par la figure ci-dessous.

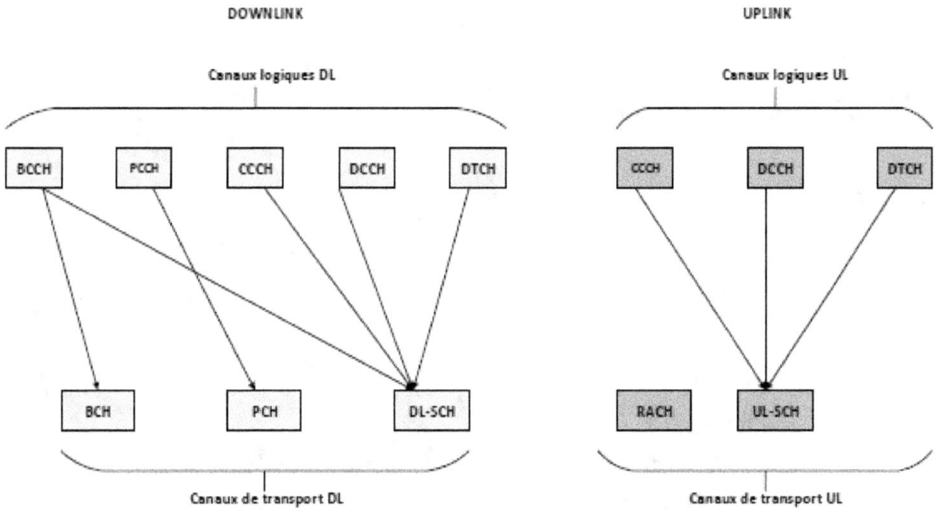

Figure 30 *: Correspondance entre canaux logiques et canaux de transport*

Cette correspondance est traduite en tableaux suivants :

- Pour le downlink :

Canaux de transport / **Canaux logiques**	**BCH**	**PCH**	**DL-SCH**
BCCH	X		X
PCCH		X	
CCCH			X
DCCH			X
DTCH			X

Tableau 12 *: Correspondance canaux de transport et canaux logiques en downlink*

- Pour l'uplink

Canaux de transport / Canaux logiques	UL-SCH	RACH
CCCH	X	
DCCH	X	
DTCH	X	

Tableau 13 *: correspondance canaux de transport et canaux logiques en uplink*

III.2.2 : La sous-couche RLC

III.2.2.1 : Les services et les fonctions RLC

Les services et fonctions principaux de la sous-couche RLC sont les suivants :

- Le transfert des PDUs (Packet Data Unit) des couches supérieures,
- La numérotation des séquences indépendamment de celle effectuée par le PDCP,
- La correction d'erreur à travers l'ARQ,
- La segmentation et la ré-segmentation des SDUs RLC,
- Le réassemblage des SDUs,
- La détection des paquets dupliqués,
- Le rejet des SDUs RLC,
- La détection d'erreur de protocole

III.2.2.2 : Les modes de transmission et entités RLC

Trois modes de transmission sont supportés par la sous-couche RLC : le mode transparent (Trasnparent Mode, TM), le mode sans acquitement (Unacknowledged Mode, UM) et le mode avec acquitement (Acknowledged Mode, AM).

La configuration de la sous-couche RLC se fait pour chaque canal logique indépendamment de la numérologie et de la durée de la transmission utilisées. Aussi, l'ARQ peut opérer avec toute numérologie et toute durée de transmission avec lesquelles le canal logique est configuré.

Les fonctions de la sous-couche RLC sont assurées par les entités RLC. Chaque entité RLC sur la gNodeB a une équivalente entité RLC distante sur une UE et vice versa.

Une entité RLC reçoit/délivre les SDUs RLC de/à la couche supérieure et envoie/reçoit les SDUs RLC à l'entité RLC distante (peer entity) à travers les couches inférieures (MAC et physique).

Une entité RLC est configurée de manière à faire la transmission en utilisant l'un des trois modes de transmission. En conséquence, chaque entité RLC est catégorisée entité RLC TM, entité RLC UM ou entité RLC AM conformément au mode de transmission avec lequel l'entité RLC est configurée.

Les entités RLC TM et UM sont configurées comme entité émettrice ou entité réceptrice. L'entité RLC AM comporte à la fois une partie émettrice et une partie réceptrice.

L'entité émettrice reçoit les PDUs des couches supérieures et envoie à son entité distante à travers les couches inférieures. L'entité réceptrice reçoit les PDUs de son entité distante à travers les couches inférieures et les transmet aux couches supérieures.

La figure ci-dessous représente une vue de la sous-couche RLC.

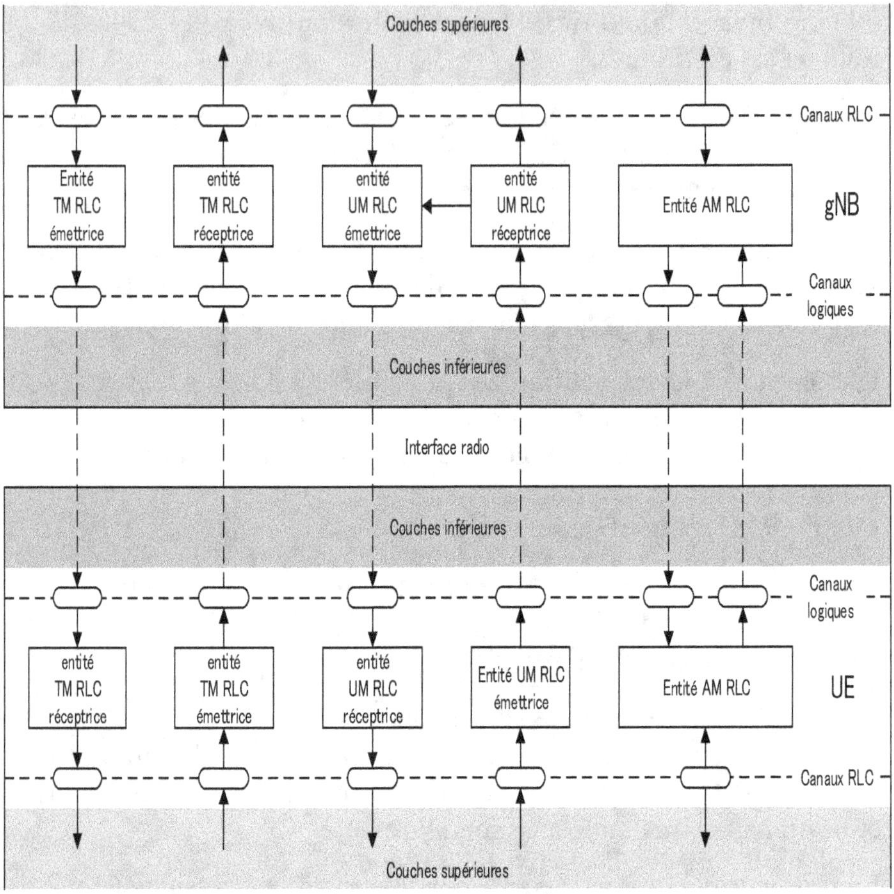

Figure 31 *: Composition de la sous couche RLC*

III.2.2.3 : Correspondance entre canaux logiques et entités RLC

Chaque type d'entité RLC est configuré pour envoyer ou recevoir les PDUs à travers certains types de canaux logiques.

L'entité RLC TM envoie et reçoit à travers les canaux logiques BCCH, DL/UL CCCH, and PCCH.

L'entité RLC UM envoie et reçoit à travers les canaux logiques DL/UL DTCH.

L'entité RLC AM envoie et reçoit à travers les canaux logiques DL/UL DCCH or DL/UL DTCH

III.2.3 : La sous-couche PDCP

III.2.3.1 : Les services et les fonctions PDCP

Les principaux services et fonctions de la sous-couche PDCP sont les suivants :

- Transfert de données pour le User Plane et le Control Plane,
- La maintenance des numéros de séquences (Sequence Number, SN) du PDCP,
- La compression et la décompression des entêtes en utilisant le protocole ROHC (RObuste Header Compression),
- Le chiffrement et le déchiffrement,
- La protection et la vérification de l'intégrité des données,
- La gestion des timers pour le rejet des SDUs,
- La séparation et le routage des porteurs (bearers),
- La duplication des packets,
- La réorganisation et la livraison dans l'ordre des packets,
- Le rejet des duplicatas,

III.2.3.2 : Les entités PDCP

La sous-couche PDCP est utilisée pour les RBs (radio bearers) mappés sur les types de canaux logiques DCCH et DTCH. La sous-couche PDCP n'est utilisée pour aucun autre type de canal logique.

Chaque RB (à l'exception du SRB0, Signaling Radio Bearer 0 supportant les données du control plane) est associé à une entité PDCP. Chaque entité PDCP est associée avec un, deux ou quatre entités RLC en fonction des caractéristiques du RB supporté et du mode RLC utilisé.

Une entité PDCP est associé au control plane ou au user plane en fonction du type de données du RB.

III.3 : La couche RRC

III.3.1 : Structure de la couche RRC

III.3.1.1 : Etats RRC de l'UE et transition entre états

L'UE est dans l'état RRC_CONNECTED ou RRC_INACTIVE lorsqu'il existe pour lui une connexion RRC établie. Dans le cas où il n'existe pas de connexion RRC établie, l'UE est dans l'état RRC_IDLE.

Les états RRC sont caractérisés comme suit :

- RRC_IDLE:
  - Le contrôle de la mobilité de l'UE est effectué sur la base de la configuration du réseau,
  - L'UE gère les messages courts transmis avec le P-RNTI sur les DCI,
  - L'UE scrute les canaux de paging afin de détecter les cas émanant du cœur de réseau en utilisant le 5G-S-TMSI,
  - L'UE effectue les mesures sur les cellules voisines et fait la re-sélection de cellule si nécessaire,
  - L'UE fait la lecture des informations systèmes et peut faire la requête si nécessaire.
- RRC_INACTIVE :
  - Le contrôle de la mobilité de l'UE est effectué sur la base de la configuration du réseau,
  - L'UE enregistre les contextes AS (Access Stratum) inactifs,
  - Les zones de notification de la partie RAN sont définies au niveau RRC,
  - L'UE gère les messages courts transmis avec le P-RNTI sur les DCI,
  - L'UE scrute les canaux de paging afin de détecter les cas émanant du cœur de réseau en utilisant le 5G-S-TMSI et les cas émanant du RAN en utilisant le fullI-RNTI,

  - L'UE effectue les mesures sur les cellules voisines et fait la re-sélection de cellule si nécessaire,
  - L'UE effectue la mise à jour périodique des zones de notifications de la partie RAN et la mise à jour en cas de changement de zone de notification,
  - L'UE fait la lecture des informations systèmes et peut faire la requête si nécessaire.
- RRC_CONNECTED :
  - L'UE enregistre les contextes AS,
  - Transfert les données de/à l'UE,
  - Les UEs supportant le CA (Carrier Aggregation), utilisent une ou plusieurs SCell, qui sont agrégées avec le SpCell dans le but d'augmenter le débit,
  - Les UEs supportant le DC (Dual Carrier), utilisent un SCG, qui est agrégé avec le MCG dans le but d'augmenter le débit,
  - La mobilité à l'intérieur du NR est gérée par le réseau,
  - L'UE gère les messages courts transmis avec le P-RNTI sur les DCI,
  - L'UE supervise les canaux de contrôle associés aux canaux de données partagées afin de déterminer si des données sont attendues,
  - L'UE fournit la qualité du lien et fait la remontée d'information,
  - L'UE effectue les mesures sur les cellules voisines et les rapporte au réseau,
  - L'UE fait la lecture des informations systèmes.

La transition entre les états RRC de l'UE est schématisée ci-dessous et dépend de l'établissement, de la libération ou de la mise en veille de la connexion RRC.

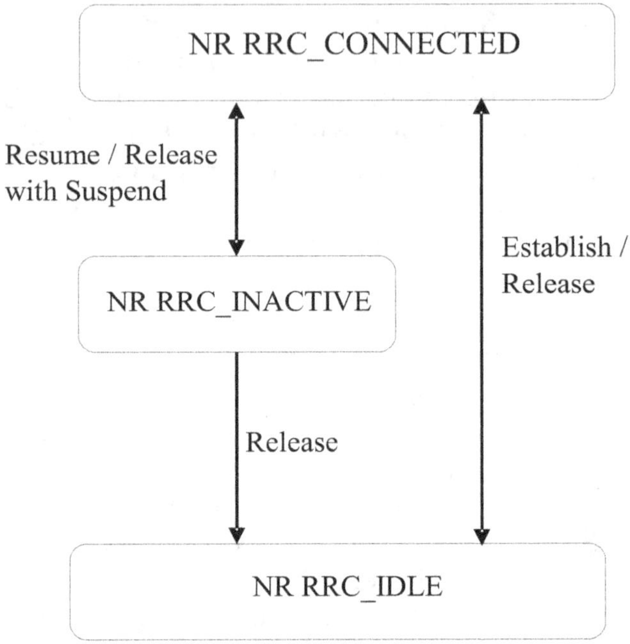

Figure 32 : *Etats RRC et transition entre états*

III.3.1.2 : Les types de message RRC

Les messages de signalisation venant du cœur de réseau et ceux issus de la couche RRC sont transmis sur des porteurs radio (Radio Bearer, RB) appélés SRB (Signaling Radio Bearer) et dont le type dépend de la nature des messages. Les SRBs suivants sont définis :

- SRB0 est pour les messages utilisant les canaux logiques CCCH,
- SRB1 est pour les messages y compris ceux issus du cœur de réseau qui engendrent l'établissement de messages SRB2. Les messages SRB1 utilisent les canaux logiques DCCH,
- SRB2 est pour les messages provenant du cœur de réseau (NAS) et utilise les canaux logiques DCCH. Il est moins prioritaire que les SRB1 et est configuré par le réseau après l'activation de la sécurité sur l'interface radio,
- SRB3 est pour des messages RRC spécifiques lorsque l'UE est en mode EN-DC. Il utilise les canaux DCCH.

Une fois que la sécurité est activée sur l'interface radio, tous les messages SRB1, SRB2 et SRB3 y compris ceux issus du cœur de réseau, sont soumis à la protection de l'intégrité et au chiffrement au niveau de la couche PDCP. Indépendamment, le cœur de réseau également la protection de l'intégrité et le chiffrement sur ses messages transmis.

III.3.2 : Services et fonctions de la couche RRC

Les services et fonctions suivantes sont assurés par la couche RRC :

- La diffusion des messages d'information relatifs à l'accès radio (AS) et au cœur de réseau (NAS),
- Le paging initié par le 5GC ou le NG-RAN,
- L'établissement, le maintien et la libération des connexions RRC entre l'UE et le NG-RAN y compris :
    - L'ajout, la modification et la suppression de CA,
    - L'ajout, la modification et la suppression du DC dans le NR ou sur NR et E-UTRA,
- La fonction de sécurité incluant la gestion des clés,
- L'établissement, la configuration, le maintien et la libération des SRBs (Signaling Radio Bearer) et DRB (Data Radio Bearer),
- La gestion de la mobilité qui inclut :
    - Le handover et le transfert des contextes,
    - La sélection et la ré-sélection des cellules par l'UE et le contrôle de ces procedures
    - La mobilité inter-RAT,
- La gestion de la QoS,
- Le fourniture des mesures effectuées par l'UE et le contrôle de ces mesures,
- La détection d'un rétablissement suite à une défaillance du lien radio,
- Le transfert des messages NAS de/à l'UE à/de NAS.

III.3.3 : Procédures de la couche RRC

La majeure partie des procédures RRC sont relative au contrôle (l'établissement, la modification, le maintien et la libération) de la connexion. L'établissement de la connexion RRC passe par l'établissement du SRB1. Le réseau complète l'établissement de la connexion RRC pour ensuite effectuer l'établissement de la connexion NG qui est nécessaire, par exemple, pour la réception à partir du 5GC des informations sur les contextes de l'UE. Par conséquent, l'activation de la sécurité sur l'AS ne peut être effective durant la phase initiale de l'établissement de la connexion RRC. Durant cette phase initiale, le réseau configure l'UE de manière à effectuer les mesures qui ne sont transmises qu'après l'activation de la sécurité sur l'AS.

A la réception des contextes de l'UE fournis par le 5GC, le NG-RAN active la sécurité sur l'AS (la protection de l'intégrité et le chiffrement) en utilisant la procédure initiale d'activation de la sécurité sur l'AS. Les messages RRC pour l'activation de la sécurité AS ont leur intégrité protégée alors que le chiffrement est activité à la fin de la procédure.

Les messages RRC utilisés pour l'établissement des SRB2 et DRB sont soumis à la protection d'intégrité et au chiffrement. Le réseau libère la connexion RRC si la procédure initiale d'activation de la sécurité sur l'AS et/ou l'établissement du RB échouent.

La libération des connexions RRC est initiée normalement par le réseau. La procédure de libération peut également être utilisée pour rediriger l'UE sur une autre fréquence NR ou sur un accès E-UTRA.

La suspension de la connexion RRC est également initiée par le réseau. Lorsqu'une connexion RRC est suspendue, l'UE enregistre ses contextes AS inactifs et toute autre configuration reçue du réseau et fait la transition à l'état RRC_INACTIVE. Le message RRC pour la suspension de la connexion RRC est sous à la protection d'intégrité et au chiffrement.

La reprise d'une connexion RRC suspendue est initiée par les couches supérieures lorsque l'UE doit transiter de l'état RRC_INACTIVE à l'état RRC_CONNECTED ou par la couche RRC en effectuant la mise à jour RNA (RAN-based Notification Area) ou le paging.

La procédure de la reprise de la connexion RRC réactive les contextes de sécurité de l'UE sur l'AS enregistrés lors de la suspension et rétablit les SRBs et DRBs.

La protection de l'intégrité et le chiffrement sont toujours activés ensemble. Le NG-RAN utilise quatre différentes clés de sécurité AS : une pour la protection de l'intégrité de la signalisation RRC (K_{RRCint}), une pour le chiffrement de la signalisation RRC (K_{RRCenc}), une pour la protection de l'intégrité des données RRC (K_{UPint}), une pour le chiffrement des données RRC (K_{UPenc}). Toutes ces quatre clés sont dérivées de la clé K_{gNB}. La clé K_{gNB} est basée sur la clé K_{AMF} issue des couches supérieures.

Les algorithmes de protection de l'intégrité et du chiffrement changent uniquement avec la reconfiguration lors de la synchronisation. Les clés AS (K_{gNB}, K_{RRCint}, K_{RRCenc}, K_{UPint} and K_{UPenc}) changent à la reconfiguration avec la synchronisation (si inclut le paramètre *masterKeyUpdate)*, ou lors du rétablissement de la connexion ou lors de la reprise de la connexion.

Les principales procédures prises en charge par la couche RRC sont les suivantes :

i. Le paging :

Le but de cette procédure est de transmettre les informations de recherche (paging) de l'UE qui se trouve dans l'état RRC_IDLE ou RRC_INACTIVE.

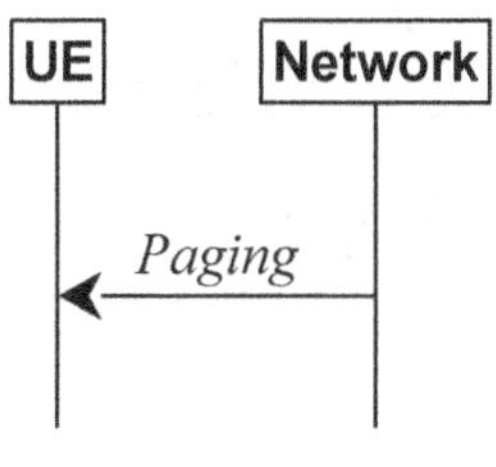

Figure 33 *: Paging*

ii. L'établissement de la connexion RRC

Le but de cette procédure est l'établissement de la connexion RRC qui se fait sur le SRB1.

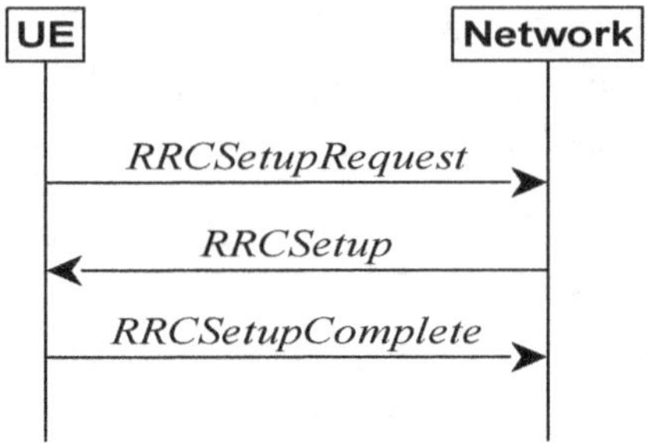

Figure 34 *: Etablissement de la connexion RRC avec succès*

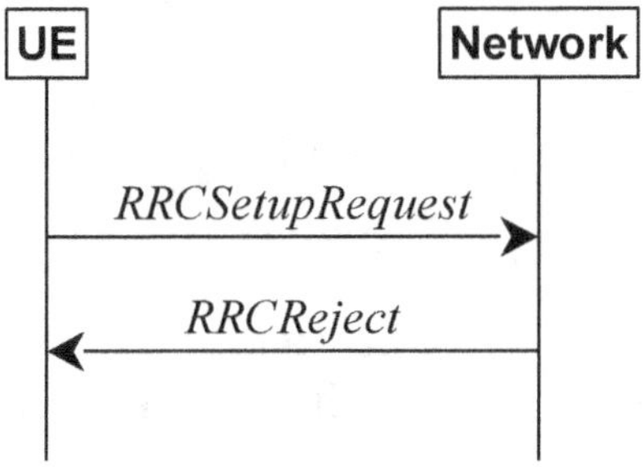

Figure 35 *: Echec d'établissement de la connexion RRC*

iii. Activation initiale de la sécurité AS

Le but de cette procédure est l'activation de la sécurité AS lors de l'établissement de la connexion RRC.

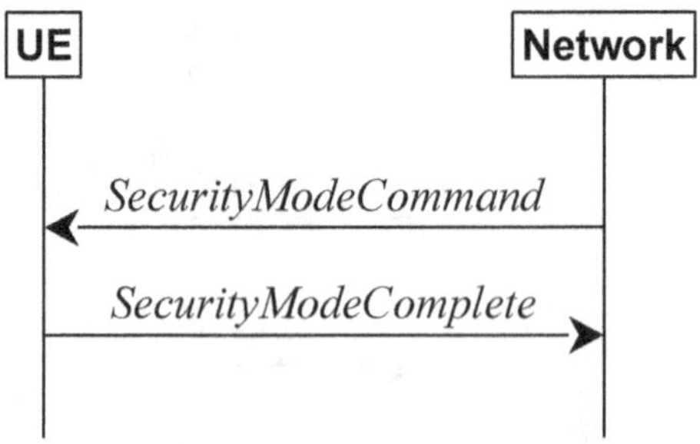

Figure 36 *: activation de la sécurité avec succès*

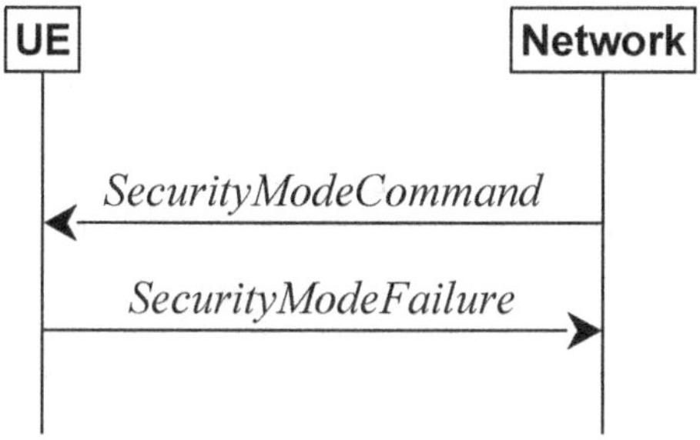

***Figure 37** : Echec d'activation de la sécurité*

iv. Reconfiguration de la connexion RRC

Le but de cette procédure est de modifier une connexion RRC, par exemple, établir, modifier ou libérer des RBs, initier, modifier ou arrêter les mesures, ajouter, modifier ou retirer des cellules secondaires ou des groupes de cellules.

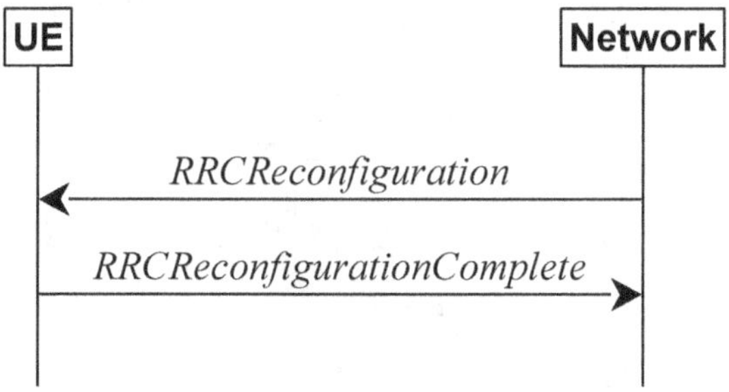

***Figure 38** : Reconfiguration RRC avec succès*

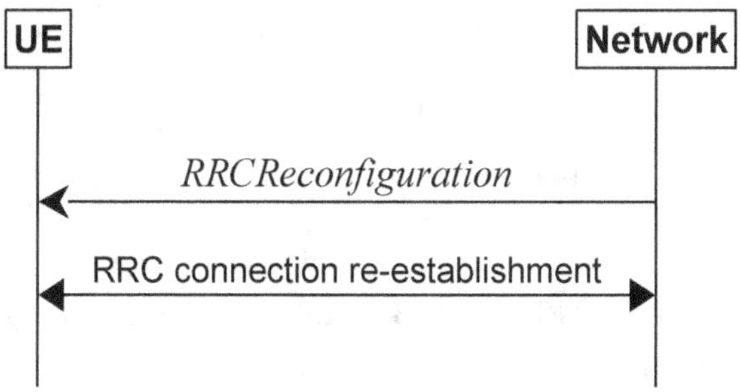

***Figure 39** : Echec de reconfiguration RRC*

v. Ré-établissement de la connexion RRC

Le but de cette procédure est de ré-établir la connexion RRC. Une UE en mode RRC_CONNECTED, pour lequel la sécurité AS a été activée avec un SRB2 et ayant au moins une DRB active, peut initier cette procédure afin de continuer la connexion RRC.

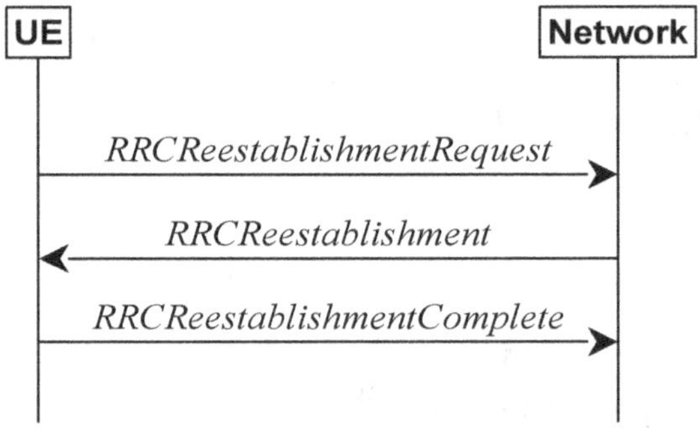

***Figure 40** : Ré-établissement de connexion RRC avec succès*

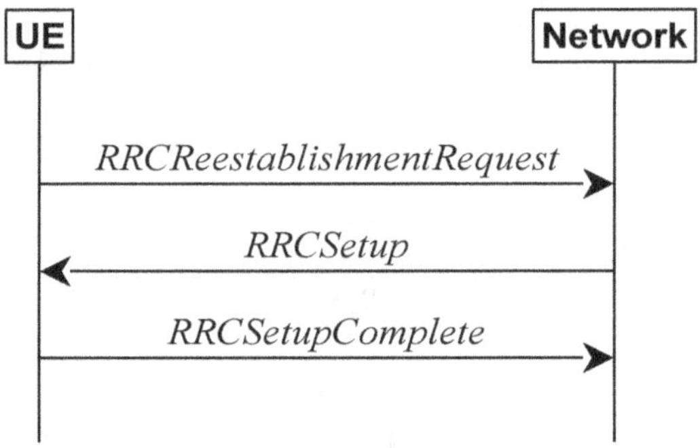

***Figure 41** : Echec de ré-établissement avec repli sur l'établissement de connexion RRC avec succès*

vi. Libération de connexion RRC

Le but de cette procédure est :

- La libération de la connexion RRC avec la libération de tous les porteurs radios (RB) établis et de toutes les ressources radios ; ou
- La suspension de la connexion RRC seulement si SRB2 et au moins un DRB sont établis, y compris la suspension des porteurs radios établis.

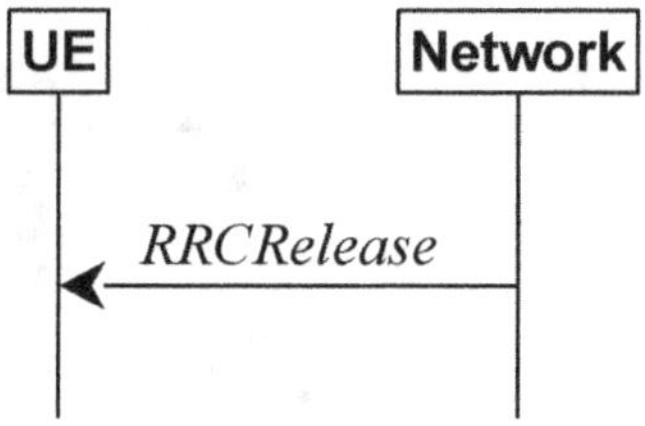

Figure 42 *: Libération de la connexion RRC*

IV - LES SERVICES ET FONCTIONNALITÉS 5G

IV.1 : Les services

Le service de base assuré par le réseau 5G est la transmission de données entre l'UE et des serveurs d'applications. Ces serveurs d'applications peuvent être internes ou externes d'une part et d'autre part spécifiques ou générales. Une des applications générales est de permettre à l'UE l'accès aux réseaux de données comme Internet. Les principales applications spécifiques internes définies sont les suivantes :

IV.1.1 : Le système d'alerte public (Public Warning System, PWS)

Le PWS permet de cibler des utilisateurs dans une zone précise et pendant un temps précis pour leur transmettre des messages dont les contenus sont définis par une entité qui peut être le gouvernement, la police, le régulateur ou toute autre entité ayant ce besoin de communiquer avec le public.

Le PWS est similaire au système de diffusion cellulaire et sa fonction d'interopérabilité (PWS-IWF) peut être implémentée sur le centre de diffusion cellulaire (Cell Broadcast Center Fonction, CBCF) ou séparément (PWS-IWF) dans l'architecture 5G. Une entité de diffusion cellulaire (Cell Broadcast Entity, CBE) est utilisée pour formater et programmer les messages à transmettre.

Les figures ci-dessous donnent les architectures du PWS.

- Dans le cas où la fonction est implémentée sur le CBC,

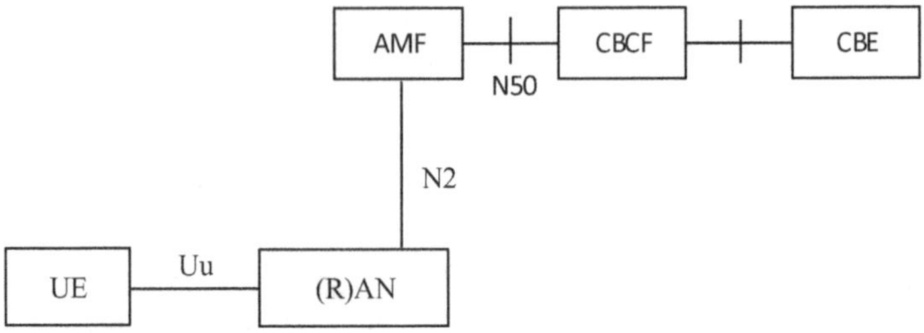

***Figure 23** : Architecture PWS avec la fonction implémentée sur le CBC*

- Dans le cas où la fonction est implémentée séparément

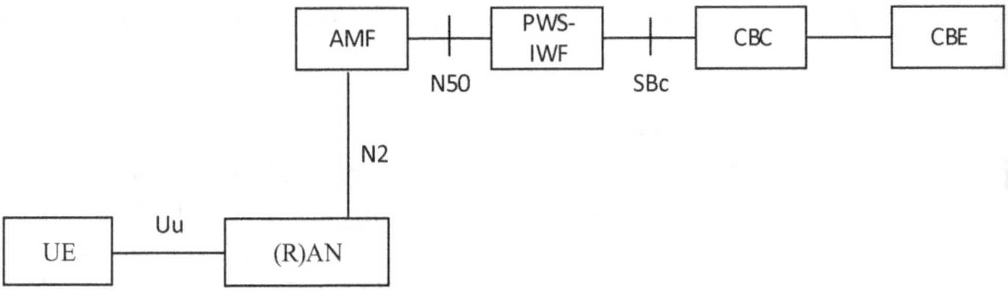

***Figure 24** : Architecture PWS avec la fonction implémentée séparément*

La procédure de livraison de message d'alerte est décrite par le schéma ci-dessous.

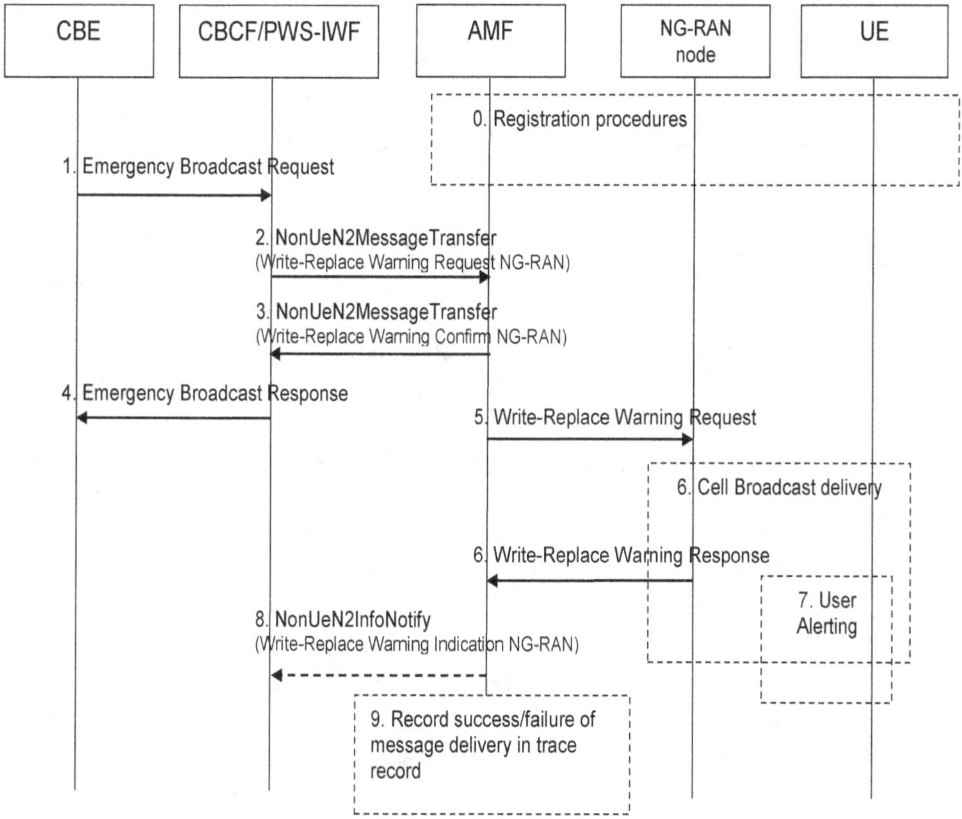

***Figure 25** : Procédure de livraison de message d'alerte*

Elle se déroule comme suite après que l'UE soit enregistré (attaché) sur le réseau :

1. L'entité de diffusion cellulaire (CBE), qui constitue la source du message, envoie les informations du message d'alerte (type de message, contenu du message, zone ciblée, période ciblée) au CBC. Le CBCF procède à l'authentification du message.
2. Sur la base de la zone ciblée, le CBCF identifie les AMFs gérant cette zone et détermine les éléments d'informations à mettre dans le message. Il envoie ensuite aux AMFs identifiés le message (Write-Replace Warning Request NG-RAN) constitué du message d'alerte à diffuser et des paramètres de livraison du message ((Message Identifier, Serial Number, list of NG-RAN TAIs, Warning Area List NG-RAN, OMC ID,

CWM Indicator, Send Write-Replace-Warning-Indication, Global RAN Node ID, Warning Area Coordinates).

Ces paramètres définissent entre autres l'identité du message, le numéro de série du message, la list des gNodeB ou des cellules concernées par le message, etc…

3. L'AMF envoie un message Write-Replace Warning Confirm NG-RAN au CBCF pour indiquer qu'il a commencé à distribuer le message.
4. Une fois que le CBCF reçoit le message de confirmation de l'AMF, il indique au CBE le démarrage de la distribution du message d'alerte.
5. L'AMF transfert le message Write-Replace Warning Message Request NG-RAN à l'ensemble des nœuds NG-RAN (gNodeB). L'AMF doit utiliser la liste NG-RAN TAIs ou les identifiants contenus dans le Global RAN Node ID pour déterminer les nœuds NG-RAN de la zone de livraison du message d'alerte. Dans le cas où cette liste est vide en même temps que le Global RAN Node ID, le message est transféré à tous les nœuds NG-RAN connectés à l'AMF.
6. Lorsque le CBCF envoie le même message d'alerte à plusieurs AMF à la fois, il se peut que certains nœuds NG-RAN reçoivent ledit message de plusieurs AMF. Le nœud NG-RAN détecte alors une duplication du message à travers la vérification de l'identité et du numéro de série du message. Dans ce cas, seul le premier message est traité et une confirmation est transmise à l'ensemble des AMF desquels le message d'alerte a été reçu. Le NG-RAN utilise le paramètre Warning Area List NG-RAN pour déterminer les cellules dans lesquelles le message doit être diffusé.
7. Si l'UE est configuré pour recevoir les messages d'alerte et s'il peut recevoir les messages d'alertes du PLMN sur lequel il est, il alerte l'utilisateur en fonction de la nature du message d'alerte.
8. Lorsque le paramètre Send Warning-Message-Indication est présent dans le Write-Replace Warning Request NG-RAN, l'AMF doit transmettre au CBCF la liste Broadcast Scheduled Area Lists contenu dans le message de réponse Write-Replace Warning Indication(s) NG-RAN. Cette liste contient celles des

zones pour lesquelles l'AMF a reçu du NG-RAN un message indication l'accomplissement de la diffusion du message d'alerte.

9. A partir des messages Write-Replace Warning Response reçus du NG-RAN par l'AMF, celui-ci détermine la réussite ou l'échec de la diffusion du message d'alerte et créé un enregistrement.

IV.1.2 : Le service SMS

Le service de messagerie courte est supporté par le réseau 5G. L'entité fonctionnelle prenant en charge le service SMS est le SMSF. Il interagit avec l'UDM pour les besoins d'authentification et d'autorisation et avec l'AMF pour la transmission/réception à/de l'UE. L'architecture utilisée pour le service SMS est la suivante :

- Basée sur les interfaces de services

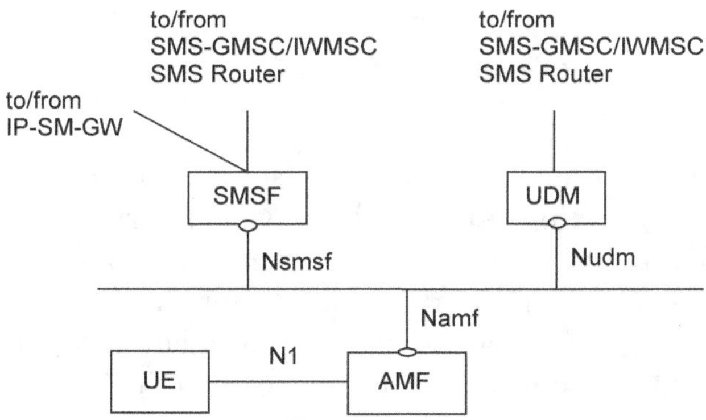

Figure 26 *: Architecture SMS basée interface de service*

- Basée sur les points de référence

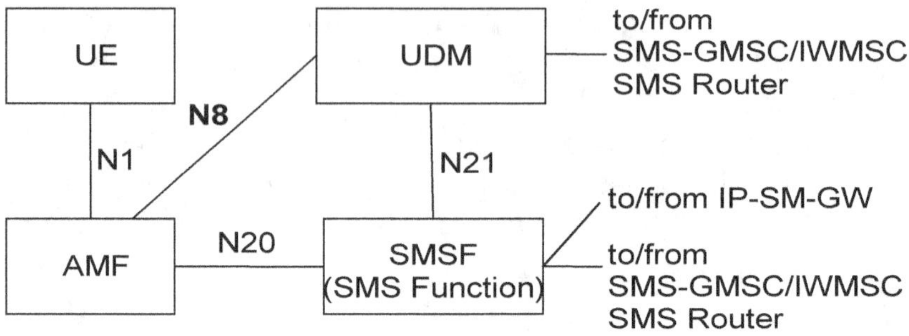

Figure 27 *: Architecture SMS basée point de référence*

Le SMSF doit être connecté à l'une des plateformes passerelles SMS-GMSC/IWMSC/SMS à travers une interface standardisée.

De même l'UDM doit être connecté à l'une des plateformes passerelles SMS-GMSC/IWMSC/SMS à travers une interface standardisée.

Chaque UE est associé à une seule entité SMSF dans le réseau PLMN.

IV.1.3 : Le service de localisation (LCS)

Le système 5G doit supporter le service de localisation afin de permettre le développement des nouveaux services innovants basés sur la localisation. La position courante du terminal de l'utilisateur doit être identifiée et reportée dans un format standard (par exemple les coordonnées géographiques). L'information de localisation peut être fournie à l'utilisateur lui-même, à l'UE, à l'opérateur, aux fournisseurs de services, aux fournisseurs de services à valeur ajoutée ou pour les opérations internes au réseau PLMN.

Le service de localisation peut être également utilisé pour certains besoins spécifiques comme la taxation, la facturation, l'interception légale, les appels d'urgence, et les services de positionnement.

Le service de localisation est caractérisé par les attributs qui peuvent être entre autres la disponibilité, la précision, le temps de réponse, la vélocité, la priorité, la sécurité, la discrétion, la couverture, l'autorisation, la fréquence des transactions, etc…

L'importance de ces attributs varie de service à service et dépend donc du type de service de localisation utilisé. Toutefois les quatre attributs les plus importants restent :

- la précision, qui est la différence entre la position réelle et la position estimée,
- la couverture, qui est la zone géographique dans laquelle l'UE bénéficie d'une bonne qualité de service,
- la confidentialité, qui est la perception que l'utilisateur a sur la discrétion des informations de localisation,
- la fréquence des transactions, qui indique le niveau de sollicitation du réseau pour le service de localisation concerné.

Le positionnement de l'UE peut être supporté par la technologie d'accès radio (Radio Access Technology, RAT) avec des méthodes se référant sur les mesures effectuées par l'UE cible et transmises au NG-RAN et/ou par les mesures effectuées par le NG-RAN et transmises à l'UE cible. Le positionnement de l'UE peut être effectué par un réseau d'accès 3GPP et par un réseau d'accès non-3GPP.

Les informations de localisation pour un ou plusieurs UE peuvent être requêtées par et rapportées à un client LCS ou une AF interne ou externe au PLMN, ou une NF du « control plane » à l'intérieur du PLMN.

Pour toute requête de localisation, la vérification de la politique de confidentialité pour l'UE cible, doit être activée afin de vérifier s'il est permis d'acquérir ses informations de localisation et si le client LCS ou l'AF sont autorisés à utiliser ses informations de localisation.

Il existe plusieurs types de requêtes de localisation qui sont :

- la requête de localisation induite par le réseau (Network Induced Location Request, NI-LR) avec laquelle une AMF serveuse de l'UE initie la localisation de l'UE pour l'accomplissement des services de régulation (par exemple les appels d'urgences).
- La requête de localisation acheminées sur le mobile (Mobile Terminated Location Request, MT-LR) avec laquelle un client LCS ou une AF (interne ou externe au PLMN) envoie une requête de localisation au PLMN, qu'il soit HPLMN ou VPLMN, pour localiser l'UE cible.

- La requête de localisation initiée par le mobile (Mobile Originated Location Request, MO-LR) avec laquelle un UE envoie une requête de localisation au réseau PLMN serveur pour avoir ses informations de localisation.
- La requête de localisation immédiate avec laquelle un client LCS ou une AF envoie ou incite une requête de localisation pour un UE cible (ou groupe d'UEs) en espérant recevoir dans un bref délai (indiqué dans les paramètres de qualité de service) la réponse contenant les informations de localisation. Une requête de localisation immédiate peut être utilisée pour le NI-LR, le MT-LR et le MO-LR.
- La requête de localisation différée avec laquelle un client LCS ou une AF envoie une requête de localisation pour un UE cible (ou groupe d'UEs) en espérant recevoir ultérieurement la réponse contenant les informations de localisation. L'envoi de la réponse peut être associé à un évènement comme la disponibilité de l'UE dans le réseau, l'entrée ou la sortie d'une zone, l'expiration d'un compteur périodique, le mouvement de l'UE. La requête de localisation différée est applicable uniquement au MT-LR.

L'architecture de référence pour la localisation d'un UE dans son réseau local (HPLMN) est donnée par la figure ci-dessous.

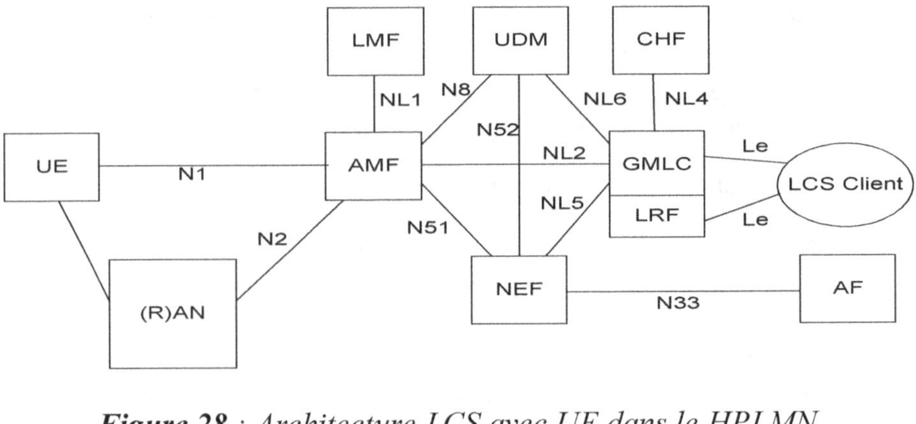

Figure 28 *: Architecture LCS avec UE dans le HPLMN*

Dans cette architecture nous distinguons les entités fonctionnelles suivantes :

- Le réseau d'accès : il s'implique dans le traitement des procédures de positionnement y compris pour l'UE cible, la fourniture des informations de localisation et le transfert des messages de positionnement entre l'UE et l'AMF ou entre l'UE et le LMF (Location Management Function).
- Les clients LCS, les applications (Applications Function) ou les fonctions réseaux (NF) : ils sont des utilisateurs des informations de localisation et accèdent aux services de localisation à travers le GMLC (Gateway Mobile Location Centre). Toutefois les AFs externes accèdent à travers le NEF.
- Le GMLC (Gateway Mobile Location Centre) : il fait la requête des informations de routage et de politique de confidentialité de l'UE à l'UDM. Ensuite, il vérifie les autorisations de l'AF, ou du client LCS et transfère la requête de localisation à l'AMF serveur ou au GMLC du VPLMN pour le cas d'un UE en roaming.
- Le LRF (Location Retrieval Function) : il peut être co-localisé ou distant du GMLC. Il est responsable de la récupération et de la validation des informations de localisation.
- L'UE : Il est l'entité qui effectue les mesures de localisation. Il réalise le service de localisation selon quatre modes :
    - Mode assisté : l'UE effectue les mesures de localisation et les transfère à une autre entité telle que le LMF pour traitement,
    - Mode basé sur l'UE : l'UE effectue les mesures de localisation, les traite et estime la localisation en utilisation si possible quelques données fournies par le réseau PLMN,
    - Mode autonome : l'UE effectue les mesures de localisation, les traite et estime la localisation sans l'aide de données reçues du réseau,
    - Mode basé réseau : le PLMN serveur obtient les mesures de localisation à travers les signaux transmis par l'UE cible et les traite pour estimer la localisation.
- L'UDM : il contient les informations sur le profil (politique de confidentialité) de l'utilisateur et les informations de routage nécessaire pour atteindre l'UE. Il est accessible à partir de l'AMF, du GMLC ou du NEF à travers l'interface N_{udm}.
- L'AMF : pour assurer le service de localisation il :

- initie la requête NI-LR pour l'UE dans le cas d'appel d'urgence IMS (IP Multimedia Service).
- Reçoit et gère les requêtes de localisation du GMLC pour la 5GC-MT-LR et la requête de localisation différée.
- Reçoit et gère les requêtes de localisation de l'UE pour la 5GC-MO-LR.
- Reçoit et gère les requêtes du NEF relatives aux informations de localisation.
- Sélectionne le LMF en se référant sur la nature de l'accès radio utilisé par l'UE, le nœud NG-RAN utilisé, le slicing du réseau, la QoS demandée, le client LCS, la charge et les fonctionnalités du LMF.
- Reçoit de l'UE les mises à jours des politiques de confidentialités et les transfère à l'UDR à travers l'UDM.

• Le LMF (Location Management Function) : le LMF assure la coordination globale et la répartition des ressources nécessaires à la localisation de l'UE enregistré ou ayant accès au réseau. Il calcule ou vérifie la localisation finale de l'UE et estime la vélocité et la précision y relatives.
• Le NEF : il permet l'accès aux services de localisation par les applications (AFs) internes et externes qui utilisent des APIs (Application Programming Interface) à cet effet.
• L'UDR : il contient les données sur les politiques de confidentialité de l'UE et les met à jour à travers l'UDM avec les nouvelles informations reçues de l'UE.

IV.1.4 : Les services déclencheurs d'applications

Les messages de déclenchement d'application contiennent des informations qui permettent au réseau de les router vers un UE approprié et à l'UE de les router vers une application appropriée. Les informations destinées à l'application, en dehors de celles de routage, constituent le contenu déclencheur. L'application dans l'UE doit effectuer les actions indiquées par le contenu déclencheur lors de sa réception par l'UE.

IV.1.5 : Les services de type LAN (Local Area Network)

Ce service permet à deux UE d'échanger des données comme s'ils sont dans le même réseau local (LAN). Pour cela une commutation locale est utilisée au niveau de l'UPF lorsque les deux UE utilisent le même UPF. Dans le cas contraire, un tunnel Nx est établi entre les UPFs des deux UEs.

L'architecture adoptée pour ce service est la suivante :

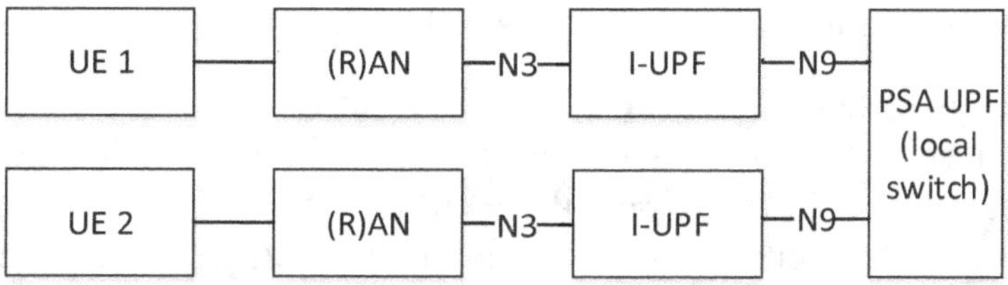

- Même UPF utilisé par les deux UEs :

Figure 29 *: Architecture du service LAN entre UE de même UPF*

- UPFs différents pour les deux UEs :

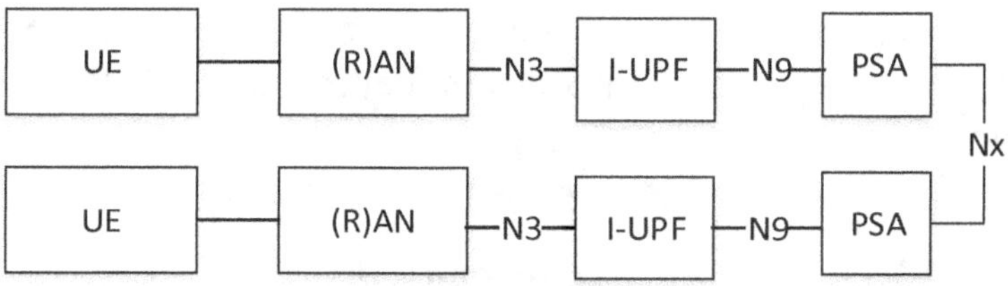

Figure 30 *: Architecture du service LAN entre UEs d'UPFs différents*

IV.1.6 : IP Multimedia Service (IMS)

Le sous-système cœur de réseau Multimédia IP contient tous les éléments cœur de réseau pour fournir les services multimédias. Les services IP multimédias sont basés sur les possibilités du protocole de contrôle de session défini par l'IETF et utilisent la connectivité IP avec le réseau d'accès.

Afin de parvenir à une indépendance par rapport au type de réseau d'accès utilisé et maintenir une interopérabilité avec les terminaux IP utilisant l'accès filaire, le sous-système IP multimédia restent le maximum conforme aux standards IETF.

Le sous-système cœur de réseau IP multimédia permet aux opérateurs de fournir aux abonnés les services multimédias indépendamment du réseau d'accès (sans fil et filaire) utilisé avec une convergence des, et l'accès aux, technologies basées sur la voix, la vidéo, la messagerie, les données et l'accès WEB.

La solution complète pour les applications multimédias se compose des terminaux, du réseau d'accès IP et des éléments du sous-système cœur de réseau IP multimédia.

IV.2 : Les fonctionnalités

Le système 5G supporte toutes les fonctionnalités et services de l'EPS. Les fonctionnalités qui sont décrites dans cette partie concernent les nouvelles fonctionnalités ou celles sur lesquelles il y a eu une amélioration.

IV.2.1 : La double connectivité (Dual connectivity)

La double connectivité implique deux nœuds radios fournissant des ressources radio avec des bearers actifs à un UE donné alors qu'un seul point de terminaison du lien de signalisation N2 existe pour l'UE entre l'AMF et le RAN.

Le nœud radio sur lequel le lien N2 se termine, exécute toutes les fonctions nécessaires relatives au N2 telles que la gestion de la mobilité, le transfert des messages de signalisation NAS, et gère les connexions « user plan ». Ce nœud est appelé nœud RAN maître (Master Node RAN). Il doit utiliser les ressources d'un autre nœud RAN, le nœud RAN secondaire (Secondary Node RAN), pour echanger le trafic « user plan » d'un UE. Le RAN maître prend en compte le RSN (Redundancy Sequence Number) pour déterminer si la double connectivité peut être établie et assurée pour une session PDU appropriée.

S'il existe des restrictions de mobilité sur l'UE (signalées par l'UDM ou indiquées localement par l'AMF sur la base des politiques du VPLMN), l'AMF signale ces restrictions au nœud RAN maître comme une liste de restriction. Cette liste sert de prévention pour le nœud maître dans l'établissement de la double connectivité.

La double connectivité donne la possibilité au nœud maître de requêter le SMF :

- Pour certaines ou toutes les sessions PDUs d'un UE : diriger tout le trafic downlink utilisateur de la session PDU sur le nœud maître ou sur le nœud secondaire. Dans ce cas, il y a une unique terminaison du lien N3 pour de telles sessions PDUs.
- Pour d'autres sessions PDUs de l'UE : diriger le trafic downlink utilisateur de certains critères de QoS sur le nœud RAN secondaire (respectivement maître) tandis que le trafic downlink utilisateur pour les autres critères QoS restant est dirigé sur le nœud RAN maître (respectivement secondaire). Dans ce cas, il y a, indépendamment du nombre de critères QoS, deux terminaisons de liens N3 au niveau du RAN pour de telles sessions PDUs.

Le nœud RAN maître doit créer et changer les assignations pour le plan utilisateur d'une session PDU à tout moment durant la durée de vie de la session PDU.

Dans tous les deux cas, un ID unique est utilisé pour identifier la session PDU.

La fourniture des informations de localisation de l'abonné est basée sur l'identité de la cellule desservant l'UE sur le nœud maître.

IV.2.2 : Le contrôle de la facturation et des politiques appliquées aux utilisateurs (Policy and Charging Control)

Il est possible d'appliquer le contrôle de la facturation et des politiques à tout accès 3GPP et non-3GPP. Le cadre du contrôle des politiques et de la facturation supporte les scenarii de roaming. Le contrôle de politique et de facturation est applicable par instance de partition (slice) réseau, par DNN, ou sur la base d'une combinaison des deux (slice et DNN).

Le cadre du contrôle des politiques et de la facturation satisfait aux exigences relatives aux UEs hors session (en dehors de la gestion des sessions) et également aux exigences relatives aux UEs disposant de sessions actives.

IV.2.2.1 : Le contrôle des politiques hors sessions

Le PCF, qui est l'entité responsable du contrôle des politiques, supporte les interactions, à travers l'interface basée service, pour la mise en application des politiques relatives à l'accès et à la mobilité contenues dans l'AMF. Il fournit donc à l'AMF les politiques relatives à l'accès et à la mobilité. Il évalue également les politiques de l'opérateur qui sont enclenchées par les évènements reçus de l'AMF.

Du côté de l'UE, le cœur de réseau 5G (5GC) doit être à mesure de fournir à l'UE les informations de politiques contenues dans le PCF. Ces informations incluent :

- Les politiques de découverte et de sélection de l'accès réseau (Acces Network Discovery and Selection Policy, ANDSP) utilisées par l'UE pour sélectionner les accès radio non 3GPP,
- Les politiques de sélection de route par l'UE (UE Route Selection Policy, URSP) utilisées par l'UE pour déterminer le routage du trafic sortant.

Le contrôle des politiques d'accès et de mobilité englobe la gestion des restrictions de zones de services et la gestion des fonctionnalités RFSP (RAT/Frequency Selection Priority) et UE-AMBR (Access Maximum Bit Rate).

La gestion des restrictions des zones de service permet au PCF du réseau PLMN serveur (V-PCF dans le cas du roaming) de modifier les restrictions des zones de service utilisées par l'AMF.

La souscription de l'UE contient les restrictions de zones de service, qui peuvent être modifiées à tout moment en fonction de la politique de l'opérateur en élargissant la liste des TAIs autorisés ou en réduisant la liste de TAIs non-autorisés ou en augmentant le nombre maximum de TAIs autorisés. Les politiques de l'opérateur définies dans le PCF dépendent des données comme la localisation de l'UE, l'heure de la journée et les informations fournies par les autres fonctions réseaux (NFs).

L'AMF rapporte les souscriptions de restrictions de zones de service reçues de l'UDM durant la procédure d'enregistrement sur le réseau ou lors du changement d'AMF. L'AMF procède à cette tâche lorsque les politiques locales de l'AMF indiquent que le contrôle de l'accès et la mobilité est activé. L'AMF signale au PCF les souscriptions de restrictions de zones de service lorsque les requêtes de contrôles de politiques indiquent un changement des restrictions de zones de service. L'AMF reçoit du PCF les restrictions modifiées, les stocke et les utilises pour déterminer les restrictions de mobilité pour un UE.

La restriction de zone de service consiste à une liste de TAIs autorisés ou à une liste de TAIs interdits ou à un nombre maximum de TAIs autorisés.

La mise en application de la restriction de zone de service est effectuée par l'UE lorsque celui-ci est dans l'état CM-IDLE ou l'état CM-CONNECTED avec RRC-INACTIVE, et est effectuée par le RAN/AMF lorsque l'UE est en mode CM-CONNECTED avec RRC-ACTIVE.

La gestion des index RFSP permet au PCF de modifier les index RFSP utilisés par l'AMF afin de réaliser les fonctions de gestion des ressources radio qui lui incombent. Le PCF modifie les index RFSP sur la base des politiques de l'opérateur concernant le cumul de l'usage, information de charge sur les partitions (slice) de réseau. Les index RFSP souscrits peuvent être changés après par le PCF sur la base des politiques de l'opérateur.

Pour la gestion des ressources radio, l'AMF rapporte les index RFSP souscrits reçus de l'UDM lors de la procédure d'enregistrement sur le réseau ou lorsqu'il y a un changement d'AMF. L'AMF procède à cette tâche lorsque les politiques locales de l'AMF indiquent que le contrôle de l'accès et la mobilité est activé. L'AMF rapporte au PCF les index RFSP souscrits lorsqu'il y a un changement des souscriptions d'index RFSP au niveau du PCF. L'AMF reçoit du PCF les index RFSP modifiés.

La mise en application des index RFSP est effectuée par le RAN.

Lorsqu'il y a changement d'AMF, l'AMF source informe le PCF que le contexte de l'UE est supprimé à son niveau dans le cas d'une mobilité inter-PLMN.

La gestion de l'UE-AMBR permet au PCF de fournir les informations UE-AMBR à l'AMF sur la base des politiques du réseau desservant l'UE. L'AMF rapporte au PCF l'UE-AMBR souscrit reçu de l'UDM lorsqu'il reçoit du PCF des requêtes de contrôle de politique indiquant un changement de l'UE-AMBR de l'utilisateur. L'AMF reçoit ensuite l'UE-AMBR modifié et fournit une valeur de l'UE-AMBR au RAN.

IV.2.2.2 : Le contrôle de la facturation et des politiques relatives à la gestion des sessions

Lorsque la session est active, en plus du contrôle des politiques, le contrôle de la facturation (charging) doit être effectué. Le PCC (Policy and Charging Control) englobe ces deux fonctions.

Les décisions du PCC peuvent être prises sur la base des informations de souscriptions, du type d'accès et du type RAT.

Les fonctions PCC effectuent un contrôle de passage et doivent rejeter tous les paquets ne correspondant à aucune des règles PCC actives sur le réseau. Il est possible pour l'opérateur de définir une règle PCC permettant l'envoi et la réception de paquets ne correspondant à aucune règle PCC active.

La structure du PCC permet l'application du contrôle de la facturation sur les flux de données par service ou par application indépendamment du contrôle de politique.

Une règle PCC peut être prédéfinie ou provisionnée dynamiquement à l'établissement et durant le cycle de vie d'une session PDU.

Il doit être possible de mettre en service ou hors service une règle PCC pendant une période donnée de la journée sans aucune interaction pendant ladite période.

Le PCC peut effectuer le contrôle de facturation uniquement, le contrôle de politique uniquement ou les deux contrôles pour l'accès à une DNN. Il permettre la résolution de conflit pouvant provoquer un dépassement de la limite de bande passante garantie souscrite par l'utilisateur.

La structure du PCC doit permettre, en temps réel, de superviser le volume total de ressources consommées par un utilisateur et de contrôler l'usage indépendamment des mécanismes de facturation.

IV.2.2.2.1 : Le contrôle de la facturation

Dans le but d'exécuter le contrôle de facturation sur un service de flux de données, les informations dans les règles PCC identifient le service de flux de données et spécifient les paramètres du contrôle de facturation.

La facturation PCC doit supporter les modèles suivants de facturation pour les facturations effectuées par le SMF :

- La facturation basée sur le volume,
- La facturation basée sur le temps,
- La facturation basée à la fois sur le volume et le temps,
- La facturation basée sur les évènements,
- L'absence de facturation.

Les possibilités de facturation sur le réseau sont les suivantes :

- Appliquer différents modèles de tarifs et de facturation en fonction de la situation de roaming de l'UE,
- Appliquer différents tarifs sur la base de la localisation de l'UE,
- Appliquer différents tarifs sur des parties spécifiques d'un service, par exemple permettre à l'UE de télécharger un

volume à un tarif et appliquer un autre tarif une fois que ce volume est dépassé,

- Appliquer différents tarifs en fonction des périodes de la journée,
- Mettre en œuvre pour chaque service de flux de données, identifié par une règle OCC, une limitation de l'usage par UE,
- Appliquer différents tarifs en fonction de l'accès utilisé pour supporter le service de flux de données,
- Appliquer les actions de facturation en temps réel sur les évènements de démarrage ou arrêt d'applications,
- Pouvoir indiquer au SMF que l'interaction avec le CHF (Charging Function) n'est pas requis pour une règle PCC donnée.

Le SMF rapporte les informations d'utilisation pour les facturations temps réel (online) et différé (offline).

IV.2.2.2.2 : Le contrôle des politiques

Le contrôle des politiques de l'opérateur peut se faire à travers le contrôle de la qualité de service et le contrôle des limites fixées aux utilisateurs.

Le contrôle de la qualité de service (QoS) peut se faire à travers :

- Le flux de service de données : il permet au PCC de fournir au SMF les qualités de service à appliquer à chaque service spécifique. Les critères tels que les informations sur les niveaux de qualité de service souscrits, doivent être utilisés avec les règles de politiques PCC basées service ou basées souscription ou même prédéfinies comme politiques internes du PCF afin de déterminer le niveau de qualité de service à appliquer au flux de service de données. Il est possible d'appliquer durant une même session, plusieurs règles PCC utilisant des niveaux de qualités de service différents.
- Le niveau de qualité de service : il permet au PCC de supporter le contrôle des procédures de réservations de la qualité de service initiées par l'UE ou par le réseau. Il doit être possible de déterminer la QoS à appliquer pendant les procédures de

réservations de QoS basée sur les niveaux de QoS autorisés pour les services et sur les critères tels que les informations de QoS souscrits, les politiques orientées service et les politiques prédéfinies dans le PCF. Le SMF détermine les QoS autorisés d'un flux QoS en utilisant les règles PCC associées à ce flux QoS, et le SMF notifie au PCF lorsque qu'il y a la suppression du flux QoS ou le GFBR (Garanteed Flow Bit Rate) du flux QoS ne peut pas être atteint. Les règles du PCC supportent le contrôle de la qualité de service pour le trafic paquet d'une session PDU. La mise en œuvre du contrôle des procédures de réservation de la QoS pour un flux de QoS permet une amélioration ou une dégradation du niveau de QoS demandé de la part de l'UE lors de l'établissement ou la modification du flux de QoS.

- Le niveau de la session PDU : le PCF fournit les valeurs de l'AMBR autorisées pour la session, la combinaison 5QI (5G Quality Index)/ARP (Allocation and Retention Priority) par défaut pour chaque session PDU et/ou pour chaque type de RAT.

Les politiques basées sur les limites fixées aux utilisateurs peuvent être appliquées. Le PCF demande au CHF les informations relatives aux limites fixées aux utilisateurs. Ces informations sont utilisées comme inputs pour les décisions des politiques dynamiques appliquées aux utilisateurs.

Il est possible d'appliquer la supervision de l'usage au cumul de l'usage des ressources du réseau par session et par utilisateur. Cette fonctionnalité est requise pour mettre en œuvre les décisions de politiques dynamiques basées sur l'usage total du réseau en temps réel.

Le PCF qui utilise la supervision de l'usage pour prendre les décisions dynamiques doit transmettre les seuils à appliquer au SMF. Les seuils d'usage sont basés sur volume et/ou sur le temps.

Lorsqu'un flux de service de données doit être exclu de la supervision de l'usage au niveau de la session PDU alors que la supervision est activée à ce niveau, le PCF fournit une indication d'exclusion associée avec les règles PCC respectives.

Il est possible d'appliquer différentes supervisions d'usage en fonction de l'accès utilisé pour supporter le flux de service de données.

La fonctionnalité de détection et de contrôle des applications comprend les requêtes pour détecter le trafic des applications spécifiées, l'indication au PCF du démarrage et de l'arrêt du trafic de des applications et appliquer les actions de tarifications spécifiques.

Le PCF instruit au SMF les applications pour lesquelles ce dernier doit faire la détection et l'indication des évènements de démarrage et d'arrêt au PCF afin d'activer les règles PCC appropriées dans le SMF.

IV.2.3 : Partition de réseau (Network slicing)

IV.2.3.1 : Définition

Le partitionnement du réseau (Network slicing) permet à l'opérateur de fournir des réseaux personnalisés. Chaque instance de partition de réseau (network slice) inclut les onctions du « control plane » et du « user plane » du cœur de réseau, le NG RAN, et le N3IWF pour l'accès aux réseaux d'accès non 3GPP. Les instances de partitions de réseaux peuvent être différents en termes de fonctionnalités (priorité, politiques de contrôle, tarification, sécurité, mobilité, etc..), en termes de performances (latence, mobilité, disponibilité, fiabilité, débit, etc..) ou en termes de types d'utilisateurs pris en charge (utilisateurs MVNO, utilisateurs pour la sécurité publique, entreprises, roamers, utilisateurs des services multimédia prioritaires (Multimedia Priority Service, MPS). Un réseau peut supporter un ou plusieurs partitions réseaux.

IV.2.3.2 : Caractéristiques

Le réseau 5G peut fournir la connectivité aux utilisateurs locaux et visiteurs dans la même partition réseau.

L'opérateur peut :

- créer, modifier et supprimer une partition réseau,

- définir et mettre à jour les lots de services et fonctionnalités supportés dans une partition réseau,
- configurer les informations qui associent l'UE à une partition réseau,
- configurer les informations qui associent un service à une partition réseau,
- assigner un UE à une partition réseau, déplacer un UE d'une partition réseau à une autre, retirer un UE d'une partition sur la base de la souscription de l'UE, des fonctionnalités de l'UE, de la technologie d'accès utilisée par l'UE,
- assigner un UE à une partition réseau sur la base des politiques et services fournis dans la partition réseau.

Un UE peut simultanément être assigné à plusieurs partitions réseaux d'un opérateur et accéder à leurs services.

Le trafic et les services d'une partition réseau ne doivent pas impacter les trafics et les services des autres partitions réseaux d'un même opérateur.

Les opérations de création, de modification ou de suppression ne doivent pas avoir d'impact majeur sur les autres partitions réseaux d'un même réseau.

Le système 5G supporte l'adaptation des capacités des partitions réseaux. Il permet la définition d'une capacité minimum pour chaque partition réseau. L'adaptation de capacité pour les autres partitions réseaux ne doit pas avoir d'impact majeur sur la capacité minimum définie pour une partition donnée. Le système 5G permet la définition de capacité maximale pour une partition réseau. Il permet de définir un ordre de priorité entre les différentes partitions réseaux lorsque celles-ci partagent les ressources sur le même réseau.

Le système 5G supporte les moyens à travers lesquels l'opérateur différencie les contrôles de politiques, les fonctionnalités et les performances fournis dans différentes partitions réseaux.

Le système 5G supporte le mécanisme de prévention d'accès par un UE non autorisé aux ressources radio dédiées à une partition spécifique privée. Il permet également de limiter la zone géographique d'accès à une partition réseau pour un UE donné ou de limiter l'UE à recevoir les services d'une seule partition réseau.

IV.2.3.3 : Souscription

Comme spécifié dans le chapitre « Architecture du réseau 5G », chaque partition réseau est identifiée par un S-NSSAI (voir partie identifiants).

Les informations de souscription d'un utilisateur doivent contenir un ou plusieurs S-NSSAIs. Sur la base des politiques de l'opérateur, un ou plusieurs S-NSSAIs peuvent être définis comme S-NSSAIs par défaut. Lorsqu'un S-NSSAI est défini par défaut pour un UE, il est alors attendu du réseau de servir cet UE avec une instance de partition réseau relative audit S-NSSAI par défaut si aucun autre S-NSSAI valide n'est présent dans le message de requête d'enregistrement de l'UE.

Les informations de souscription pour chaque S-NSSAI contiennent une liste de DNN souscrits et un DNN par défaut.

Le réseau vérifie les S-NSSAIs demandés dans la requête d'enregistrement par rapport aux S-NSSAIs souscrits.

Dans le cas du roaming, l'UDM fournit au VPLMN uniquement les S-NSSAIs souscrits permis par le HPLMN pour l'UE dans un réseau VPLMN.

Lorsque l'UDM fait la mise à jour des S-NSSAIs à l'AMF, sur la base de sa configuration, l'AMF ou le NSSF détermine les correspondances entre les S-NSSAI configurés pour le PLMN courant et/ou les S-NSSAIs permis avec les S-NSSAIs souscrits. L'AMF met à jour l'UE avec les informations S-NSSAIs à considérer.

IV.2.3.4 : Configuration NSSAI de l'UE et stockage

Les informations de configurations des partitions réseaux contiennent un ou plusieurs NSSAIs configurés. Le NSSAI configuré peut être configuré par le PLMN serveur et appliqué à lui-même ou peut être le NSSAI par défaut configuré par le HPLMN et appliqué à tout PLMN dans lequel il n'y a pas de NSSAI spécifique configuré et fourni à l'UE. Il existe au moins un NSSAI configuré par PLMN. Les valeurs utilisées pour le NSSAI configuré par défaut doivent être définies de commun accord par les différents partenaires roaming à travers l'utilisation de valeurs standards définies par la 3GPP.

Le NSSAI par défaut, lorsqu'il est configuré dans l'UE, est utilisé par le PLMN courant seulement si l'UE n'a pas de NSSAI configuré pour ce PLMN. Les NSSAIs configurés pour le PLMN serveur peuvent inclure les S-NSSAIs ayant des valeurs standards ou des valeurs spécifiques pour ce PLMN.

L'UE peut être préconfiguré avec les NSSAIs par défaut. Il peut être également provisionné ou mis à jour avec les NSSAIs configurés par défaut et déterminés par l'UDM du réseau HPLMN, en utilisant la procédure de mise à jour des paramètres de l'UE à travers l'UDM. Chaque S-NSSAI parmi les NSSAIs configurés par défaut doit avoir un S-NSSAI correspondant parmi les NSSAIs souscrits. Par conséquent, lorsque les NSSAIs souscrits qui sont également présent dans les NSSAIs configurés par défaut sont mis à jour, l'UDM procède à la mise à jour des NSSAIs configurés par défaut dans l'UE.

L'UE stocke les (S)-NSSAIs de la manière suivante :

- lorsque l'UE est provisionné avec un NSSAI configuré pour un PLMN et/ou une correspondance de NSSAIs configurés avec les S-NSSAIs du HPLMN, ou lorsqu'il est demandé à l'UE de supprimer la configuration pour raison de modification de la souscription, l'UE doit :
    - remplacer tout ancien NSSAI configuré et stocké pour ce PLMN avec le nouveau NSSAI configuré pour ce PLMN, et,
    - supprimer toute correspondance des anciens NSSAIs configurés du PLMN avec les S-NSSAIs du HPLMN, et si présent et applicable, stocker les nouvelles correspondances de NSSAIs avec les S-NSSAIs du HPLMN, et
    - supprimer tout S-NSSAI rejeté pour ce PLMN,
    - maintient les NSSAIs configurés reçus pour ce PLMN et les correspondances avec le S-NSSAIs stockées sur l'UE, même après l'enregistrement de l'UE sur un autre PLMN, jusqu'à la réception par l'UE de nouveaux NSSAIs configurés pour ce PLMN ou de

nouvelles correspondances ou jusqu'à la modification de la souscription pour les partitions réseaux.

- Si reçus, les NSSAIs alloués pour le PLMN, le type d'accès et les correspondances des NSSAIs avec les S-NSSAIs du HPLMN doivent être stockés dans l'UE. Ces informations doivent être gardées dans l'UE même après qu'il soit éteint ou jusqu'à la modification de souscription aux partitions réseaux.
- Lorsqu'un nouveau NSSAI alloué pour un PLMN et une correspondance de ce NSSAI avec le S-NSSAI du HPLMN sont reçus sur un type d'accès, l'UE doit remplacer l'ancien NSSAI alloué et la correspondance avec le S-NSSAI du HPLMN pour ce PLMN et de type d'accès par ce nouveau NSSAI et la correspondance associée.
- Si reçu, un S-NSSAI rejeté pour le PLMN entier doit être stocké dans l'UE tant que l'UE est enregistré dans ce PLMN indépendamment du type d'accès utilisé ou jusqu'à sa suppression.
- Si reçu, un S-NSSAI rejeté pour la zone d'enregistrement courante doit être stocké dans l'UE jusqu'au déplacement de l'UE dans une autre zone d'enregistrement ou jusqu'à sa suppression.

IV.2.4 : Partage de réseau (Network sharing)

IV.2.4.1 : Concepts généraux

L'architecture du partage de réseau 5G permet à plusieurs opérateurs de se partager les ressources d'un réseau unique selon des schémas d'allocation de ressources convenus. La partie partagée du réseau est l'accès radio et ses ressources.

L'opérateur du réseau partagé alloue les ressources partagées aux opérateurs participant au partage sur la base de leurs besoins actuels et planifiés et des niveaux de services agréés.

Pour le moment, l'architecture de partage de réseau avec un cœur de réseau 5G multi-opérateurs (5G Multi Operators Core Network, 5G MOCN), dans lequel seul le réseau d'accès 5G (5G RAN) est partagé, est supportée. Le 5G MOCN pour le système 5G, y compris l'UE, le

RAN et l'AMF, doit supporter la possibilité pour les opérateurs d'utiliser plus d'un PLMN-ID avec des MCC (Mobile Country Code) identiques ou différents.

IV.2.4.2 : Diffusion des informations systèmes sur les réseaux partagés

Lorsqu'un NG-RAN partagé est configuré pour indiquer les PLMNs disponibles à l'UE pour la sélection, chaque cellule dans le réseau d'accès partagé doit inclure dans les informations systèmes diffusées tous les PLMNs relatifs aux opérateurs de cœur de réseau disponibles dans ce réseau partagé.

Ces informations diffusées contiennent un lot de PLMN-ID et un ou plusieurs paramètres additionnels pour chaque PLMN comme par exemple le CELL-ID et le TAI (Tracking Area Identity). Les UEs supportant la 5G peuvent effectuer la réception multiple de PLMN-ID et les paramètres spécifiques concernés par PLMN.

Les opérateurs de cœur de réseau disponibles doivent être les mêmes pour toutes les cellules d'une zone de tracking donnée dans un NG-RAN partagé.

L'UE decode les informations systèmes diffusées et prend en compte les informations concernant les PLMN-ID disponibles dans les procédures de sélection et de re-sélection de PLMN et de cellule.

IV.2.4.3 : Sélection de réseau par l'UE

Sur un réseau partagé, l'UE ayant une souscription chez l'un des opérateurs cœur de réseau, peut sélectionner cet opérateur dans toute la zone de couverture du réseau partagé et peut bénéficier les services souscrits auprès de cet opérateur de cœur de réseau.

Lorsque l'UE effectue un enregistrement initial sur un réseau, l'un des PLMNs disponibles doit être sélectionné pour service l'UE. L'UE utilise dans les procédures de sélection et de re-sélection de PLMN tous les PLMN-ID reçus. L'UE informe le NG-RAN du PLMN choisi afin que le NG-RAN puisse faire le routage correctement. Le NG-RAN informe le cœur de réseau du PLMN séléctionné.

Comme pour tout réseau, après l'enregistrement initial sur le réseau partagé et tant qu'il reste servi par ce réseau partagé, l'UE ne change pas de PLMN lorsque le PLMN sélectionné reste disponible.

La procédure de sélection de réseau peut amener l'UE à changer de PLMN. Dans ce cas, il utilise tous les PLMN-ID diffusés dans sa cellule.

IV.2.4.4 : Sélection de réseau par le réseau

Le NG-RAN utilise le PLMN sélectionné (fourni par l'UE lors de l'établissement RRC ou par l'AMF/NG-RAN source lors d'un handover N2/Xn) pour sélectionner de façon appropriée la cellule cible pour les handovers futurs. Le réseau ne doit pas déplacer l'UE sur un autre PLMN tant que le PLMN sélectionné est disponible pour servir l'UE dans sa position.

Dans le cas d'un handover ou d'une libération controlée par le réseau vers un réseau partagé :

- Lorsque plusieurs PLMN-ID sont diffusés dans la cellule sélectionnée par le NG-RAN, le NG-RAN doit sélectionner le PLMN cible en prenant en compte les priorités accordées aux PLMN-ID contenues dans la liste de restriction de mobilité fournie par l'AMF,
- Pour la procédure de HO sur Xn, le NG-RAN source indique au NG-RAN cible à travers le Cell-ID cible, le PLMN ID sélectionné.
- Pour la proédure de HO sur N2, le NG-RAN idnique à l'AMF le PLMN-ID sélectionné comme une partie du TAI transmit le message de requête de HO. L'AMF source utilise le TAI fourni par le NG-RAN source pour sélectionner l'AMF cible. L'AMF source trabnsfert le PLMN-ID à l'AMF cible. L'AMF cible indique le PLMN-ID au NG-RAN cible de manière que le NG-RAN cible procède de manière appropriée à la sélection de la cellule cible.

IV.2.5 : Déploiements virtualisés

Le cœur de réseau 5G supporte différents scénarii de déploiement virtualisé, incluant mais non limité aux options suivantes :

- Une instance de fonction réseau (NF) peut être déployée de manière distribuée, redondante, évolutive pour fournir les services sur plusieurs locations avec plusieurs instances exécutrices sur chacune des locations. Ce type de déploiement ne nécessitera pas forcement l'ajout ou le retrait de nouvelles instances de fonction réseau pour les besoins de redondance et d'évolutivité.
- Une instance de fonction réseau (NF) peut être déployée de manière que plusieurs instances réseau soient groupées dans un lot de NF qui, à son tour, est déployé de manière distribuée, redondante, évolutive avec l'ensemble des NF qui le composent. Ce type de déploiement peut supporter l'ajout ou le retrait d'instance NF pour les besoins de redondance et d'évolutivité.
- Le SEPP, bien qu'il ne soit pas une instance NF, peut être également distribué, redondant et évolutif.

IV.2.5.1 : Architectures supportées pour l'interface N2

L'accès réseau 5G (5G-AN) a la capacité de supporter de multiples associations TNL (Transport Network Layer) vers un AMF donné. L'AMF fournit au nœud 5G-AN les facteurs poids relatifs à chaque association TNL. L'AMF peut demander au nœud 5G-AN l'ajout et le retrait d'association TNL. L'AMF indique au nœud 5G-AN le lot d'associations TNL utilisé pour la signalisation pour l'UE et le lot d'associations utilisé pour les autres besoins. Toutefois, ces deux lots peuvent contenir les mêmes associations TNL ou peuvent être complètement différents.

Tant que l'UE est dans l'état CM-Connected, le nœud 5G-AN doit maintenir le même nouage NGAP UE-TNLA (TNL Association) sauf pour des cas explicites ou une libération par l'AMF. Un AMF peut mettre à jour à tout moment le nouage NGAP UE-TNLA (c'est-à-dire l'association TNL pour l'UE) dans l'état CM-Connected.

Un AMF peut mettre à jour le nouage NGAP UE-TNLA en réponse au message N2 reçu du 5G-AN.

Un AMF peut instruire au nœud 5G-AN de libérer à tout moment les nouages NGAP UE-TNLA pour un UE dans l'état CM-Connected tout en maintenant la connectivité sur le plan utilisateur (N3) pour l'UE.

Le nœud 5G doit considérer les facteurs suivants pour sélectionner une association TNL pour l'AMF pour le message initial N2 :

- La disponibilité des associations TNL candidates,
- Le facteur poids des associations TNL candidates.

IV.2.5.2 : La gestion des AMFs

IV.2.5.2.1 : L'ajout et la mise à jour d'AMF

Le système 5G supporte l'établissement d'association entre AMF et nœud 5G-AN.

Un nouveau AMF peut être ajouté à un lot d'AMF et l'association entre AMF et GUAMI peut être créée ou mise à jour comme suit :

- L'AMF met à jour dynamiquement le NRF avec les nouveaux GUAMIs ou les GUAMIs mis à jour pour fournir l'information de correspondance entre GUAMIs et AMF. Les correspondances entre GUAMIs et AMF sont publiées dans le NRF. En plus, pour prendre en charge les cas de maintenances planifiées ou de pannes, un AMF fournit optionnellement les informations sur un AMF qui agira comme un AMF de secours lorsque l'AMF auquel sont associés les GUAMIs indiqués devient indisponible. Sur cette base, un GUAMI est associé avec un AMF et optionnellement avec un AMF de secours pour la maintenance planifiée et/ou un AMF de secours pour les pannes. L'AMF de secours pour la maintenance planifiée et l'AMF de secours pour la panne peuvent être les mêmes ou différents.

- Jusqu'à une nouvelle mise à jour avec succès, le NRF utilisent les nouveaux GUAMIs et/ou les GUAMIs mis à jour dans les réponses aux requêtes de découverte de l'AMF.

Les informations sur les nouveaux AMF sont publiées et disponibles dans le système DNS. Il permet au nœud 5G-AN de découvrir les AMF et d'établir les associations avec l'AMF requis. Les procédures d'établissement sur l'interface N2 donnent la possibilité aux AMF d'un lot d'AMF donné, d'annoncer le même Pointeur AMF ou des Pointeurs différents aux nœuds 5G-AN.

IV.2.5.2.2 : Le retrait planifié de l'AMF

Un AMF peut être mis hors service de la manière suivante :

- Lorsque l'UDSF est déployé dans le réseau, l'AMF stocke les contextes des UEs enregistrés dans l'UDSF. Les contextes de l'UE contiennent l'ID du NGAP AMF UE qui est unique par lot de AMF. Dans le but d'avoir une procédure de suppression douce de l'AMF, le 5G-S-TMSI doit être unique par lot d'AMF. S'il existe des transactions sortantes pour certains UEs, l'AMF stocke dans l'UDSF les contextes de ces UEs jusqu'à leurs achèvements.
- Lorsque l'UDSF n'est pas déployé dans le réseau, l'AMF peut transférer les contextes des UEs enregistrés. Les contextes UEs sont groupés par valeur identique de GUAMI. Ils sont transférés vers des AMFs cibles inclus dans le même lot que l'AMF source. Les contextes de l'UE contiennent l'ID du NGAP AMF UE qui est unique par lot de AMF. Dans le but d'avoir une procédure de suppression douce de l'AMF, le 5G-S-TMSI doit être unique par lot d'AMF. S'il existe des transactions sortantes pour certains UEs, l'AMF stocke dans l'UDSF les contextes de ces UEs jusqu'à leurs achèvements.
- L'AMF se désinscrit des enregistrements du NRF en indiquant le retrait planifié comme raison.

IV.2.5.2.3 : La récupération automatique de l'AMF

Dans le but de prendre en charge la panne d'un AMF de manière souple (c'est-à-dire sans impact sur les UEs), l'AMF peut soit sauvegarder les contextes de l'UEs dans l'UDSF ou soit dans d'autres AMF indiqués comme AMF secours en fonction des GUAMIs concernés.

Pour le déploiement sans UDSF, pour chaque GUAMI, l'information de l'AMF secours est configurée dans l'AMF source en panne. L'AMF envoie cette information aux nœuds 5G-AN et aux fonctions réseaux des autres CPs durant la procédure d'établissement sur l'interface N2 ou à la première interaction avec les fonctions réseaux des CPs.

Dans le cas où un AMF est défaillant et le nœud 5G-AN et/ou le NF du CP détectent sa défaillance, ou s'ils reçoivent la notification de sa défaillance à partir d'un autre AMF se trouvant dans le même lot que l'AMF défaillant, les actions suivantes sont alors initiées :

- L'OAM retire l'AMF du NRF en indiquant sa défaillance,
- Le 5G-AN marque cet AMF comme défaillant et l'exclut de la sélection,
- Pour les UEs dans l'état CM-CONNECTED, le 5G-AN considère la détection et la notification de la défaillance comme déclencheur de la libération des nouages NGAP UE-TNLA avec l'AMF concernés pour les UEs respectifs tout en maintenant la connectivité sur le plan utilisateur et les informations sur les contextes des UEs. Pour l'envoi d'un message N2 subséquent pour les UEs, lorsque l'information sur l'AMF de secours n'est pas disponible, le 5G-AN sélectionne un AMF différent de celui défaillant dans le lot d'AMF auquel appartient l'AMF défaillant. Lorsqu'il n'y a plus d'AMF disponible dans le lot de l'AMF défaillant, il sélectionne un AMF contenu dans la même région d'AMF. Lorsque l'information de l'AMF secours est disponible pour l'AMF défaillant, le 5G-AN transfère le message N2 à l'AMF secours.
- Pour l'UE dans l'état CM-IDLE, lorsqu'il quitte subséquemment l'état CM-IDLE et que le 5G-AN reçoit un

message initial NAS avec le S-TMSI ou le GUAMI pointant sur un AMF marqué défaillant, lorsque l'information de l'AMF secours n'est pas disponible, le 5G-AN sélectionne un autre AMF du lot d'AMF de l'AMF défaillant et lui transfère le message initial NAS. Lorsqu'il n'y a plus d'AMF disponible dans le lot de l'AMF défaillant, il sélectionne un AMF contenu dans la même région d'AMF. Lorsque l'information de l'AMF secours est disponible pour l'AMF défaillant, le 5G-AN transfère le message N2 à l'AMF secours.

- Les fonctions réseaux (NF) des CPs considèrent cet AMF comme indisponible tout en maintenant les contextes des UEs.
- Pour les UEs qui étaient associés à l'AMF défaillant, lorsque les fonctions réseaux des CPs ont besoin d'initier une transaction vers l'AMF, lorsque l'information de l'AMF secours n'est pas disponible, ils sélectionnent un autre AMF dans le lot d'AMF de celui défaillant et transfèrent les transactions avec leurs anciens GUAMIs. Lorsque l'information de l'AMF secours est disponible, les fonctions réseaux des CPs transfèrent les transactions à l'AMF de secours.
- Lorsque le 5G-AN ou les fonctions réseaux des CPs doivent sélectionner un AMF dans le lot d'AMF de l'AMF défaillant :
    - Pour un déploiement avec UDSF, tout AMF du lot d'AMF peut être sélectionné comme AMF de secours,
    - Pour un déploiement sans UDSF, l'AMF de secours est sélectionné sur la base du GUAMI de l'AMF défaillant.

Les actions suivantes sont effectuées par l'AMF nouvellement sélectionné :

- Pour les déploiements avec UDSF, lorsqu'il y a une transaction avec l'UE, l'AMF sélectionné (l'AMF de secours) récupère de l'UDSF les informations sur les contextes de l'UE en utilisant le SUPI, le 5G-GUTI ou l'ID NGAP AMF UE et traite en fonction le message de l'UE et met à jour le 5G-GUTI de l'UE si nécessaire.
- Pour les déploiements sans UDSF, l'AMF de secours, se référant sur la détection de la défaillance de l'ancien AMF, instruit aux fonctions réseaux des CPs et au 5G-AN qu'il prend

en charge les contextes des UEs correspondant au GUAMI de l'AMF défaillant. L'AMF de secours n'alloue par de 5G-GUTI en utilisant l'ancien GUAMI. Par contre, il utilise l'ancien GUAMI pour localiser les contextes des UEs.

- Lorsqu'il y a une transaction avec un UE, le nouvel AMF met à jour (notifie) les NFs distantes avec ses informations.
- Si le nouvel AMF sait qu'il existe un autre AMF desservant l'UE il redirige la signalisation N2 vers cet AMF, ou rejette les transactions vers l'UE en indiquant qu'un autre AMF est déjà sélectionné.
- Lorsque l'UE est dans l'état CM-IDLE et le nouvel AMF n'a pas accès aux informations des contextes de l'UE, le nouvel AMF sélectionne un autre AMF dans le lot d'AMF de celui défaillant. L'AMF sélectionné récupère de l'UDSF les contextes de l'UE et les fournit au nouvel AMF. Si le nouvel AMF n'arrive pas à recevoir les informations de contextes de l'UE, il force l'UE à initier un nouvel enregistrement.

IV.2.6 : Gestion de divers types de mobilité

Une des fonctionnalités clés de la 5G est de supporter la gestion de plusieurs UEs ayant des besoins différents de mobilité. La 5G supporte différents types de mobilité comme les UEs :

- Stationnaires durant leurs durées de vie entière (par exemple, les capteurs intégrés dans les infrastructures, ..),
- Stationnaires durant les périodes d'activités et nomades entre ces périodes (par exemple, l'accès fixe, …)
- Mobiles sur un espace bien défini et limité (par exemple, dans une usine, ….)
- Complètement mobiles.

En plus, certaines applications ont besoin que le réseau assure une mobilité transparente des UEs sans que cela engendre une interruption de service. D'autres applications disposent de moyens propres pour prendre en charge la mobilité des UEs et assurer une continuité de service. Toutefois ces applications ont besoin du réseau 5G pour limiter le temps d'interruption afin de leur permettre d'assurer la continuité de service par leurs propres moyens.

Avec une augmentation continue du volume de données multimédia transmises, il est également important d'activer un chargement des données du trafic IP du réseau 5G vers les réseaux de routage IP traditionnels à travers un nœud de fixation situé au niveau de la bordure du réseau. Puisque les UEs bougent, le changement de nœud de fixation peut être nécessaire afin de réduire la charge de trafic sur le système, réduire la latence de bout en bout et fournir une meilleure expérience client.

La nature flexible du système 5G supporte les différentes méthodes de gestion de la mobilité qui minimisent les entêtes des paquets de signalisation et optimisent l'accès pour les différents types d'UEs.

Pour cela, le système 5G permet à l'opérateur d'optimiser le comportement du réseau en fonction du type de mobilité (stationnaire, nomade, limitée sur un espace ou complète) de l'UE ou d'un groupe d'UEs. Il permet de spécifier pour un UE ou un groupe d'UEs le type de mobilité supporté et fourni. Le système 5G optimise la gestion de la mobilité d'un UE ou d'un groupe d'UE effectuant uniquement des communications sortantes. Il supporte également les procédures de mobilité inter et/ou intra technologies d'accès avec un impact mineur sur l'expérience utilisateur.

Pour assurer une continuité de service, le système 5G :

- Minimise la perte de paquets pour certaines ou toutes les connexions d'un UE lors d'un changement inter et/ou intra de technologie d'accès,
- Minimise le temps d'interruption pour certaines ou toutes les connexions d'un UE lors d'un changement inter et/ou intra de technologie d'accès,
- Maintient les adresses IP assigné à l'UE lorsque celui-ci bouge à travers différentes cellules ou technologies d'accès pour ses connexions utilisées par des applications qui nécessitent la même adresse IP durant la durée de vie de leurs sessions respectives,
- Minimise l'impact sur l'expérience utilisateur lorsqu'il change le nœud de fixation et son adresse IP pour certaines ou toutes les connexions d'un UE,

IV.2.7 : Technologies multiples d'accès

Le système 5G supporte une ou plusieurs technologies d'accès 3GPP (NR et E-UTRA) aussi bien que des technologies d'accès non 3GPP. L'interopérabilité entre les variétés de technologies d'accès est impérative. Pour l'optimisation et l'efficacité des ressources, le système 5G sélectionne la technologie d'accès 3GPP ou non 3GPP la plus appropriée pour un service et permet potentiellement l'utilisation simultanée de plusieurs technologie d'accès pour un ou plusieurs services actifs d'un UE. Les nouvelles technologies d'accès telles que les satellites et les stations de base couvrant de grandes zones, permettent d'augmenter la couverture et la disponibilité.

En fonction de la politique de l'opérateur, le système 5G donne la possibilité à l'UE de sélectionner, de gérer et de fournir efficacement les services sur un réseau d'accès 3GPP ou non 3GPP. En fonction de la politique de l'opérateur, le système 5G doit permettre de conduire l'UE à sélectionner certains réseaux d'accès 3GPP.

Toujours en fonction de la politique de l'opérateur, le système 5G doit permettre de décharger une partie du trafic d'un type de technologie d'accès sur un autre type de technologie d'accès. Par exemple, il peut décharger le trafic d'un accès 3GPP sur un accès non 3GPP. Il peut fournir une transmission de données simultanée à travers différentes technologies d'accès pour accéder à un ou plusieurs services 3GPP. Lorsqu'un UE utilise simultanément deux ou plusieurs technologies d'accès, le système 5G doit faire une répartition optimale du trafic de l'UE entre ces technologies d'accès en prenant en compte le service, les caractéristiques du trafic, les caractéristiques radios et la vitesse de déplacement de l'UE.

Le système 5G supporte une transmission de donnée optimisée pour différentes technologies d'accès pour les UEs connectés simultanément au réseau à travers différentes technologies d'accès. Il est en mesure d'ajouter ou de retirer des connexions d'accès pour un UE durant une session. Il supporte également la mobilité entre différentes technologies d'accès supportées.

Le système 5G supporte l'allocation dynamique et statique d'adresse réseau à l'UE pour une utilisation commune sur tous les types d'accès supportés.

Le système 5G peut opérer sur les bandes de fréquences soumises et/ou non soumises à licences.

En plus de l'accès radio NR, les différents types de technologies d'accès décrites ci-dessous sont supportés par le système 5G.

IV.2.7.1 : Accès E-UTRA

Le système 5G supporte de façon transparente le handover entre un accès E-UTRA et un accès NR.

Le système 5G supporte les UEs avec la fonctionnalité duale-radio (UEs pouvant transmettre simultanément sur l'accès E-UTRA et l'accès NR) aussi bien que les UEs pouvant transmettre simultanément sur un seul accès (E-UTRA ou NR) à la fois.

IV.2.7.2 : Accès par satellite

Le système 5G peut fournir les services en utilisant l'accès par satellite. Il supporte différentes configurations ou le réseau d'accès radio est soit un accès satellite NG-RAN ou un réseau satellite non 3GPP ou les deux. L'UE qui supporter l'accès satellite peut fournir les informations de localisation ou assister le système 5G pour les avoir.

Un système 5G avec accès satellite peut déterminer la localisation de l'UE dans le but de fournir des services (trafic routiers, routage d'appels d'urgence, etc...) en concordance avec les exigences règlementaires et gouvernementales.

IV.2.7.3 : Accès filaire haut débit

Le système 5G supporte efficace les connexions utilisant l'accès filaire haut débit.

Le système 5G supporte l'utilisation de relais UEs qui supportent plusieurs types d'accès (5G RAT, accès WLAN, accès filaire haut débit).

Le système 5G supporte l'utilisation de stations de base qui supportent plusieurs types d'accès (5G RAT, accès WLAN, accès filaire haut débit).

IV.2.8 : L'utilisation efficace des ressources

IV.2.8.1 : Description

La 5G introduit l'opportunité de concevoir un système optimisé pour supporter divers types d'UEs et de services. Alors que le support de l'Internet des objets (Internet of things, IoT) est fourni par le système EPS, il y a une large amélioration de l'utilisation efficace des ressources qui est conçue avec le système 5G sans pour autant être le cas avec les systèmes antérieurs. Quelques principes fondamentaux de l'exploitation des réseaux et services associés avec une utilisation, un déploiement et une configuration efficaces incluent le provisionning en masse, l'accès efficace aux ressources, l'optimisation du transfert des données issues des UEs, la baisse des besoins relatifs à la gestion de la mobilité pour les UEs stationnaires ou avec restriction de mouvement.

Puisque les UEs jouant le rôle de capteurs et les fonctions de surveillance sont de plus en plus largement déployés, le besoin de supporter des UEs qui envoient des packages de données allant de quelques bits aux flux important de données augmente. Le même besoin existe pour les téléphones intelligents avec des volumes variés de données. Spécifiquement, pour supporter les petits paquets de données, le réseau doit être à mesure d'opérer de manière à ne pas avoir une procédure de signalisation longue et volumineuse en données avant de transmettre ces petits paquets. Comme résultat, le système évitera en même temps d'avoir un impact négatif sur la durée de vie des batteries des UEs et le gaspillage des ressources de signalisation.

Pour les UEs de petites tailles, il est difficile d'incorporer plus d'une antenne à cause de l'impossibilité d'avoir une bonne isolation entre des antennes multiples.

Les applications en cloud comme la robotique en cloud entrainent un calcul ou un traitement important au niveau du réseau plus qu'au niveau de l'UE. Ce qui exige au réseau d'avoir un débit élevé en uplink et une latence très faible pour toute la chaine de transmission aller-retour. En supposant que les robots en cloud seront déployés en très grande densité dans le futur, le système 5G doit pouvoir optimiser les ressources efficacement pour de tels scénarii.

L'efficacité des ressources additionnelles contribuera au respect des divers KPIs (Key Performance Indicators) définis pour la 5G. L'efficacité des ressources du « Control Plan » peut être atteinte en optimisant et en minimisant les entêtes de la signalisation, particulièrement pour la transmission de données de petites tailles. Les mécanismes pour minimiser l'utilisation des ressources du « User Plan » comprennent la mise en place de cache dans le réseau et des applications hébergées dans un environnement proches des utilisateurs finaux. Ces efforts d'optimisation contribuent à atteindre une latence faible et une fiabilité élevée.

IV.2.8.2 : Fonctionnalités requises

Le système 5G doit pouvoir minimiser l'utilisation des ressources des plans utilisateur et de contrôle pour la transmission des données des UEs émettant uniquement, pour la transmission des données des UEs stationnaires et pour le transfert des petits paquets de données rares.

Le système 5G doit optimiser l'utilisation des ressources pour le plan de contrôle et/ou le plan utilisateur pour le transfert continue de données en uplink nécessitant à la fois un débit élevé (plus de 10 Mbits/s) et une latence faible (1-10 ms).

Le système 5G doit optimiser l'utilisation des ressources des plans de contrôle et/ou utilisateur pour supporter les densités élevées de connexions (1 millions de connexions par km^2 par exemple) en prenant en compte les critères suivants :

- Le type de mobilité supporté,
- Le modèle de communication (émission unique, fréquent ou rare),

- Les caractéristiques du contenue (petit ou grand volume de données),
- La localisation de l'UE,
- Le modèle de timing des données à transférer (temps réel ou non sensible au délai).

Le système 5G doit supporter les mécanismes de services de découverte permettant à l'UE de découvrir, en fonction de ses droits, les statuts des autres UEs, les capacités des autres UEs et les services fournis par les autres UEs.

Le système 5G doit minimiser le volume de trafic issu du réseau d'accès en consolidant les petites quantités de trafic en un seul large volume de trafic.

Le système 5G optimise l'utilisation des ressources des plans utilisateurs et de contrôle de manière à supporter les opérations de masse pour les densités élevées de connexions de plusieurs UEs (plus d'un million de connexion par km^2).

Le système 5G optimise l'utilisation des ressources des plans utilisateurs et de contrôle pour gérer un UE sous forme d'objet connecté (IoT).

Le système 5G optimise l'utilisation des ressources des plans utilisateurs et de contrôle pour gérer les UEs sous forme d'objets connectés (IoT) en masse (fourniture des paramètres de service, activation et désactivation).

Le système 5G dispose d'un mécanisme fiable, efficace et approprié pour transmettre la même information à plusieurs UEs sous forme d'objets connectés (IoT).

IV.2.9 : La Gestion efficace du plan (des données) utilisateur

IV.2.9.1 : Description

La 5G est conçue pour faire face à divers service de performances évoluées et différentes (haut débit, faible latence, connexion en masse, etc…) et à différents modèles de trafic de données (trafic IP, trafic non-IP, petits segments de données, transmission de données haut débit, etc…).

Le plan utilisateur doit être très efficace pour la 5G pour supporter les différentes exigences. D'un côté, un environnement d'hébergement de services (Service Hosted Environnement, SHE) installé au sein des réseaux opérateurs peut offrir des services hébergés très proches de l'utilisateur final dans le but de satisfaire les exigences liés à la localisation comme une faible latence, une limitation de bande passante. Les services hébergés contiennent les applications fournies par les opérateurs et/ou les partenaires tiers certifiés. D'un autre côté, les conduits des plans utilisateurs peuvent être modifiés pour améliorer l'expérience utilisateur ou pour diminuer la limitation de la bande passante, lorsque l'UE ou l'application change de localisation durant une communication active.

IV.2.9.2 : Fonctionnalités requises

En fonction des politiques de l'opérateur, des besoins des applications ou des deux, le système 5G supporte des conduits de plan utilisateur efficaces entre les UEs attachés au même réseau et pouvant être modifiés si nécessaire lorsque les UEs se déplacent durant une communication active.

Le réseau 5G doit disposer d'un environnement d'hébergement de services fournis par l'opérateur.

En fonction de la politique de l'opérateur, le système 5G supporte le routage de données entre les UEs attachés au réseau et une application située dans l'environnement d'hébergement de services pour des services spéciaux, et modifie si nécessaire le conduit lorsque les UEs se déplacent avec des communications actives.

Sur la base de la politique de l'opérateur, des besoins des applications ou des deux, le système 5G supporte un conduit du plan utilisateur efficace, modifié si nécessaire lorsque les UEs ou les applications changent de position, entre un UE avec une communication active et une application dans un environnement d'hébergement de service ou un server d'application situé en dehors du réseau de l'opérateur.

IV.2.10 : La livraison efficace de contenu

IV.2.10.1 : Description

Les services vidéo comme le streaming et la réalité virtuelle, et les applications de stockage de données personnelles ont été déterminants dans la croissance massive du trafic haut débit sur mobile. Dépendant des accords entre les fournisseurs de contenus et les opérateurs, les informations sur le contenu et le contenu lui-même peuvent être connus par l'opérateur. La mise en cache des contenus dans le réseau de l'opérateur ou du fournisseur de contenus ou dans les deux réseaux, permet d'améliorer l'expérience utilisateur, de réduire le besoin de ressources sur le backhaul et d'utiliser efficacement les ressources radios.

L'opération de mise en cache dans le réseau inclut une gestion flexible de la localisation du cache à l'intérieur du réseau et la livraison/réception efficace du contenu de/vers l'application appropriée de mise en cache de contenu. Quelques exemples de services sont la livraison en haut débit de vidéos populaires à partir d'application de mise en cache de contenus, le stockage sécurisé de données utilisateurs ou les fichiers utilisant des applications de caches distribués.

IV.2.10.2 : Fonctionnalités requises

Le système 5G effectue la livraison efficace de contenus à partir d'application de mise en cache sous le contrôle de l'opérateur (les caches sont installés à proximité des UEs).

Le système 5G supporte les applications de mise en cache de contenus installées sur l'UE et sous le contrôle de l'opérateur.

Le système 5G supporte la configuration des applications de mise en cache installées aux niveaux du cœur de réseau et de l'accès radio.

En fonction des politiques de l'opérateur, le système 5G supporte un mécanisme efficace de sélection d'applications de mise en cache de contenus pour la livraison de contenus aux UEs.

Le système 5G supporte un mécanisme pour l'opérateur de gestion de distribution de contenus à travers les applications de mise en cache de contenus.

Le système 5G avec accès par satellite doit pouvoir optimiser la livraison de contenus à travers les applications de mise en cache en utilisant l'avantage de l'omniprésence des services satellitaires.

IV.2.11 : Réseau sensible aux contextes de l'UE

IV.2.11.1 : Description

Une variété de capteurs tels que les accéléromètres, les gyroscopes, les magnétomètres, les baromètres, les détecteurs de proximité, les GPS, peut être intégrée dans un UE. Aussi, différentes applications installées dans un UE peuvent avoir différents besoins de communications. En plus, un UE peut supporter différentes technologies d'accès. Les informations recueillies par les capteurs, les technologies d'accès utilisées, les contextes des applications et les caractéristiques des trafics des applications, peuvent fournir des informations utiles aux applications installées dans l'UE et aider le système 5G à utiliser les ressources d'une manière efficace et optimisée.

IV.2.11.2 : Fonctionnalités requises

Le système 5G supporte une utilisation efficace des ressources du réseau et optimisation du réseau basées sur les informations systèmes qui incluent :

- Les conditions du réseau telles que la charge et le niveau de congestion ;
- Informations sur les UEs servis telles que le type d'accès (3GPP ou non 3GPP), le type de cellule (micro ou macro), le débit usuel de l'utilisateur,
- Les caractéristiques des applications ;
- Les informations sur la priorité des communications telles que les profils et priorité de l'utilisateur, les services prioritaires, les applications utilisées pour les communications prioritaires (par exemple, voix, vidéo et données), les types trafics associés aux communications prioritaires (signalisation ou média) ;
- En fonction du consentement de l'utilisateur, les caractéristiques approfondies sur le trafic de l'UE (par exemple, la mobilité, la localisation, les informations des capteurs, information niveau applications, etc…

IV.2.12 : Auto-Backhauling (transmission pour le gNodeB)

IV.2.12.1 : Description

La densité élevée des nœuds d'accès en 5G pour satisfaire les objectifs de performance pose des défis majeurs au niveau du déploiement et de la gestion (disponibilité, capacité et évolutivité du backhaul). L'utilisation du backhaul radio pour de tels nœuds permet de répondre à certains des défis.

L'auto-backhauling au niveau de l'accès radio permet un déploiement simplifié et un lancement progressif à travers la réduction de la dépendance de la disponibilité d'un backhaul filaire à la position de chaque nœud. Les efforts de planification et d'installation du réseau sont réduits par les avantages des fonctionnalités de type plug&play

comme l'auto-configuration, l'auto-organisation et l'auto-optimisation.

IV.2.12.2 : Fonctionnalités requises

Le réseau 5G permet aux opérateurs de supporter l'auto-backhauling à travers les accès radio NR et E-UTRAN. La fonctionnalité est supportée en couverture indoor et outdoor. Le réseau 5G répartit les ressources radio entre les fonctions d'accès et de backhauling. Il supporte la configuration autonome des fonctions d'accès et d'auto-backhauling. Le réseau 5G supporte l'auto-backhauling sur plusieurs sauts (entre plusieurs nœuds d'accès). Le réseau 5G supporte une adaptation automatique de la topologie de l'auto-backhauling afin de minimiser les interruptions de services. Il supporte la mise en place de connectivité redondante utilisant l'auto-backhauling.

V- GESTION DE L'ACCES, DE LA MOBILITE ET DES SESSIONS

V.1 : Accès au réseau

L'accès au réseau se fait à travers des moyens permettant de contrôler et de protéger les utilisateurs. Les fonctionnalités suivantes sont implémentées pour gérer l'accès au réseau :

- La sélection du réseau,
- L'identification et l''authentification,
- L'autorisation,
- Le contrôle d'accès,
- Le contrôle des profils et politiques des utilisateurs,
- L'interception légale.

V.1.1 : La sélection du réseau

Dans le but de déterminer sur quel réseau s'enregistrer, l'UE procède à la sélection du réseau. Cette sélection du réseau est subdivisée en deux parties : la sélection du PLMN et la sélection du réseau d'accès.

V.1.1.1 : La sélection du PLMN

La sélection du réseau 5G adopte le même principe que la sélection du réseau en 2G, 3G, 4G.

L'UE doit scanner tous les canaux fréquentiels dans les bandes NR qu'il supporte afin de trouver les réseaux PLMNs disponibles. Sur chaque porteuse, l'UE recherche la cellule la plus dominante et procède à la lecture des informations systèmes afin d'identifier le PLMN auquel appartient la porteuse.

L'UE doit supporter les deux modes (automatique et manuel) de sélection du PLMN. A chaque démarrage, il utilise par défaut le dernier mode utilisé pour faire la sélection du PLMN. L'utilisateur peut configurer, à tout moment sur l'équipement terminal, le mode à utiliser lors du démarrage.

Au démarrage de l'UE, lorsqu'il se trouve dans la zone de couverture du dernier réseau PLMN sur lequel il a été enregistré et dont l'information est stockée sur la carte USIM, il s'attache à ce PLMN.

Lorsque l'UE rentre dans la zone de couverture du réseau sur lequel il est déjà enregistré (comme indiquée dans l'information stocké sur l'USIM), l'UE doit procéder à une mise à jour de la zone de tracking (TA). Lorsque le mode de sélection automatique est activé et que le réseau PLMN nominal (HPLMN) est présent, l'UE bascule sur son réseau PLMN nominal.

En mode de sélection automatique, l'UE peut sélectionner et initier l'enregistrement sur d'autres PLMNs disponibles et autorisés, et lorsque le Tracking Area de sa zone de couverture n'est pas dans la liste des TAs interdits.

En mode de sélection manuel, l'UE présente à l'utilisateur la liste de tous les PLMNs desquels il reçoit un niveau de signal suffisant. L'utilisateur choisit un PLMN sur lequel s'enregistrer et l'UE initie la tentative d'enregistrement.

V.1.1.2 : La sélection du réseau d'accès ou de la cellule

La sélection de la cellule se fait lorsque l'UE est en mode RRC-IDLE. La sélection de cellule se fait selon deux cas :

- La sélection initiale de cellule (lorsque l'UE n'a aucune connaissance des canaux de fréquences NR utilisées) :
    1. L'UE doit scanner l'ensemble des canaux RF dans les bandes NR supportées afin de trouver une cellule convenable,
    2. Sur chaque fréquence, l'UE doit chercher la cellule la plus puissante,
    3. Lorsque l'UE détecte une cellule convenable, elle est sélectionnée.

- La sélection de la cellule sur la base des informations stockées :
    1. Ce cas nécessite les informations de fréquences et éventuellement les informations de paramétrage de la cellule reçues préalablement à travers les mesures effectuées par l'UE,
    2. Une fois que l'UE trouve une cellule convenable, cette cellule est sélectionnée,
    3. En cas d'absence de cellule convenable, la sélection de cellule selon le cas précedent doit être déroulée.

Une cellule est sélectionnée lorsque le critère suivant, appelé critère de sélection « S », est satisfait : Srxlev > 0 et Squal > 0 où :

$$Srxlev = Q_{rxlevmeas} - (Q_{rxlevmin} + Q_{rxlevminoffset}) - P_{compensation} - Qoffset_{temp}$$

$$Squal = Q_{qualmeas} - (Q_{qualmin} + Q_{qualminoffset}) - Qoffset_{temp}$$

Où :

Srxlev	Valeur en (dB) du niveau de réception RX requise pour la sélection de la cellule
Squal	Valeur en dB de la qualité requise pour la sélection de la cellule
$Qoffset_{temp}$	Compensation temporairement appliquée à la cellule pendant *connEstFailOffsetValidity* lorsque la cellule n'est pas convenable.
$Q_{rxlevmeas}$	Valeur du niveau de réception de la cellule (RSRP) mesurée par l'UE
$Q_{qualmeas}$	Valeur de la qualité de la cellule (RSRQ) mesurée par l'UE
$Q_{rxlevmin}$	Niveau minimum de réception requis dans la cellule en (dBm). Si l'UE supporte la fréquence pour le SUL (supplementary Uplink), $Q_{rxlevmin}$ est reçu de *q-RxLevMinSUL*, lorsque celui-ci est présent dans les informations systèmes *SIB1*, *SIB2* et *SIB4*, lorsque $Q_{rxlevminoffsetcellSUL}$ est présent dans *SIB3* et *SIB4* pour la cellule concernée, cette compensation spécifique est ajoutée au $Q_{rxlevmin}$ correspondant pour atteindre le niveau minimum de réception Rx requis pour la cellule concernée; Dans le cas contraire $Q_{rxlevmin}$ est obtenu à partir de *q-RxLevMin* dans les informations systèmes *SIB1, SIB2* et *SIB4*, en plus, si $Q_{rxlevminoffsetcell}$ est présent dans *SIB3* et *SIB4* pour la cellule concernée, cette compensation spécifique est ajoutée au $Q_{rxlevmin}$ correspondant pour atteindre le niveau minimum de réception Rx requis pour la sélection de la cellule concernée.
$Q_{qualmin}$	Niveau de qualité minimum réquis dans la cellule en (dB). En plus, lorsque $Q_{qualminoffsetcell}$ est signalé pour la cellule concernée, cette compensation spécifique est ajoutée pour atteindre le niveau minimum de qualité requis pour la sélection de la cellule concernée.
$Q_{rxlevminoffset}$	Compensation appliquée sur $Q_{rxlevmin}$ et prise en compte uniquement dans l'évaluation du Srxlev lors de la recherche périodique d'un PLMN avec haute priorité lorsque l'UE est campé sur un

	VPLMN.
$Q_{qualminoffset}$	Compensation appliquée sur $Q_{qualmin}$ et prise en compte uniquement dans l'évaluation du Srxlev lors de la recherche périodique d'un PLMN avec haute priorité lorsque l'UE est campé sur un VPLMN.
$P_{compensation}$	Compasention de puissance appliquée lorsque l'UE supporte une puissance additionnelle par rapport à la puissance maximale (additionalPmax) incluse dans la liste NR-NS-PmaxList, éventuellement présente dans les informations systèmes *SIB1, SIB2* et *SIB4:* $max(P_{EMAX1} - P_{PowerClass}, 0) - (min(P_{EMAX2}, P_{PowerClass}) - min(P_{EMAX1}, P_{PowerClass}))$ *(dB);* *else:* $max(P_{EMAX1} - P_{PowerClass}, 0)$ *(dB)*
P_{EMAX1}, P_{EMAX2}	Niveau maximal de puissance que l'UE doit utiliser lors de la transmission en uplink dans la cellule en dBm. Lorsque l'UE supporte la fréquence SUL pour la cellule, P_{EMAX1} et P_{EMAX2} sont obtenus à partir de *p-Max* pour SUL dans le *SIB1* et dans la liste *NR-NS-PmaxList* pour le SUL respectivement dans *SIB1, SIB2* et *SIB4*, sinon P_{EMAX1} et P_{EMAX2} sont obtenus de *p-Max* et de la liste *NR-NS-PmaxList* respectivement dans *SIB1*, *SIB2* et *SIB4* pour un uplink normal.
$P_{PowerClass}$	Puissance maximale de sortie RF pour l'UE en dBm conformément à la classe de l'UE.

V.1.1.3 : La re-sélection de la cellule

La re-sélection de la cellule permet à l'UE de sélectionner et se camper sur une cellule plus convenable que sa cellule serveuse. Elle est effectuée par l'UE en mode RRC-IDLE et RRC-INACTIVE.

Lorsque l'UE est campé sur une cellule, il essaye de détecter, de se synchroniser et de surveiller (à travers des mesures) les cellules intra-fréquences, inter-fréquences NR et inter RAT indiquées par la cellule serveuse. Pour les cellules intra-fréquences et inter-fréquences NR, la cellule serveuse ne fournit pas une liste explicite de voisines. Elle se limite à fournir les informations sur la fréquence porteuse et la largeur de bande.

En mode RRC-IDLE ou RRC-INACTIVE, l'UE est capable de surveiller :

- La porteuse intra-fréquence,
- 7 porteuses NR inter-fréquences,
- 7 porteuses FDD E-UTRA inter-RAT,
- 7 porteuses TDD E-UTRA inter-RAT,

En plus des exigences ci-dessus, l'UE doit être capable de surveiller au moins un total de 14 couches de porteuses fréquentielles y compris celle de la cellule serveuse et pouvant inclure toute combinaison des couches de NR, FDD E-UTRA et TDD E-UTRA.

L'UE procède périodiquement aux mesures et évaluations de la cellule serveuse. Il mesure les niveaux de réception et de qualité des signaux de synchronisation SS-RSRP et SS-RSRQ de la cellule serveuse chaque M1*N1 cycle DRX où :

M1=2 si la périodicité du SMTC (SSB-based Measurement Timing configuration) (T_{SMTC}) > 20 ms et le cycle DRX ≤ 0.64 seconde

Et M1=1 sinon.

Lorsque l'UE évalue conformément au tableau 14 ci-dessous pendant N_{serv} cycles DRX consécutifs que la cellule serveuse ne remplit pas le critère S de sélection de cellule, il initie les mesures sur les cellules voisines indiquées par la cellule serveuse.

Cycle DRX [s]	Scaling Factor (N1)		N_{serv} [nombre de cycles DRX]
	FR1	FR2[Note]	
0.32	1	8	M1*N1*4
0.64		5	M1*N1*4
1.28		4	N1*2
2.56		3	N1*2
Note : s'applique pour les UE supportant les classes de puissance 2&3&4. Pour l'UE supportant la classe de puissance 1, N1 = 8 pour tous les cycles DRX.			

Tableau 14: valeur de N_{serv}

Lorsque l'UE en mode RRC-IDLE ne trouve pas de cellule convenable durant 10 secondes sur la base des recherches et mesures effectuées en utilisant les informations intra-fréquences, inter-fréquences et inter-RAT indiquées dans les informations systèmes, il initie la procédure de sélection de cellule.

Les règles suivantes sont utilisées par l'UE pour limiter les mesures :

- Lorsque la cellule serveuse remplit la condition $Srxlev > S_{IntraSearchP}$ et $Squal > S_{IntraSearchQ}$, l'UE n'effectue pas de mesures intra-fréquences. $S_{IntraSearchP}$ est le seuil de niveau de réception Srxlev en dB et $S_{IntraSearchQ}$ le seuil de niveau de qualité en dB pour les mesures intra-fréquences.
- Dans le cas contraire, l'UE procède aux mesures intra-fréquences NR.
- Pour les cellules inter-fréquences NR et inter-RAT avec une priorité de re-sélection plus élevée que celle de la cellule serveuse NR courante, l'UE doit effectuer les mesures sur ces fréquences.
- Pour les cellules inter-fréquences NR et inter-RAT avec une priorité de re-sélection égale ou moins élevée que celle de la cellule serveuse NR courante :
  - Si la cellule serveuse remplit la condition $Srxlev > S_{nonIntraSearchP}$ et $Squal > S_{nonIntraSearchQ}$, l'UE n'effectue par de mesures sur les cellules inter-fréquences NR et inter-RAT de priorité égale ou inférieure,

- Dans le cas contraire, l'UE effectue des mesures sur les cellules inter-fréquences NR et inter-RAT de priorité égale ou inférieure.

Les critères de re-sélection sont les suivants :

a. Critères de re-sélection pour les cellules inter-fréquences NR et inter-RAT :

Lorsque le paramètre *threshServingLowQ* est diffusé par les informations systèmes et l'UE est campé sur la cellule courante pendant plus de 1 seconde, la re-sélection d'une cellule de priorité plus élevée sur les fréquences inter-NR ou inter-RAT doit être effectuée si :

- Une cellule de fréquences inter-NR ou inter-RAT de priorité élevée remplit la condition $Squal > Thresh_{X, HighQ}$ durant l'intervalle de temps $Treselection_{RAT}$

Sinon, la re-sélection doit être effectuée si :

- Une cellule de fréquences inter-NR ou inter-RAT de priorité élevée remplit la condition $Srxlev > Thresh_{X, HighP}$ durant l'intervalle de temps $Treselection_{RAT}$ et ;
- L'UE a effectué 1 seconde sur la cellule serveuse.

La re-sélection de cellule inter-fréquences NR de priorité égale s'effectue selon les critères de la re-sélection de cellule intra-fréquences NR.

Lorsque le paramètre *threshServingLowQ* est diffusé par les informations systèmes et l'UE est campé sur la cellule courante pendant plus de 1 seconde, la re-sélection d'une cellule de priorité faible sur les fréquences inter-NR ou inter-RAT doit être effectuée si :

- La cellule serveuse remplit la condition $Squal < Thresh_{Serving, LowQ}$ et une cellule de fréquences inter-NR ou inter-RAT de priorité faible remplit la condition $Squal > Thresh_{X, LowQ}$ durant l'intervalle de temps $Treselection_{RAT}$

Sinon, la re-sélection doit être effectuée si :

- La cellule courante remplit la condition Srxlev < $Thresh_{Serving,\ LowP}$ et une cellule de fréquences inter-NR ou inter-RAT de priorité faible remplit la condition Srxlev > $Thresh_{X,\ LowP}$ durant l'intervalle de temps $Treselection_{RAT}$ et ;
- L'UE a effectué 1 seconde sur la cellule serveuse.

Lorsque plusieurs cellules de différentes priorités remplissent les conditions de re-sélection ci-dessus, la préférence est donnée aux cellules de priorités plus élevée. Lorsque plus d'une cellule remplit les conditions ci-dessus, l'UE doit faire la re-sélection de manière suivante :

- Si la fréquence des cellules ayant la plus grande priorité est une fréquence NR, la cellule ayant le rang le plus élevé est re-sélectionnée,
- Si la fréquence des cellules ayant la plus grande priorité est d'un autre RAT, la cellule la plus puissante est re-sélectionnée.

b. Critères de re-sélection pour les cellules intra-fréquence NR ou inter-fréquences NR de priorité égale

Les critères de classement des cellules, pour la cellule serveuse R_s et pour les cellules voisines R_n, sont donnés par :

$R_s = Q_{meas,s} + Q_{hyst} - Qoffset_{temp}$

$R_n = Q_{meas,n} - Qoffset - Qoffset_{temp}$

Où :

Q_{meas}	La quantité de mesures RSRP utilisée dans la re-sélection de cellule
Qoffset	Pour les intra-fréquences: il est égale à $Qoffset_{s,n}$, si $Qoffset_{s,n}$ est valide, sinon il est égale à zéro. Pour les inter-fréquences: il est égale à $Qoffset_{s,n}$ plus $Qoffset_{frequency}$, si $Qoffset_{s,n}$ est valide, sinon il est égale à $Qoffset_{frequency}$.
$Qoffset_{temp}$	Compensation appliquée temporairement à une cellule

L'UE doit effectuer le classement de toutes les cellules qui satisfont le critère de sélection S.

Ce classement se fait selon le critère R spécifié ci-dessous en déduisant les valeurs de $Q_{meas,n}$, $Q_{meas,s}$ et R des moyennes des mesures RSRP effectuées par l'UE.

Lorsque le paramètre *rangeToBestCell* n'est pas configuré, l'UE doit effectuer la re-sélection vers la cellule classée en premier. Si la cellule classée n'est pas convenable, l'UE doit vérifier l'existence de restriction.

Lorsque le paramètre *rangeToBestCell* est configuré, l'UE doit faire la re-sélection vers la cellule ayant le nombre de faisceau plus élevé que le seuil configuré (i.e. *absThreshSS-BlocksConsolidation*) et se trouvant parmi les cellules ayant la valeur de leur critère R plus petite au plus de *rangeToBestCell* de celle du critère R de la cellule classée en premier. Si plusieurs cellules respectent cette condition, l'UE procède à la re-sélection, parmi elles, de la cellule classée la meilleure selon le critère R. Si la cellule classée n'est pas convenable, l'UE doit vérifier l'existence de restriction.

Dans tous les cas, l'UE doit sélectionner la nouvelle cellule uniquement lorsque les conditions suivantes sont remplies :

- La nouvelle cellule est meilleure à la cellule serveuse conformément au critère de re-sélection R et pendant un intervalle de temps $Treselection_{RAT}$,
- L'UE est callée sur la cellule serveuse il y a plus d'une seconde.

Les paramètres suivants sont utilisés dans la re-sélection de cellules :

absThreshSS-BlocksConsolidation: il spécifie le seuil minimum de faisceaux qui peut être utilisé pour la sélection de la cellule la mieux classée si le paramètre *rangeToBestCell* est configuré.

cellReselectionPriority: il spécifie la priorité absolue de re-selection d'une cellule

cellReselectionSubPriority: il spécifie la valeur fractionnelle de la priorité ajoutée au paramètre cellReselectionPriority.

$Qoffset_{s,n}$: il indique la compensation entre deux cellules.

$Qoffset_{frequency}$: il indique la compensation entre deux cellules de fréquences NR et de priorité égale.

Q_{hyst}: il spécifie la valeur de l'hystérèse pour le critère de classement.

$Qoffset_{temp}$: il indique la compensation aditionnelle qui doit être utilisée pour la sélection ou la re-sélection d'une cellule

$Q_{qualmin}$: il indique le niveau de qualité minimum requis pour une cellule en dB.

$Q_{rxlevmin}$: il indique le niveau de réception Rx minimum requis pour une cellule en dBm.

$Q_{rxlevminoffsetcell}$: il spécifie la compensation de niveau de réception sur le Qrxlevmin en dB

$Q_{qualminoffsetcell}$: il spécifie la compensation du niveau de qualité sur Qqualmin en dB.

rangeToBestCell : il indique la plage de valeur de R dans laquelle les cellules ayant leur critères R peuvent être candidat pour être la cellule la mieux classée pour la re-sélection. Il est configuré et diffusé dans les informations systèmes SIB2

$Treselection_{RAT}$: il est la valeur du compteur (timer) pour la re-sélection de la cellule. Pour chaque fréquence NR cible et pour chaque RAT autre que NR, une valeur spécifique du compteur (timer) pour la re-sélection de cellule, est définie et est applicable lors de l'évaluation de la re-sélection d'une cellule NR ou de RAT différent (i.e.

$Treselection_{RAT}$ pour NR est $Treselection_{NR}$ et pour E-UTRAN est $Treselection_{EUTRA}$).

$Treselection_{NR}$: il est la valeur du compteur (timer) $Treselection_{RAT}$ pour la re-sélection d'une cellule NR.

$Treselection_{EUTRA}$: il est la valeur du compteur (timer) $Treselection_{RAT}$ pour la re-sélection d'une cellule E-UTRAN.

$Thresh_{X, HighP}$: il spécifie le seuil Srxlev en dB utilisé par l'UE lors de la re-sélection vers une fréquence/RAT de priorité plus élevée que la fréquence serveuse courante. Chaque fréquence NR et E-UTRAN doit avoir un seuil spécifique.

$Thresh_{X, HighQ}$: il spécifie le seuil Squal en dB utilisé par l'UE lors de la re-sélection vers une fréquence/RAT de priorité plus élevée que la fréquence serveuse courante. Chaque fréquence NR et E-UTRAN doit avoir un seuil spécifique.

$Thresh_{X, LowP}$: il spécifie le seuil Srxlev en dB utilisé par l'UE lors de la re-sélection vers une fréquence/RAT de priorité faible que la fréquence serveuse courante. Chaque fréquence NR et E-UTRAN doit avoir un seuil spécifique.

$Thresh_{X, LowQ}$: il spécifie le seuil Squal en dB utilisé par l'UE lors de la re-sélection vers une fréquence/RAT de priorité faible que la fréquence serveuse courante. Chaque fréquence NR et E-UTRAN doit avoir un seuil spécifique.

This specifies the Squal threshold (in dB) used by the UE when reselecting towards a lower priority RAT/ frequency than the current serving frequency. Each frequency of NR and E-UTRAN might have a specific threshold.

$Thresh_{Serving, LowP}$: il spécifie le seuil Srxlev en dB utilisé par l'UE sur la cellule serveuse lors de la re-sélection vers une fréquence depriorité faible.

$Thresh_{Serving, LowQ}$: il spécifie le seuil Squal en dB utilisé par l'UE sur la cellule serveuse lors de la re-sélection vers une fréquence depriorité faible.

$S_{IntraSearchP}$: il spécifie le seuil du Srxlev pour les mesures intra-fréquences NR.

$S_{IntraSearchQ}$: il spécifie le seuil du Squal pour les mesures intra-fréquences NR.

$S_{nonIntraSearchP}$: il spécifie le seuil du Srxlev pour les mesures inter-fréquences NR et inter-RAT.

$S_{nonIntraSearchQ}$: il spécifie le seuil du Squal pour les mesures inter-fréquences NR et inter-RAT.

V.1.2 : L'identification, l'authentification et l'autorisation

Après la sélection du réseau, pour avoir accès aux services, l'UE et le réseau doivent dérouler les procédures d'identification et d'authentification pour s'assurer de part et d'autre que chacun échange avec l'entité qu'il faut.

L'identification et l'authentification se font à travers les identifiants relatifs à l'UE. Il s'agit essentiellement :

- du SUPI et du 5G GUTI pour l'utilisateur,
- du PEI pour l'équipement terminal

Le réseau servant l'UE doit authentifier ce dernier à travers le SUPI pendant la procédure d'authentification et durant l'établissement d'accord sur les clés entre eux (réseau et UE).

L'UE doit authentifier le réseau implicitement à travers l'établissement d'accord sur les clés. L'authentification du réseau est alors faite à travers une utilisation réussie des clés. L'authentification du réseau ne constitue donc pas à authentifier une entité précise sur le réseau.

L'objectif de l'authentification primaire et de l'établissement d'accord sur les clés à utiliser est de faire une authentification mutuelle entre le réseau et l'UE et fournir les informations des clés nécessaires pour être utilisées lors des procédures relatives à la sécurité.

Les informations des clés générées sont contenues dans une clé racine appelée K_{SEAF} et fournie par l'AUSF du réseau nominal de l'abonné au SEAF du réseau servant l'abonné.

Les clés de plusieurs contextes peuvent être dérivées du K_{SEAF} sans qu'une nouvelle procédure d'authentification soit déroulée.

La clé racine K_{SEAF} est dérivée à son tour d'une clé intermédiaire mais capitale appelée K_{AUSF}. Cette clé est enregistrée sur l'AUSF de façon très sécurisée dépendant des politiques de l'opérateur.

L'autorisation pour la connexion de l'utilisateur au réseau 5G et l'autorisation pour les services que l'utilisateur est permis d'utiliser sur la base de sa souscription sont évaluées une fois que l'utilisateur arrive à s'identifier et à s'authentifier. L'autorisation est accordée durant la procédure d'enregistrement de l'UE.

V.1.3 : Barring (exclusion) et contrôle d'accès

Lorsque l'UE a besoin de transmettre un message NAS (Non Access Stratum), il soumet d'abord une requête d'établissement de connexion RRC et le NAS fournit les informations relatives à l'établissement de la connexion RRC aux couches inférieures. L'accès radio (RAN) traite la connexion RRC avec priorité pendant et après l'établissement de la connexion RRC, lorsque l'UE indique une priorité relative à cette connexion RRC.

Sous des conditions de charges élevées sur le réseau, ce dernier doit s'auto-protéger contre les surcharges de trafic en utilisant la fonctionnalité de contrôle d'accès unifié UAC (Unified Access Control) afin de limiter les tentatives venant des UEs. En fonction de la configuration du réseau, celui-ci doit déterminer si toutefois, certaines tentatives d'accès doivent être autorisées ou bloquées selon des critères bien catégorisés. Les différents critères pour le contrôle d'accès sont associés avec les identités d'accès et les catégories d'accès. Le NG-RAN doit diffuser les informations de contrôle d'exclusions (barring) associées aux catégories et identités d'accès.

Le NG-RAN doit initier l'UAC lorsque :

- l'AMF demande à restreindre la charge des UEs accédant au réseau en envoyant le message OVERLOAD START,

- l'opérateur décide et transmet la requête à travers les outils d'exploitation et de maintenance (OAM, operating Administration and Maintenance),
- le NG-RAN, constatant une charge élevée à son propre niveau, décide d'activer la fonctionnalité UAC.

Si un NG-RAN prend la décision d'initier un UAC après la réception d'un message OVERLOAD START sur l'interface N2, il doit y procéder lorsque tous les AMFs concernés par le message et connectés audit NG-RAN transmettent la requête de restriction de la charge des UEs accédant au réseau.

Lorsque l'UE supporte les modes NAS N1 et S1, est configuré avec l'EAB (Extended Access Baring) et n'est pas configuré de manière à outrepasser l'EAB, il doit procéder à l'UAC pour accéder au réseau 5G lorsque cela est indiqué par les couches supérieures.

Lorsque l'UE supporte les modes NAS N1 et S1, est configuré avec l'EAB (Extended Access Baring) et a la permission d'outrepasser l'EAB, il doit ignorer l'UAC pour accéder au réseau 5G lorsque cela est indiqué par les couches supérieures.

V.2 : Etats et mobilité de l'UE

Pour accéder aux services, l'UE doit d'abord s'enregistrer sur le réseau. Après enregistrement, l'UE établit la connexion avec le réseau pour pouvoir transmettre et recevoir les données. La gestion de l'enregistrement est utilisée pour enregistrer ou désinscrire un UE et la gestion de la connexion est utilisée pour l'établissement et la libération de la signalisation entre l'AMF et l'UE. Durant chacune de ces deux phases, l'UE peut être dans des différents états en fonction desquels il est ou n'est pas joignable, localisable et/ou capable de transmettre des données.

V.2.1 : Gestion de l'enregistrement de l'UE

L'UE a besoin de s'enregistrer sur le réseau pour bénéficier des services (en dehors des services ne nécessitant par l'enregistrement comme les services d'urgence). Une fois enregistré, en fonction de la configuration du réseau, l'UE doit faire une mise à jour de son enregistrement sur le réseau :

- périodiquement, dans le but de rester joignable (Periodic Registration Update), ou
- suite à une mobilité (Mobility Regsitration Update), ou
- pour mettre à jour ses capabilités ou pour négocier les paramètres (Mobility Registration Update).

La procédure de l'enregistrement initial requiert l'exécution des fonctions de contrôle d'accès au réseau (authentification de l'utilisateur, autorisation d'accès, conformément au profil défini dans l'UDM). Comme résultat de la procédure d'enregistrement, l'identité de l'AMF serveur, à travers lequel l'UE a effectué l'enregistrement, est enregistrée dans l'UDM.

La gestion de l'enregistrement s'effectue pour les réseaux d'accès 3GPP et non 3GPP. Les états de l'UE relatifs à l'enregistrement sur ces deux types de réseau d'accès sont indépendants.

III.2.1.1 : Etats de l'enregistrement sur le système 5G

Deux états d'enregistrement (Registration Management, RM) sont utilisés dans l'UE et dans l'AMF. Ces deux états RM reflètent le statut de l'UE dans le réseau sélectionné. Ces deux états sont : RM-DEREGISTERED (désinscrit) et RM-REGISTERED (inscrit ou enregistré).

III.2.1.1.1 : Etat RM-DEREGISTERED

Dans l'état RM-DEREGISTERED, l'UE n'est pas enregistré sur le réseau. Le contexte de l'UE dans l'AMF contient des informations de localisation ou de routage non valide. Par conséquent, l'UE n'est pas joignable par l'AMF. Toutefois, certaines parties du contexte de l'UE doivent toujours être maintenues dans l'UE et dans l'AMF pour éviter par exemple, l'exécution de la procédure d'authentification à chaque enregistrement de l'UE.

Dans l'état RM-DEREGISTERED, l'UE doit :

- essayer de s'enregistrer avec le réseau PLMN sélectionné durant la procédure de l'enregistrement initial lorsqu'il a besoin de services nécessitant l'enregistrement,
- rester dans l'état RM-DEREGISTERED lorsqu'il reçoit un rejet suite à un enregistrement initial.
- Entrer dans l'état RM-REGISTERED après la réception d'un message d'acceptation d'enregistrement.

Lorsque l'état de l'UE est RM-DEREGISTERED dans l'AMF, ce dernier doit :

- Si applicable, accepter l'enregistrement initial de l'UE en envoyant un message d'acceptation à l'UE concerné et entrer dans l'état RM-REGISTERED pour cet UE,
- Si applicable, refuser l'enregistrement initial et envoyer un message de rejet à l'UE.

III.2.1.1.2 : Etat RM-REGISTERED

Dans l'état RM-REGISTERED, l'UE est enregistré sur le réseau. Dans l'état RM-REGISTERED, l'UE peut accéder aux services nécessitant un enregistrement sur le réseau.

Dans l'état RM-REGISTERED, l'UE doit :

- Effectuer la procédure de mise à jour d'enregistrement sur mobilité lorsque le TAI courant de la cellule serveuse n'est pas inclus dans la liste de TAI reçus du réseau dans le but de maintenir l'enregistrement et de permettre à l'AMF de faire le paging vers l'UE si nécessaire,
- Effectuer la procédure de mise à jour périodique de l'enregistrement déclencher par l'expiration du timer y relatif afin de notifier au réseau que l'UE est toujours actif,
- Effectuer la procédure de mise à jour sur mobilité pour mettre à jour les informations sur ses aptitudes ou renégocier les paramètres de protocole avec le réseau,
- Effectuer la procédure de désinscription et entrer dans l'état RM-DEREGISTERED lorsque l'UE n'a plus besoin d'être

enregistré sur le réseau. L'UE peut décider de se désinscrire du réseau à tout moment,

- Entrer dans l'état RM-DEREGISTERED lorsqu'il reçoit un message de rejet d'enregistrement ou lorsqu'il reçoit un message de désinscription. Les actions de l'UE dépendent de la cause indiquée dans le message de rejet d'enregistrement ou de désinscription.

Lorsque l'état de l'UE est RM-REGISTERED dans l'AMF, ce dernier doit :

- Effectuer la procédure de désinscription et entrer dans l'état RM-DEREGISTERED pour l'UE, lorsque l'UE n'a plus besoin d'être enregistrer dans le réseau. Le réseau peut décider de désinscrire l'UE à tout moment,
- Effectuer la désinscription implicite à tout moment après l'expiration du timer de la désinscription implicite. L'AMF met l'état de l'UE à RM-DEREGISTERED après la désinscription implicite.
- Si applicable, accepter ou rejeter les requêtes d'enregistrement ou les requêtes de service de l'UE.

III.2.1.1.3 : Transition entre états de l'UE

En fonction des opérations effectuées par l'UE ou par le réseau, l'état de l'UE peut changer ou peut ne pas changer. L'état de l'UE est stocké aussi bien dans l'UE que dans l'AMF. La figure suivante donne les transitions entre états de l'UE.

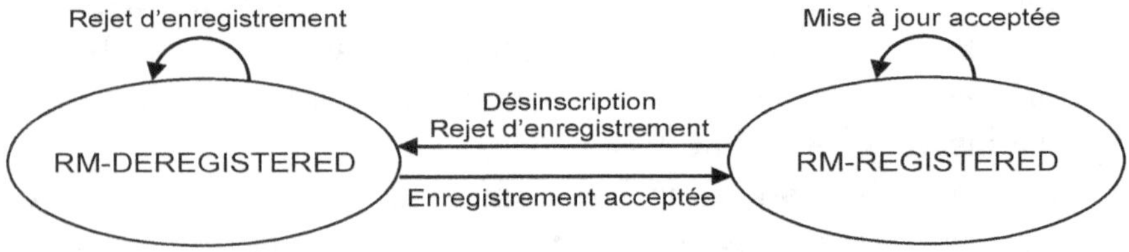

Figure 31 *: Transitions entre états de l'UE*

Un UE dans l'état RM-REGISTERED reste dans cet état lorsqu'il fait une mise à jour réussie ou quitte cet état pour l'état RM-DEREGISTERED lorsqu'il se désinscrit ou lorsque sa demande d'enregistrement (périodique ou mise à jour) est rejetée.

De même, un UE dans l'état RM-DEREGISTERED reste dans cet état lorsque sa demande d'enregistrement (initial) est rejetée ou passe à l'état RM-REGISTERED lorsque sa demande d'enregistrement est acceptée.

III.2.1.2 : La gestion des zones d'enregistrement

La gestion des zones d'enregistrement comprend l'allocation et la réallocation de zones d'enregistrement à l'UE. Lorsqu'un UE s'enregistre sur le réseau à travers un accès 3GPP, l'AMF lui alloue un lot de zones de tracking à travers la liste de TAI. Pour cette allocation, l'AMF doit tenir compte de certains paramètres comme le type de mobilité, les zones autorisées ou interdites, etc… Un AMF qui dispose de tout le PLMN comme zone de service autorisée, doit alternativement allouer tout le PLMN comme zone d'enregistrement à l'UE en mode MICO (Mobile Initiated Connection Only), qui est applicable uniquement lors de l'enregistrement initial ou lors de la mise à jour de l'enregistrement sur mobilité.

Le système 5G supporte l'allocation de zone d'enregistrement utilisant une liste unique de TAI contenant les zones de tracking de tout nœud NG-RAN situé dans la zone d'enregistrement pour l'UE.

Un TAI unique dédié au accès non 3GPP, appelé N3GPP TAI, est défini et utilisé au sein d'un PLMN. Lorsque l'UE s'enregistre sur le réseau à travers un accès non 3GPP, l'AMF alloue une zone d'enregistrement qui inclut uniquement le TAI N3GPP à l'UE.

V.2.2 : Gestion de la connexion

La gestion de la connexion comprend les fonctions d'établissement et de libération de lien de signalisation NAS entre l'AMF et l'UE sur l'interface N1. Ce lien de signalisation sur l'interface N1 est utilisé pour permettre les échanges des données de signalisation entre le cœur de réseau et l'UE. Il contient les deux liens de signalisation : celui entre le nœud d'accès et l'UE (connexion RRC) et le lien N2 pour cet UE entre le nœud d'accès et l'AMF.

V.2.2.1 : Etats de la connexion sur le système 5G (CM state)

Deux états sont utilisés pour refléter l'état du lien de signalisation entre l'UE et l'AMF : CM-IDLE (au repos) et CM-CONNECTED (connecté).

Les états de la connexion pour l'accès 3GPP et l'accès non 3GPP sont complètement indépendants, c'est-à-dire, qu'il peut être CM-IDLE pour l'un et CM-CONNECTED pour l'autre en même temps.

V.2.2.1.1 : Etat CM-IDLE

Un UE dans l'état CM-IDLE n'a pas de lien de signalisation NAS établi avec l'AMF sur l'interface N1. Cependant, il effectue la sélection et la re-sélection de cellule et la sélection de PLMN. Il n'existe pas également de signalisation avec le nœud d'accès (AN), de lien N2 et de lien N3 pour l'UE dans l'état CM-IDLE.

Lorsque l'UE est dans l'état CM-IDLE et l'état RM-REGISTERED, l'UE, sous la réserve qu'il ne soit pas dans une zone non autorisée, peut :

- répondre au paging en effectuant une procédure de demande de service sauf si l'UE est en mode MICO,
- effectuer une procédure de demande de service lorsqu'il a besoin d'établir la signalisation en uplink (mise à jour périodique par exemple) ou lorsqu'il doit transmettre des données.

Lorsque l'état de l'UE dans l'AMF est RM-REGISTERED, les informations sur l'UE nécessaires pour l'initiation d'une communication avec celui-ci sont stockées. L'AMF extrait ces informations en utilisant le 5G-GUTI.

Dans le système 5G, il n'est pas nécessaire de faire le paging en utilisant le SUPI/SUCI de l'UE.

L'UE fournit le 5G-S-TMSI comme partie des paramètres durant l'établissement du lien de signalisation avec le nœud d'accès. L'UE entre dans l'état CM-CONNECTED une fois que le lien de signalisation est établi entre l'UE et le nœud d'accès (AN). La transmission d'un message NAS initial provoque la transition de l'état CM-IDLE vers l'état CM-CONNECTED.

Lorsque les états de l'UE dans l'AMF sont CM-IDLE et RM-REGISTERED, l'AMF peut effectuer la procédure de demande de service initiée par le réseau, s'il a de la signalisation ou des données à envoyer à l'UE, à travers l'envoi d'une requête de paging à l'UE.

L'AMF entre dans l'état CM-CONNECTE pour l'UE, une fois qu'une connexion est établie pour cet UE entre l'AN et l'AMF. La réception du message N2 initial provoque la transition de l'AMF de l'état CM-IDLE vers l'état CM-CONNECTED.

L'UE et l'AMF peuvent optimiser de manière efficiente l'énergie et la signalisation lorsque l'UE est dans l'état CM-IDLE en activant le mode MICO.

V.2.2.1.2 : Etat CM-CONNECTED

Un UE dans l'état CM-CONNECTED a un lien de signalisation établi avec l'AMF sur l'interface N1. Le lien de signalisation NAS utilise une connexion RRC entre l'UE et le nœud NG-RAN et une association NGAP UE entre l'AN et l'AMF pour l'accès 3GPP. Un UE peut être dans l'état CM-CONNECTED avec une association NGAP non liée à aucun TNLA entre l'AN et l'AMF. Une fois que la procédure de signalisation NAS est complète, l'AMF libère le lien de signalisation NAS établi avec l'UE.

De l'état CM-CONNECTED, l'UE entre à tout moment dans l'état CM-IDLE à la libération des liens de signalisation de l'AN (entre dans l'état RRC-Idle pour le cas de l'accès 3GPP ou lorsque la libération de la signalisation entre l'UE et le N3IWF est détectée dans le cas d'un accès non 3GPP)

Lorsque l'état de l'UE dans l'AMF est CM-CONNECTED, l'AMF entre dans l'état IDLE pour cet UE une fois que les connexions de signalisation NGAP et de données utilisateur N3 sont libérées.

L'AMF garde l'état de l'UE à l'état CM-CONNECTED jusqu'à la désinscription de l'UE du cœur de réseau.

Un UE dans l'état CM-CONNECTED peut être dans l'état RRC Inactive. Lorsque l'UE est dans l'état RRC Inactive :

- l'accessibilité de l'UE est gérée par le RAN avec une assistance à partir d'informations issues du cœur de réseau,
- le paging de l'UE est géré par le RAN,
- l'UE supervise le paging avec le 5G-TMSI et l'identifiant RAN.

V.2.2.1.3 : Transition entre états de l'UE pour la connexion

Du côté de l'UE, l'UE passe du mode CM-IDLE à CM-CONNECTED lors de l'établissement initial du lien de signalisation avec l'accès radio. Il passe de l'état CM-CONNECTE à l'état CM-IDLE lorsque tous les liens de signalisation sont libérés.

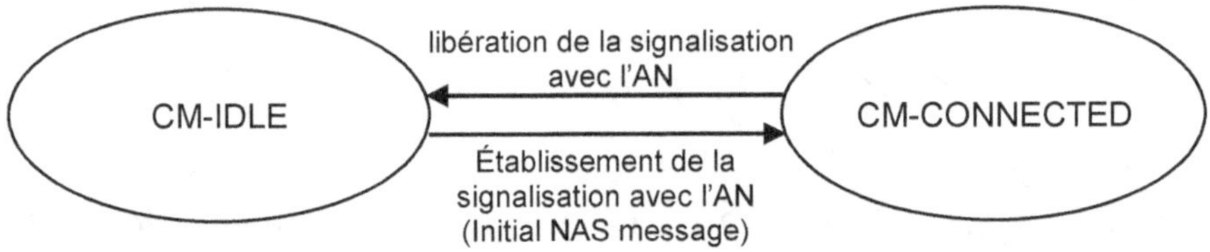

Figure 32 : *Transitions entre états de connexion de l'UE dans l'UE*

Du côté de l'AMF, l'UE passe de l'état CM-IDLE à CM-CONNECTED lors de l'établissement de contexte sur l'interface N2. Il passe de l'état CM-CONNECTED à l'état CM-IDLE lorsque tous les contextes sont libérés sur l'interface N2.

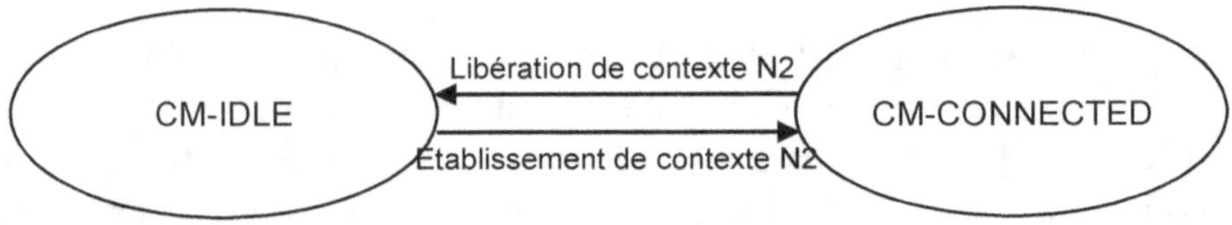

Figure 33 : *Transitions entre états de connexion de l'UE dans l'AMF*

V.2.2.2 : Gestion de la connexion de signalisation NAS

La gestion de la connexion de signalisation NAS inclut les fonctions d'établissement et de libération de la signalisation NAS.

V.2.2.2.1 : Etablissement de la connexion

La fonction d'établissement de la connexion de signalisation est assurée par l'UE et l'AMF afin d'établir une connexion NAS pour l'UE en mode CM-IDLE. L'AMF fournit la liste des identifiants des cellules/zones de tracking/nœuds NG-RAN recommandés pour le paging, lorsque le NG-RAN a fourni préalablement ces informations lors d'une procédure de libération au niveau radio.

Lorsque l'UE dans l'état CM-IDLE a besoin de transmettre un message NAS, il doit initier une requête de service, une procédure d'enregistrement ou de dé-enregistrement pour établir une connexion de signalisation NAS avec l'AMF. Lorsque la connexion de signalisation NAS doit être établie à travers un nœud NG-RAN, si l'AMF détecte que cet UE a déjà établi la connexion de signalisation NAS avec un ancien nœud NG-RAN, l'AMF libère cette ancienne connexion à déclenchant la procédure de libération radio.

En fonction des préférences de l'UE, de sa souscription, du type de mobilité et de la configuration du réseau, l'AMF peut maintenir la connexion de signalisation NAS avec l'UE jusqu'à la désinscription totale de l'UE du réseau.

V.2.2.2.2 : Libération de la connexion

La procédure de libération de la connexion de signalisation NAS est initiée par le nœud NG-RAN ou l'AMF. Durant la procédure de libération, le NG-RAN inclut une liste recommandée d'identifiants de cellules/zones de tracking/nœuds NG-RAN pour les besoins de paging. L'AMF enregistre cette liste lorsqu'elle est fournie par le NG-RAN.

L'UE considère que la connexion de signalisation NAS est libérée lorsqu'elle détecte la libération de la connexion de signalisation sur l'accès radio. L'AMF considère que la connexion de signalisation NAS est libérée lorsqu'il constate la libération du contexte N2.

V.2.3 : Gestion de la mobilité de l'UE

V.2.3.1 : Restriction sur la mobilité

La restriction de la mobilité restreint la gestion de la mobilité ou l'accès au service pour un UE. La fonctionnalité est gérée par l'UE (uniquement pour les catégories de restrictions de mobilité fournies à l'UE), l'accès radio et le cœur de réseau.

Sauf pour des cas bien définis, la restriction de la mobilité s'applique uniquement à l'accès 3GPP ou à l'accès filaire. Elle ne s'applique pas aux accès non 3GPP.

La restriction de zone de service et la gestion des zones interdites pour l'état CM-IDLE et l'état CM-CONNECTED avec RRC-INACTIVE, sont assurées par l'UE en fonction des informations reçues du cœur de réseau. La restriction de mobilité pour l'état CM-CONNECTED avec RRC-CONNECTED est assurée par le réseau d'accès radio et le cœur de réseau.

Dans l'état CM-CONNECTED, le cœur de réseau fournit les informations de restriction de mobilité à l'accès radio à travers une liste.

Les restrictions de mobilité se constituent de restriction sur le RAT, interdiction de zone, restriction de zone de service, restriction de type de cœur de réseau et des groupes d'accès fermés comme suit :

- **restriction sur RAT** : il définit le type de RAT 3GPP dans le PLMN auquel l'UE n'est pas autorisé d'accéder. Sous la couverture d'une RAT restreinte, l'UE, en fonction de sa souscription, n'a pas la permission d'accéder au réseau du PLMN concerné. Pour l'état CM-CONNECTED, lorsque le réseau d'accès radio détermine la RAT cible et le PLMN cible durant une procédure de Handover, il doit prendre en considération les restrictions de RAT. La restriction de RAT est mise en œuvre par le réseau et n'est pas exécutée au niveau de l'UE.

- **Zone interdite** : dans une zone interdite, l'UE, en fonction de ses souscriptions, n'est autorisé à initier aucune communication avec le réseau dans le PLMN. Le comportement de l'UE en termes de sélection de cellule, sélection de RAT et sélection de PLMN dépend de la réponse du réseau qui informe l'UE des zones interdites. La zone interdite s'applique aux accès 3GPP et non 3GPP.
- **Restriction de zone de service** : il définit des zones dans lesquelles l'UE peut ou ne peut pas initier de communication avec le réseau comme suit :
    - **Zone autorisée :** dans une zone autorisée, l'UE est autorisé à initier la communication avec le réseau en fonction de sa souscription.
    - **Zone non autorisée :** EN zone non autorisée, l'UE est en mode restriction de zone de service basée sur sa souscription. L'UE et le réseau ne sont pas autorisés à initier des requêtes de service ou de la signalisation de gestion de session que l'UE soit en état CM-CONNECTED ou CM-IDLE. L'UE ne doit pas utiliser l'entrée dans une zone non autorisée comme un critère de sélection de cellule, de PLMN ou de domaine pour l'UE émettant des appels ou établissant des sessions. Lorsque l'UE est dans une zone non autorisée, il n'y a aucun changement sur les procédures de gestion radio comparativement à celles dans une zone autorisée. L'UE dans une zone non autorisée doit répondre aux messages de paging issus du cœur de réseau ou aux messages NAS issus d'un accès non 3GPP avec une requête de service et un paging RAN.
- **Restriction de type cœur de réseau :** définit si toutefois l'UE est autorisé à se connecter au cœur 5G uniquement ou à l'EPC uniquement ou à la fois au 5GC et à l'EPC. La restriction de type cœur de réseau s'applique aux deux accès 3GPP et non 3GPP ou à l'accès non 3GPP uniquement.

Pour un UE donné, le cœur de réseau détermine les restrictions de mobilité en fonction des informations de souscription de cet UE, de sa localisation et/ou des politiques locales. Optionnellement, la restriction de zone de service ou la zone non autorisée est soumise à un réglage par le PCF en fonction de la localisation de l'UE, du PEI et des politiques du réseau. La restriction de zone de service doit être mise à jour pendant la procédure d'enregistrement ou pendant la procédure de mise à jour de la configuration de l'UE.

Lorsque le réseau transmet les restrictions de zone de service à l'UE, il envoie uniquement soit la zone autorisée soit la zone non autorisée mais pas les deux en même temps. Lorsque l'UE a reçu du réseau une Zone Autorisée, toute zone de tracking non incluse dans cette Zone Autorisée est considérée par l'UE comme non autorisée. Lorsque l'UE a reçu du réseau une Zone Non Autorisée, toute zone de tracking non incluse dans cette Zone Non Autorisée est considérée comme autorisée. Lorsque l'UE n'a reçu aucune restriction de zone de service, toute zone de tracking dans le PLMN est considérée comme autorisée.

Lorsque l'UE a un chevauchement entre zones interdites et restrictions de zones de service, ou toute combinaison des deux, l'UE doit accorder une priorité à l'évaluation de zones interdites par rapport à celle des restrictions de zone de service.

L'UE et le réseau doivent outrepasser toute zone interdite, toute restriction de zone non autorisée et/ou toute restriction de type cœur de réseau chaque fois qu'il s'agit d'accès au réseau pour des services règlementaires prioritaires tels que les appels d'urgences.

L'UDM fournit à l'AMF les informations suivantes de l'abonné sur les restrictions d'accès sur NR ou E-UTRA définies par l'opérateur en fonctions des scénarii de souscription et de roaming :

- Pour le NR :
  - NR non autorisé pour l'accès primaire,
  - NR non autorisé pour l'accès secondaire,
  - NR dans les bandes libres non autorisé pour l'accès primaire,
  - NR dans les bandes libres non autorisé pour l'accès secondaire.
- Pour E-UTRA :
  - E-UTRA non autorisé pour l'accès primaire,
  - E-UTRA non autorisé pour l'accès secondaire,

- NB-IoT non autorisé pour l'accès primaire.

V.2.3.2 : Types de mobilité

Le type de mobilité est un concept pouvant être utilisé par l'AMF pour caractériser et optimiser la mobilité de l'UE. L'AMF détermine et met à jour le type de mobilité de l'UE en se référant sur les informations de souscription de l'UE, les statistiques de la mobilité de l'UE, les politiques locales du réseau, les informations d'assistance de l'UE ou toute combinaison de ces éléments. Les statistiques de la mobilité de l'UE peuvent être historiques ou déduites des trajectoires attendues (devinées) de mouvement. Lorsque le NWDAF (Network Data Analytics Function) est déployé, les statistiques de mobilité de l'UE peuvent être analytiquement fournies par le NWDAF.

Le type de mobilité peut être utilisé par l'AMF pour optimiser le support fourni à l'UE pour sa mobilité comme par exemple l'allocation de zone d'enregistrement.

V.2.3.3 : Notification des évènements relatifs à la mobilité de l'UE

Le système 5G supporte les fonctionnalités de suivi et de production de rapports des évènements liés à la mobilité de l'UE.

L'AMF fournit les rapports sur la mobilité de l'UE à la fonction réseau (NF) autorisée à souscrire au service pour la réception de rapports sur la mobilité de l'UE. Toute NF consommatrice de ce service telle que le SMF, le PCF ou le NEF, voulant recevoir les rapports sur la localisation de l'UE, peut souscrire auprès de l'AMF au service de notification des événements de l'UE avec les paramètres suivants :

- Le type de rapport sur les événements de l'UE qui spécifie ce qui doit être fourni sur la mobilité de l'UE (localisation de l'UE, mobilité de l'UE dans des zones d'intérêts,
- Zone d'intérêts qui définit une zone géographique couverte par le système 3GPP. Elle est représentée par une liste de zones de

tracking, une liste de cellules ou une liste d'identifiants de nœud d'accès réseau,

- Les informations sur la production des rapports d'événements : le mode, le nombre de rapports, durée maximum des rapports, conditions de production des rapports (par exemple lorsque l'UE se trouve dans une zone d'intérêt),
- L'adresse de notification qui constitue en l'adresse de la NF consommatrice du service,
- La cible des rapports d'événements indiquant un UE spécifique, un groupe d'UEs ou tous les UEs.

Lorsqu'une NF consommatrice de service souscrit au service de notifications des événements liés à la mobilité de l'UE pour les rapports sur la présence de l'UE dans des zones d'intérêts, l'AMF suit la localisation de l'UE en considérant les états de la gestion de connexion (CM) de l'UE et en utilisant les procédures RAN lorsque l'état RRC-INACTIVE s'applique au NG-RAN. Dès la détection d'un changement sur la présence de l'UE dans la zone d'intérêt, l'AMF notifie la présence de l'UE dans la zone d'intérêt et la nouvelle localisation de l'UE à la NF consommatrice de service.

Lorsqu'il y a changement d'AMF, la souscription aux événements de mobilité est transférée par l'ancien AMF. Le nouvel AMF peut décider de ne pas notifier le SMF avec la situation courante de la souscription aux événements de mobilité lorsqu'il détermina que, sur la base des contextes de mobilité de l'UE, les événements sont rapportés par l'ancien AMF.

Dans un cas de déploiement réseau où un UE peut entrer ou quitter une zone d'intérêt sans notification au cœur de réseau 5G dans l'état CM-CONNECTED, l'AMF doit initier la production de rapport de localisation par le NG-RAN ou la notification N2 pour suivre la présence de l'UE dans la zone d'intérêt.

V.2.3.4 : Accessibilité à l'UE dans l'état CM-IDLE

La gestion de l'accessibilité est responsable de détecter si l'UE est joignable et de fournir la localisation de l'UE (le nœud d'accès) au réseau pour que celui-ci arrive à joindre l'UE. Elle est assurée par le paging de l'UE et le suivi de la localisation de l'UE. Le suivi de la localisation de l'UE inclut à la fois le suivi de la zone d'enregistrement de l'UE (mise à jour de zone d'enregistrement) et le suivi de l'accessibilité à l'UE (mise à jour périodique de la zone d'enregistrement). De telles fonctionnalités peuvent être logées au niveau cœur de réseau 5G (dans le cas de l'état CM-IDLE) ou au niveau du réseau d'accès NG-RAN (dans le cas de l'état CM-CONNECTED).

L'UE et l'AMF négocient les caractéristiques d'accessibilité pour l'état CM-IDLE pendant les procédures d'enregistrement.

Deux catégories d'accessibilité à l'UE sont négociées entre l'UE et l'AMF pour l'état CM-IDLE :

1. Accessibilité à l'UE avec la possibilité de terminaison de données sur Mobile dans l'état CM-IDLE
    - La localisation de l'UE est connue par le réseau à liste de zone de tracking près,
    - La procédure de paging s'applique à cette catégorie,
    - L'initiation et la terminaison de données sur Mobile sont toutes les deux applicables pour cette catégorie pour tous les deux états CM-IDLE et CM-CONNECTED.
2. Le mode Connexion initiée sur Mobile seulement (Mobile Initiated Connection Only, MICO)
    - L'initiation de données sur Mobile s'applique pour cette catégorie pour tous les deux états CM-IDLE et CM-CONNECTED.
    - La terminaison de données sur Mobile est supportée uniquement lorsque l'UE est dans l'état CM-CONNECTED.

A chaque fois que le mobile dans l'état d'enregistrement RM-REGISTERED entre dans l'état de connexion CM-IDLE, il démarre un timer d'enregistrement périodique dont la valeur est reçue de l'AMF pendant la procédure d'enregistrement.

L'AMF alloue une valeur au timer d'enregistrement périodique en fonction des politiques locales, des informations de souscription et des informations fournies par l'UE. Après l'expiration du timer d'enregistrement périodique, l'UE effectue un enregistrement périodique. Lorsque l'UE est en dehors de la zone de couverture du réseau à l'expiration du timer d'enregistrement périodique, il effectue la procédure d'enregistrement dès qu'il entre à nouveau dans la zone de couverture.

L'AMF fait tourner un timer d'accessibilité pour l'UE. Ce timer est démarré avec une valeur plus élevée que le timer d'enregistrement périodique à chaque fois que l'UE dans l'état d'enregistrement RM-REGISTERED change d'état de connexion à CM-IDLE. Lorsque l'AMF reçoit du RAN l'indication d'écoulement de timer au moment où le RAN initie la libération des contextes de l'UE suite à l'inaccessibilité à l'UE, l'AMF déduit le timer d'accessibilité pour l'UE en se référant sur la valeur reçue du RAN et la valeur du timer normal d'accessibilité pour l'UE. L'AMF arrête le timer d'accessibilité pour l'UE, lorsque l'état de connexion de l'UE passe à CM-CONNECTED. Lorsque le timer d'accessibilité pour l'UE expire, l'AMF considère que cet UE n'est pas joignable.

Toutefois, l'AMF, ne sachant pas le temps pendant lequel l'UE sera inaccessible, ne désinscrit pas immédiatement l'UE. Plutôt, après l'expiration du timer d'accessibilité pour l'UE, l'AMF supprime les informations de paging pour l'UE (PPF, Paging Proceed Flag) et démarre un timer de dé-enregistrement implicite avec une valeur relativement élevée. L'AMF doit arrêter le timer de dé-enregistrement implicite et renseigner les informations de paging lorsque l'UE passe à l'état CM-CONNECTED dans l'AMF.

Si l'UE est en mode MICO et dans l'état CM-IDLE dans l'AMF, ce dernier considère que l'UE est alors inaccessible.

Lorsque les informations de paging (PPF) ne sont pas renseignées, l'AMF ne recherche par l'UE et rejette toute requête de signalisation ou de données descendant vers l'UE.

Lorsque le timer de dé-enregistrement implicite expire avant que l'UE établit un contact avec le réseau, l'AMF désinscrit l'UE implicitement.

L'AMF considère que l'UE dans l'état RM-REGISTERED est accessible à travers un paging du cœur de réseau lorsque l'UE est dans l'état de connexion CM-IDLE dans l'AMF et que le mode MICO n'est pas appliqué à l'UE.

L'UE doit indiquer sa préférence pour le mode MICO pendant la procédure d'enregistrement initiale ou la procédure de mise à jour d'enregistrement sur mobilité. L'AMF, se référant sur la configuration locale, le comportement de l'UE, les préférences indiquées par l'UE, les informations de souscription, les politiques du réseau, ou une combinaison de ces éléments, détermine si le mode MICO doit être appliqué et l'indique à l'UE durant la procédure d'enregistrement. Lorsque le NWDAF est déployé, l'AMF s'appuie sur les données analytiques sur la mobilité et/ou les communications de l'UE pour déterminer les paramètres du mode MICO. Si un UE ne spécifie pas sa préférence pour le mode MICO pendant la procédure d'enregistrement, l'AMF ne doit pas activer le mode MICO pour cet UE.

L'AMF et l'UE renégocient le mode MICO à chaque procédure d'enregistrement subséquente. Lorsque l'UE est dans l'état CM-CONNECTED, l'AMF désactive le mode MICO en déclenchant la procédure de mise à jour d'enregistrement de mobilité à travers la procédure de mise à jour de la configuration.

L'AMF assigne à l'UE une zone d'enregistrement durant la procédure d'enregistrement. Lorsque l'AMF indique le mode MICO à l'UE, la zone de paging n'a alors pas de contrainte sur la zone d'enregistrement. Si la zone de service de l'AMF est le PLMN entier, sur la base des politiques locales et des informations de souscription, l'AMF peut assigner à l'UE l'ensemble du PLMN comme zone d'enregistrement. Dans ce cas de figure, la mise à jour de l'enregistrement sur la base de mobilité se s'applique pas.

Lorsque des restrictions de mobilité sont appliquées à l'UE en mode MICO, l'AMF a besoin d'allouer des zones autorisées/non autorisées à l'UE.

Lorsque l'AMF indique le mode MICO à l'UE, l'AMF considère que l'EU est inaccessible tant qu'il est dans l'état CM-IDLE dans l'AMF. L'AMF rejette toute requête de livraison de données à l'UE en mode MICO et dans l'état CM-IDLE. Pour la livraison de SMS (SMS-MT) sur NAS, l'AMF notifie au SMSF que l'UE est inaccessible et la procédure d'échec de livraison de SMS est enclenchée. L'UE en mode

MICO est accessible pour les données et signalisations descendantes lorsqu'il est uniquement dans l'état CM-CONNECTED.

L'UE en mode MICO et dans l'état CM-IDLE n'écoute pas les messages de paging. Un UE en mode MICO doit arrêter toute procédure de la partie accès jusqu'à ce que qu'il initie une transition de l'état CM-IDLE à l'état CM-CONNECTED à cause de l'un des événements suivants :

- Un changement au niveau de l'UE qui nécessite une mise à jour de son enregistrement avec le réseau,
- Le timer d'enregistrement périodique expire,
- Les données à transmettre,
- De la signalisation à transmettre (initiation de la procédure d'activation de session par exemple).

V.2.3.5 : Accessibilité à l'UE dans l'état CM-CONNECTED

Pour un UE dans l'état CM-CONNECTED :

- L'AMF connait le nœud d'accès servant présentement l'UE,
- Le NG-RAN notifie l'AMF lorsque l'UE devient injoignable du point de vue RAN.

La gestion de l'accessibilité à l'UE au niveau RAN est utilisée par le RAN pour localiser les UEs dans l'état RRC-INACTIVE. La localisation de l'UE dans l'état RRC-INACTIVE est connue par le RAN à une granularité de zone de notification RAN près. L'UE dans l'état RRC-INACTIVE est recherché dans les cellules de la zone de notification RAN assignée à l'UE. La zone de notification RAN peut être un sous ensemble de cellules ou toutes les cellules configurées dans la zone d'enregistrement de l'UE. L'UE dans l'état RRC-INACTIVE procède à une mise à jour de zone de notification RAN lorsqu'il entre dans une cellule ne faisant pas partie de la zone de notification RAN qui lui est assignée.

A la transition à l'état RRC-INACTIVE, le RAN configure l'UE avec une valeur du timer de mise à jour périodique de zone de notification RAN. A l'expiration de ce timer, l'UE procède à une mise à jour de zone de notification RAN.

Pour aider la gestion de l'accessibilité à l'UE au niveau de l'AMF, le RAN utilise un timer de protection ayant une valeur plus élevée que celle du timer de mise à jour de zone de notification fournie à l'UE. A l'expiration du timer de protection, le RAN initie à son niveau la procédure de libération. Le RAN fournit à l'AMF le temps écoulé depuis son dernier contact avec l'UE.

V.2.3.6 : Gestion des stratégies de paging

En fonction de la configuration du réseau, le système 5G supporte l'AMF et le NG-RAN à appliquer des stratégies différentes de paging pour les différents types de trafic.

Dans le cas de l'UE dans l'état CM-IDLE, l'AMF effectue le paging et détermine la stratégie de paging en se basant, par exemple, sur la configuration locale, la fonction réseau qui a déclenché le paging et les informations disponibles dans la requête ayant déclenché le paging. Si le NWDAF est déployé, l'AMF peut également utiliser les données analytiques (statistiques et/ou prévisions) sur la mobilité de l'UE.

Dans le cas de l'UE dans l'état CM-CONNECTED avec RRC-INACTIVE, le NG-RAN effectue le paging et détermine la stratégie de paging sur la configuration locale et les informations reçues de l'AMF et du SMF.

Dans le cas des requêtes de services déclenchées par le réseau à partir du SMF, le SMF détermine le 5QI et l'ARP à partir des données downlink ou des notifications des données downlink reçues de l'UPF. Le SMF inclut dans la requête envoyée à l'AMF, le 5QI et l'ARP correspondant au PDU reçu. Lorsque l'UE est dans l'état CM-IDLE, l'AMF utilise le 5QI et l'ARP pour déterminer les stratégies de paging convenables.

V.2.3.6.1 : Différentiation des politiques de paging (Paging Policy Differentiation, PPD)

La différentiation des politiques de paging est une fonctionnalité optionnelle qui permet à l'AMF, en fonction des politiques de l'opérateur, d'appliquer différentes stratégies pour différents types de trafic ou service fournis dans la même session PDU.

Lorsque le système 5G supporte la fonctionnalité la différentiation des politiques de paging, la valeur du DSCP (Differentiated Service Code Point), qui équivaut au TOS (type of Service) en IPV4 et au TC (Traffic Class), est fixée par l'application pour indiquer au système 5G la politique de paging devant être appliquée pour certains paquets.

Il doit être possible pour l'opérateur de configurer le SMF de manière que la fonctionnalité de différentiation des politiques de paging s'applique à certains HPLMNs, DNNs et 5QIs. Dans le cas du roaming avec routage sur réseau nominal (HR roaming), cette configuration est effectuée sur le SMF du VPLMN.

Dans le cas des requêtes de services initiées par le réseau et l'UPF mettant en mémoire tampon les paquets de données en downlink, l'UPF doit inclure la valeur du DSCP dans l'entête du paquet IP et une indication correspondant à la règle de qualité de service dans le message de notification envoyé au SMF. Lorsque la fonctionnalité PPD s'applique, le SMF détermine le PPI (Paging Policy Indicator) sur la base du DSCP reçu de l'UPF.

Dans le cas des requêtes de services initiées par le réseau, le SMF mettant en mémoire tampon les paquets de données en downlink et le PPD s'appliquant, le SMF détermine le PPI sur la base de la valeur du DSCP (TOS ou TC) contenue dans l'entête du paquet IP reçu et identifie la règle de qualité de service à partir du QFI (Quality Flow Identifier) du paquet de données downlink reçu.

Le SMF inclut le PPI, l'ARP et le 5QI de la règle de qualité de service correspondante dans le message N11 transmis à l'AMF. Lorsque l'UE est dans l'état CM-IDLE, l'AMF utilise ces informations pour déduire une stratégie de paging et envoie les messages de paging au NG-RAN à travers l'interface N2.

Pour l'UE dans l'état RRC-INACTIVE, le NG-RAN doit imposer des politiques spécifiques de pagings dans le cadre d'un paging par le NG-RAN en fonction du 5QI, de l'ARP et du PPI associés avec le PDU downlink entrant. Pour activer cela, le SMF instruit à l'UPF de détecter la valeur du DSCP contenue dans l'entête IP du paquet PDU downlink et de transférer le PPI correspondant. Le NG-RAN peut alors utiliser le PPI reçu dans le but d'appliquer la politique de paging correspondante pour le cas où l'UE, dans l'état RRC-INACTIVE, doit être recherché. Dans le cas d'un roaming HR, le V-SMF est responsable de la définition du PPI dans l'UPF concerné.

V.2.3.6.2 : Priorité de paging

La priorité de paging est une fonctionnalité qui permet à l'AMF d'inclure une indication dans le message de paging transmis au NG-RAN que l'UE doit être recherché avec une priorité. La décision de l'AMF d'inclure la priorité de paging dans le message de paging est déterminée par la valeur de l'ARP incluse dans le message reçu du SMF pour un paquet dans l'UPF en attente de livraison. Lorsque la valeur de l'ARP est associée avec des services sélectionnés en priorité (par exemple, MPS (Multimedia Priority Service), MCS (Multimedia Critical Service)), l'AMF inclut la priorité de paging dans le message de paging. Lorsque le NG-RAN reçoit une message avec la priorité de paging, il effectue le paging en priorité.

Lorsque l'AMF, en attendant la réponse de l'UE à un paging sans indication de priorité, reçoit un autre message de paging du SMF avec un ARP associé pour les services sélectionnés en priorité, il envoie un autre message de paging au RAN avec la priorité de paging. Pour des messages subséquents, l'AMF détermine, en fonction de la configuration locale, s'il doit envoyer le message de paging avec la priorité la plus élevée ou non.

Pour un UE dans l'état RRC-INACTIVE, le NG-RAN détermine la priorité de paging en fonction de l'ARP associé avec la règle de qualité de service sur la base de la configuration de l'opérateur et des informations de paging reçues de l'AMF dans le cadre d'une assistance du cœur de réseau à l'accès réseau.

V.3 : Gestion des sessions

V.3.1 : Généralités

Le cœur de réseau 5G supporte un service de connectivité PDU (Packet Data Unit), c'est-à-dire, un service qui permet un échange de PDU entre un UE et un réseau de données identifié par son DNN. Le service de connectivité PDU est supporté à travers des sessions PDU établis sur requête de l'UE.

Les informations de souscriptions pour chaque S-NSSAI contiennent une liste de DNN souscrits et un DNN par défaut. Lorsque l'UE ne fournit pas un DNN dans le message NAS contenant la requête d'établissement de session PDU pour un S-NSSAI donné, l'AMF détermine le DNN pour la session de PDU objet de la requête en sélectionnant le DNN par défaut pour ce S-NSSAI si le DNN par défaut est présent dans les informations de souscription de l'UE ; sinon l'AMF sélectionne le DNN par défaut configuré sur le réseau pour ce S-NSSAI.

Lorsque le DNN fourni par l'UE n'est pas supporté par le réseau et que l'AMF ne peut pas sélectionner une SMF après consultation du NRF, l'AMF rejette le message NAS contenant la requête d'établissement de session PDU avec une cause indiquant que le DNN n'est pas supporté sauf si le PCF fournit une politique permettant le remplacement des DNNs non supportés.

Lorsque le DNN fourni par l'UE est destiné à être remplacé ou lorsque le DNN fourni n'est pas supporté par le réseau et que le PCF fournit une politique de remplacement de DNN non supportés par le réseau, l'AMF interagit avec le PCF pour effectuer le remplacement du DNN. Pendant la procédure d'établissement de session PDU et comme résultat du remplacement de DNN, le PCF fournit le DNN sélectionné et valable pour le S-NSSAI objet de la requête d'établissement de session PDU. L'AMF utilise le DNN sélectionné pour consulter le NRF afin de déterminer le SMF à utiliser. Il fournit les deux DNN au SMF. Pour le roaming HR, la décision de procéder au remplacement du DNN dépend des accords entre opérateurs.

Chaque session PDU supporte l'échange d'un seul type de PDU demandé par l'UE au moment de l'établissement de la session PDU. Les types suivants de session PDU sont définis : IPv4, IPv6, IPv4v6, Ethernet, Unstructured.

Les sessions PDU sont établies sur requête de l'UE, modifiées sur requête de l'UE et du cœur de réseau 5G et terminées sur requête de l'UE et du cœur de réseau 5G en utilisant les messages de signalisation NAS SM (Session Management) sur l'interface N1 entre l'UE et le SMF. Suite à une requête issue d'un serveur d'application vers l'UE, le cœur de réseau 5G est à mesure de déclencher une application spécifique dans l'UE. A la réception du message de déclenchement, l'UE le transfert à l'application concernée. L'application dans l'UE établit ensuite une session PDU en utilisant le DNN qu'il faut.

Le SMF supporte les sessions PDU pour le LADN (Local Area Data Network) où l'accès à un réseau de données est uniquement disponible dans une zone de service spécifique à ce LADN.

Le SMF supporte les sessions PDU pour le un groupe de réseaux virtuels sur 5G qui offre un réseau de données virtuel supportant les services de type LAN sur un réseau 5G.

Le SMF est responsable de la vérification de la conformité de la requête de l'UE avec les souscriptions de l'utilisateur. Pour cela, il extrait les données de souscription et demande à recevoir les notifications de mise à jour desdites données à partir de l'UDM. Ces données indiquent pour chaque DNN et N-NSSAI du HPLMN :

- Les types de sessions PDU autorisés et le type de session PDU par défaut,
- Les modes SSC (Session et Service Continuity) autorisés et le mode SSC par défaut,
- Les informations de qualité de service : les sessions AMBR (Access Maximum Bit Rate) souscrites, le 5QI par défaut et l'ARP par défaut,
- Les adresses IP statiques ou leurs préfixes,
- La politique de sécurité souscrite pour le plan utilisateur,
- Les caractéristiques de taxation à associer avec la session PDU.

Une session PDU supporte :

- Un service de connectivité PDU avec accès unique, cas dans lequel la session PDU est associée avec un type unique de d'accès en un moment donné, c'est-à-dire, soit l'accès 3GPP ou l'accès non 3GPP,
- Un service de connectivité PDU avec accès multiple, cas dans lequel la session PDU est associée simultanément avec les deux types d'accès 3GPP et non 3GPP et simultanément associée avec deux tunnels indépendants N3/N9 entre l'entité responsable de la session PDU (PSA, PDU Session Anchor) et l'accès radio.

Une session PDU supportant un service de connectivité PDU avec accès unique est également désignée session PDU avec accès unique tandis qu'une session PDU supportant un service de connectivité avec accès multiple est désignée session PDU avec accès Multiple.

Un UE qui est enregistré avec l'accès multiple, choisit le type d'accès à utiliser pour établir une session PDU. Le réseau nominal HPLMN transmet les politiques à l'UE afin de le guider dans le choix de l'accès pour l'établissement d'une session PDU.

L'UE peut basculer une session avec accès unique entre accès 3GPP et accès non 3GPP. La décision de basculer les sessions PDU entre accès 3GPP et accès non 3GPP est prise indépendamment pour pour chaque session PDU. Ainsi, l'UE, à un moment donné, peut avoir certaines sessions PDU sur l'accès 3GPP et certaines sessions sur l'accès non 3GPP.

Dans le message transmis au réseau et contenant la requête d'établissement de session PDU, l'UE fournit un identifiant pour la session PDU (PDU Session ID). L'identifiant de la session PDU est unique par UE et il est donc utiliser pour identifier de manière unique chacune des sessions PDU d'un UE. L'identifiant de la session PDU est enregistré dans l'UDM pour supporter les handovers entre accès 3GPP et accès non 3GPP lorsque des PLMNs différents sont utilisés pour les deux accès. Dans le message transmis au réseau, l'UE fournit également :

a) Le type de session PDU,

b) Le S-NSSAI du HPLMN qui correspond à l'application ayant enclenché la session PDU. Si l'UE ne peut déterminer aucun S-NSSAI après avoir effectué l'association de l'application avec une session PDU, il n'indique alors pas de S-NSSAI lors de la procédure d'établissement de session PDU.
c) Le S-NSSAI du PLMN courant choisi parmi les NSSAI autorisé et correspondant au S-NSSAI du HPLMN (b).
d) Le DNN
e) Le mode SSC

Un UE peut établir des sessions PDU multiples sur le même réseau de données ou sur plusieurs réseaux de données à travers des réseaux d'accès 3GPP et non 3GPP en même temps.

Un UE peut établir des sessions PDU multiples vers le même réseau de données et prises en charge par différentes terminaisons N6 sur l'UPF.

Un UE avec des sessions PDU multiples établies, peut être pris en charge par différents SMF.

Le SMF est enregistré et dé-enregistré dans l'UDM pour chaque session PDU.

Les conduits pour le plan utilisateur de différentes sessions PDU (pour le même ou différents DNN) issus du même UE doivent être complètement dissociés entre le réseau d'accès et l'UPF s'interfaçant avec le réseau de données.

Le SMF prenant en charge une session PDU ne change pas durant toute la durée de vie de cette session PDU.

V.3.2 : Interactions entre l'AMF et le SMF

L'AMF et le SMF sont des fonctions réseaux séparées et interagissent entre eux directement ou indirectement à travers les différentes interfaces.

Les interactions de l'AMF avec le SMF relatives à l'interface N1 sont les suivantes :

- Un point de terminaison unique de l'interface N1 est logé dans l'AMF. L'AMF transfert au SMF les informations NAS relatives à la gestion des sessions (Session Management, SM) et sur la base des identifiants des sessions contenus dans les messages NAS. Les échanges NAS supplémentaires relatifs à la gestion des sessions reçus par l'AMF à travers un accès (3GPP ou non 3GPP) pour la signalisation NAS sur l'interface N1, sont transmis à travers le même accès.
- Le PLMN courant assure que les échanges NAS subséquents (messages de réponse NAS SM par exemple) relatifs à la gestion des sessions reçus par l'AMF à travers un accès (3GPP ou non 3GPP) pour la signalisation NAS sur l'interface N1, sont transmis à travers le même accès.
- Le SMF prend en charge la partie de la signalisation NAS échangée avec l'UE et relative à la gestion des sessions.
- L'UE initie l'établissement de session PDU lorsqu'il est dans l'état RM-REGISTRED seulement.
- Lorsqu'un SMF est sélectionné pour servir une session PDU spécifique, l'AMF s'assure que toute la signalisation NAS relative à cette session PDU est traitée par la même instance SMF.
- Jusqu'à l'établissement de la session PDU avec succès, l'AMF et le SMF enregistrent le type d'accès avec lequel la session PDU est associée.

Les interactions de l'AMF avec le SMF relatives à l'interface N11 sont les suivantes :

- L'AMF signale l'accessibilité de l'UE au SMF en fonction de la souscription et y inclut les les informations de localisation de l'UE en considérant les zones d'intérêts indiquées par le SMF.
- Le SMF indique à l'AMF la libération des sessions PDUs.
- Jusqu'à l'établissement de session avec succès, l'AMF enregistre les identifications du SMF en charge de l'UE et le SMF enregistre également les identifications de l'AMF courant de l'UE et du lot d'AMF auquel appartient cet AMF courant.

Les interactions de l'AMF avec le SMF relatives à l'interface N2 sont les suivantes :

- Quelques messages de signalisation sur l'interface N2 tels que ceux relatifs au handover, peuvent nécessiter des actions sur l'AMF et le SMF. Dans de tels cas, l'AMF est responsable d'assurer la coordination entre lui-même et le SMF. L'AMF transfère les messages de signalisation SM reçus sur l'interface N2 vers le SMF correspondant sur la base de l'identifiant du PDU contenu dans le message.
- Le SMF doit fournir le type de session PDU en même temps que l'identifiant de la session au NG-RAN dans le but de faciliter au NG-RAN l'application des mécanismes de compression d'entêtes convenables à différents types de PDU.

Les interactions de l'AMF avec le SMF relatives à l'interface N3 concernent l'activation et la désactivation des connexions UP des sessions PDU existantes.

Conformément à la procédure décrite au point II.5.2, l'AMF est responsable de la sélection du SMF. Pour cela, il reçoit les données de souscription de l'UDM, il extrait également de l'UDM, l'UE-AMBR souscrit, et extrait optionnellement du PCF, l'UE-AMBR dynamique basé sur les politiques locales de l'opérateur, et il envoie ces données à l'accès radio.

L'AMF et le SMF interagissent pour le support du LADN.

Dans le but de supporter la collecte des données de taxation et de se conformer aux exigences règlementaires relatives à l'établissement, la modification et à la libération des appels voix IMS et des envois de SMS, les conditions suivantes s'appliquent :

- Au moment de l'établissement de la session PDU, si le PEI de l'UE est disponible au niveau de l'AMF, celui-ci le fournit au SMF.
- Lorsque l'AMF transfère la signalisation N2 ou les messages NAS en UL à un élément fonctionnel (NF) distant ou lors de l'activation de la connexion d'une session PDU pour le UP, l'AMF fournit toute information de localisation de l'utilisateur qu'il a reçu du 5G-AN quel que soit le type d'accès radio (3GPP ou non 3GPP). L'AMF fournit également le fuseau

horaire de l'UE. En plus, pour satisfaire les exigences règlementaires, lorsque l'accès radio est non 3GPP, l'AMF doit également fournir la dernière localisation de l'UE connue ainsi que le temps écoulé depuis, si l'UE est toujours attaché à cet AMF sur un accès 3GPP.

Les informations de localisation de l'utilisateur, le type d'accès radio et le fuseau horaire de l'UE doivent être fournis après au PCF par le SMF. Le PCF doit recevoir ces informations du SMF dans le but de fournir le NPLI (Network Provided Location Information) aux applications qui le demandent.

Les informations de localisation de l'utilisateur correspondent à :

- Dans le cas d'un accès 3GPP, au Cell-ID. L'AMF inclut uniquement le Cell-ID primaire même s'il a reçu du RAN également le Cell-ID de la cellule primaire du nœud RAN secondaire.
- Dans le cas d'un accès non 3GPP non fiable : à l'adresse IP locale (utilisée pour accéder au N3IWF) et optionnellement le numéro de port UDP ou TCP source (si le NAT est détecté).
- Dans le cas d'un accès non GPP fiable : à l'identifiant TNAP (Trusted Non-3GPP Access Point), à l'adresse IP locale de l'UE (utilisée pour accéder au TNGP (Trusted Non-3GPP Gateway Point)) et optionnellement le numéro de port UDP ou TCP source (si le NAT est détecté). L'identifiant TNAP doit inclure le SSID (Service Set Identifier) du point d'accès auquel l'UE est relié
- Dans le cas d'un accès filaire 5G (W-5GAN, Wireline 5G Access Network) : au GCI (Global Cable Identifier) ou au GLI (Global Line Identifier) selon le type de support utilisé.

V.3.3 Continuité des sessions et services (SSC)

V.3.3.1 Généralités

Le support de la continuité des services et sessions dans le système d'architecture 5G permet de cibler les exigences variées de continuité de différents services et applications pour l'UE. Le système 5G supporte différents modes de continuité des sessions et services qui sont définis ci-dessous. Le mode SSC associé avec une session PDU reste inchangé dans toute la durée de vie de cette session. Les trois modes SSC suivants sont définis :

- SSC mode 1, avec lequel le réseau préserve le service de connectivité fourni à l'UE. Pour le cas d'une session PDU de type IPv4 ou IPv6 ou IPv4v6, l'adresse IP est conservée.
- SSC mode 2, avec lequel le réseau doit libérer le service de connectivité fourni à l'UE et libérer la session PDU correspondant. Pour le cas d'une session de type IPv4 ou IPv6 ou IPv4v6, la libération de la session PDU implique la libération des adresses IP qui ont été allouées à l'UE.
- SSC mode 3, avec lequel les changements au niveau du plan utilisateur sont visibles par l'UE, pendant que le réseau assure que l'UE ne souffre d'aucune perte de connectivité. Une connexion à travers un nouveau point d'origine de session PDU est établie avant que la connexion précédente ne termine dans le but de permettre une meilleure continuité de service. Pour le cas d'une session PDU de type IPv4 ou IPv6 ou IPv4v6, l'adresse IP n'est pas conservée dans ce mode lorsque le point d'origine de la session PDU change.

V.3.3.2 : SSC mode 1

Pour une session PDU en SSC mode 1, l'UPF utilisé au début de l'établissement de la session PDU est maintenu quelle que soit les technologies d'accès utilisées successivement par l'UE pour accéder au réseau.

Dans le cas d'une session PDU de type IPv4 ou IPv6 ou IPv4v6, la continuité IP est supportée indépendamment des évènements de mobilité de l'UE.

Le SSC mode 1 peut être appliqué à tout type de session PDU et à tout type d'accès.

V.3.3.3 : SSC mode 2

Lorsqu'une session PDU du SSC mode 2 a une unique source principale de session PDU, le réseau déclenche la libération de la session PDU et instruit immédiatement à l'UE d'établir une nouvelle session PDU avec le même réseau de données. Les conditions de déclenchement dépendent des politiques de l'opérateur. A l'établissement de la session PDU, un autre UPF peut être sélectionné comme source principale de session PDU.

Autrement, si une session du SSC mode 2 a plusieurs sources principales de session PDU, les sources principales additionnelles de session PDU doivent être libérées ou allouées.

Le SSC mode 2 peut être appliqué à tout type de session PDU et à tout type d'accès.

V.3.3.4 : SSC mode 3

Pour une session PDU du SSC mode 3, le réseau permet l'établissement de connectivité de l'UE à travers une nouvelle source principale de session PDU au même réseau de données avant la libération de la connectivité entre l'UE et l'ancienne source principale de session PDU. Lorsque les conditions de déclenchement s'appliquent, le réseau décide s'il faut sélectionner un UPF comme source principale de session PDU convenable pour les nouvelles conditions.

Le SSC mode 3 s'applique aux sessions PDU de type IP et à tout type d'accès radio.

Dans le cas d'une session PDU de type IPv4 ou IPv6 ou IPv4v6, pendant la procédure de changement de source principale de session PDU, les conditions suivantes s'appliquent :

- Pour une session PDU de type IPv6, le nouveau préfix lié à la nouvelle source principale de session PDU, est alloué pendant la même session PDU, ou
- La nouvelle adresse IP et/ou le nouveau préfix IP sont alloués avec une nouvelle session PDU que l'UE est invité à établir.

Après l'allocation de la nouvelle adresse IP et/ou du nouveau préfix IP, les anciens adresses et préfix IP sont maintenus durant un temps indiqué à l'UE à travers la signalisation NAS et sont ensuite libérés.

V.3.3.5 : Sélection du SSC mode

La sélection du SSC mode est effectuée par le SMF sur la base des SSC modes autorisés (y compris le SSC mode par défaut) dans la souscription de l'utilisateur, du type de session PDU et, si présent, le mode SSC demandé par l'UE.

L'opérateur doit fournir une politique de sélection de mode SSC (SSCMSP) à l'UE. L'UE doit utiliser cette politique SSCMSP pour déterminer le type de SSC mode associé avec une application ou avec un groupe d'applications. Si l'UE n'a pas reçu de SSCMSP, il choisit un type de SSC mode sur la base de sa configuration locale, si applicable. Si l'UE ne peut pas sélectionner un SSC mode, il initie la session PDU sans indiquer de SSC mode.

Les règles liées à la politique de sélection du SSC mode par l'UE peuvent être mises à jour par l'opérateur.

Le SMF reçoit de l'UDM, comme données de souscription, la liste des SSC modes autorisés et le SSC mode par défaut par DNN et par S-NSSAI.

Lorsque l'UE fournit un SSC mode lors de l'établissement d'une nouvelle session PDU, le SMF accepte le SSC mode fourni ou le rejette en indiquant à l'UE, à travers un message de rejet, la cause du rejet et les SSC modes autorisés. En se référant sur la cause du rejet et des SSC modes autorisés, l'UE initie à nouveau la requête d'établissement de la session PDU avec les SSC modes autorisés.

Lorsque l'UE ne fournit pas un SSC mode pendant l'établissement d'une nouvelle session PDU, le SMF sélectionne le SSC mode par défaut pour les réseaux de données listés dans la souscription ou applique les configurations locales pour sélectionner un SSC mode.

Le SSC mode 1 doit être appliqué à une session PDU lorsque les adresses et/ou préfix IP sont alloués à la session en fonction des souscriptions pour un DNN et S-NSSAI donnés. Le SMF doit alors informer l'UE du SSC mode sélectionné.

L'UE ne doit pas demander et le réseau ne doit pas assigner le SSC mode 3 pour la session PDU de type non structuré ou de type Ethernet.

V.3.4 : Types de sessions PDU

V.3.4.1 : Sessions PDU de type IP

L'UE doit acquérir du SMF les informations de configuration suivantes, durant la durée de vie d'une session PDU :

- Adresse(s) du/des P-CSCF (Call/Session Control Functions),
- Adresse(s) du/des serveur(s) DNS,
- Le GPSI de l'UE

Lors de l'établissement de la session PDU, l'UE acquiert du SMF, le MTU qu'il doit prendre en compte.

L'UE fournit les informations suivantes au SMF pendant la durée de vie de la session PDU :

- Une indication de la possibilité de changement du P-CSCF,
- Un statut muet de l'UE pour le service de données.

V.3.4.2 : Sessions PDU de type Ethernet

Pour une session PDU établi avec Ethernet comme type de session, le SMF et l'UPF à la source de la session PDU supportent des comportements spécifiques relatifs au fait que la session achemine des trames Ethernet.

En fonction des configurations de l'opérateur relatives à un DNN, plusieurs configurations peuvent être appliquées sur la manière de traiter le trafic Ethernet sur l'interface N6. Par exemple :

- Configuration avec une relation de type 1-1 entre la session PDU et une interface N6 pouvant correspondre à un tunnel dédié établi sur l'interface N6. Dans ce cas, l'UPF agissant comme UPF source de la session PDU (PDU session anchor, PSA) transfère de manière transparente les trames Ethernet entre la session PDU et son interface N6 correspondant, sans avoir besoin de connaître l'adresse MAC de l'UE dans le but de router le trafic descendant vers l'UE.
- Configuration avec laquelle plus d'une session vers le même DNN correspondent à la même interface N6. Dans ce cas, l'UPF agissant comme UPF source de la session PDU a besoin de connaître l'adresse MAC utilisée par l'UE pour chaque session PDU dans le but de mapper les trames Ethernet reçues de l'interface N6 aux sessions PDU.

Sur la base des configurations du réseau, le SMF demande à l'UPF source de la session PDU de répondre aux requêtes ARP (IPv4 ARP) ou IPv6 Neighbour Solicitation (IPv6 ND) sur la base des informations contenues dans son cache local. C'est-à-dire, faire la correspondance entre l'adresse MAC de l'UE et l'adresse IP de l'UE, et aussi le réseau de données auquel la session PDU est connectée. Sinon, l'UPF retourne la requête au SMF. La réponse à la requête ARP/IPv6 ND basée sur le cache local s'applique pour les deux directions descendantes et montantes.

Ni l'adresse MAC, ni l'adresse IP ne sont allouées à l'UE par le 5GC pour une session PDU.

L'UPF source de la session (PSA) stocke les adresses MAC reçues de l'UE et les associent avec les sessions PDU appropriés.

Mises à part quelques conditions spécifiques relatives aux sessions PDU sur le W-5GAN, l'UPF ne retire pas les étiquettes VLAN transmis par l'UE et n'insert pas d'étiquettes VLAN sur le trafic transmis à l'UE.

Les PDUs ayant une étiquette d'un VLAN doivent être commutés uniquement à l'intérieur de ce VLAN. L'UE reçoit du SMF, lors de l'établissement de la session PDU, le MTU des trames Ethernet qu'il doit considérer pour l'envoi des données.

Les différentes trames échangées lors d'une session PDU de type Ethernet peuvent être livrées avec différents QoS sur le 5GS. Cependant, le SMF fournit à l'UPF un ensemble de filtres de paquets Ethernet et des règles de transfert basés sur les structures des trames Ethernet et les adresses MAC de l'UE. L'UPF détecte ces éléments et transfert les trames Ethernet conformément.

Lorsqu'une session PDU de type Ethernet est autorisée par un réseau de données, le serveur AAA de ce réseau de données fournit au SMF, comme partie des données d'autorisation, une liste d'adresses MAC et/ou une liste de VIDs (VLAN ID) autorisées pour cette session PDU. Chacune des listes, si elle est fournie, est limitée à un maximum de 16 éléments. Lorsque de telles listes sont fournies pour une session PDU, le SMF fixe les règles de filtrage correspondant dans l'UPF source de la session PDU (PSA). L'UPF rejette tout trafic en Uplink ne contenant pas l'une des adresses MAC de la liste comme adresse MAC source lorsque la liste d'addresses MAC est fournie. Egalement, l'UPF rejette tout trafic en Uplink ne contenant pas l'un des VIDs de la liste comme VID source lorsque la liste des VIDs est fournie.

Pour une session établie de type Ethernet, le SMF, sur requête du PCF, assure le reporting au PCF de toutes les adresses MAC utilisées comme adresses MAC sources par l'UE lors de la session. Dans ce cas le SMF contrôle l'UPF à rapporter toutes les adresses MAC utilisées par l'UE lors de la session PDU pour l'envoie des trames Ethernet.

Le PCF peut activer ou désactiver le reporting des adresses MAC utilisées lors d'une session PDU.

Le SMF peut changer l'UPF agissant comme UPF source principale pour une session de type Ethernet. Le changement peut être enclenché par les évènements de mobilité comme le handover ou indépendamment de la mobilité comme pour des raisons d'équilibre de charge. Pour changer l'UPF PSA, le reporting des adresses MAC de l'UE doit être activé par le SMF.

V.3.4.3 : Sessions PDU de type non structurées

Les différentes techniques de tunneling point à point peuvent être utilisées pour délivrer des données non structurées à destination dans le réseau de données.

La technique de tunneling point à point basée sur l'encapsulation UDP/IP comme décrite ci-dessous, est utilisée. D'autres techniques peuvent être utilisées. Indépendamment du schéma d'adressage utilisé de l'UPF vers le réseau de données, l'UPF fait la correspondance entre les sessions PDU et les adresses utilisées entre l'UPF et le réseau de données.

Lorsque le tunneling point à point basé sur l'encapsulation UDP/IPv6 est utilisé, les considérations suivantes s'appliquent :

- Les allocations des préfixes IPv6 pour les sessions PDU sont effectuées par le SMF local sans l'implication de l'UE.
- Les UPFs agissent comme des nœuds de transfert transparents qui relaient les données entre les UEs et les réseaux de données.
- En uplink, l'UPF transfère les données non structurées reçues, à la destination dans le réseau de données à travers le tunnel point-à-point sur l'interface N6 en utilisant l'encapsulation UDP/IPv6.
- En dowlink, la destination dans le réseau de données envoie les données non structurées en utilisant l'encapsulation UDP/IPv6 avec l'adresse IP de la session PDU et le port UDP défini par la 3GPP pour les données des sessions PDU de type non structurées. L'UPF agissant comme l'UPF source principale décapsule les données reçues et transfère les données identifiées par les préfixes des adresses IPv6 de la session PDU pour les livrer à l'UE.
- Le SMF local effectue les opérations relatives à l'IPv6 sans que les préfixes IPv6 ne soient fournis à l'UE. Il ne procède

donc pas à la publication des routes et n'assure pas la fonction DHCPv6. Il assigne un identifiant à l'interface IPv6 pour la session PDU. Le préfixe IP alloué, identifie la session PDU de l'UE.

La session PDU de type non structurée est contrainte à l'utilisation des SSC mode 1 et SSC mode 2.

A l'établissement de la session PDU, l'UE doit acquérir du SMF, le MTU à utiliser lors de la session.

V.3.5 : Cas du roaming

Dans le cas du roaming le 5GC supporte les scénarii suivants de déploiements possibles pour une session PDU :

- Roaming LBO où le SMF et tous les UPFs impliqués dans la session PDU sont sous le contrôle du réseau VPLMN.
- Roaming HR où la session PDU est supportée par un SMF contrôlé par le réseau nominal HPLMN, un SMF contrôlé par le réseau visité VPLMN, au moins un UPF contrôlé par le réseau nominal HPLMN et au moins un UPF contrôlé par le réseau visité VPLMN. Dans ce cas, le SMF dans le réseau nominal sélectionne les UPF dans le réseau nominal et le SMF dans le réseau visité sélectionne les UPF du réseau visité.

Les différentes sessions PDU simultanées d'un UE peuvent utiliser différents modes : LBO et HR. Le HPLMN peut contrôler à travers les souscriptions par DNN et par S-NSSAI si toutefois une session PDU doit être établie avec le mode LBO ou le mode HR.

Dans le cas d'une session PDU avec le mode HR :

- La signalisation NAS SM se termine sur le SMF du réseau visité,
- Le SMF du réseau visité transfère au SMF du réseau nominal les informations relatives à la gestion de la session (Session Management, SM),

- Le SMF du réseau nominal HPLMN reçoit du SMF du réseau visité, le SUPI de l'UE durant la procédure d'établissement de la session,
- Le SMF du réseau nominal est responsable de la vérification de la requête de l'UE sur la base des souscriptions de l'utilisateur et peut rejeter en cas de conflit. Le SMF du réseau nominal reçoit directement les données de souscription de l'UDM,
- Le SMF dans le réseau nominal envoie les exigences de qualité de service associées avec la session PDU au SMF du réseau visité. Cela peut se faire durant l'établissement de la session PDU ou après l'établissement de la session PDU. L'interface entre le SMF du réseau nominal et le SMF du réseau visité est capable de supporter les informations pour le transfert des données de l'utilisateur (N9) échangées entre eux. Le SMF du réseau visité doit vérifier les exigences de qualité demandées par le SMF du réseau nominal si elles sont conformes aux accords de roaming.

Dans le roaming HR, l'AMF sélectionne un SMF du réseau visité et un SMF du réseau nominal et fournit l'identifiant du SMF sélectionné dans le réseau nominal au SMF du réseau visité.

Dans le roaming LBO, l'AMF sélectionne un SMF dans le réseau visité. Dans ce cas, lors du traitement des messages de la requête d'établissement de la session PDU, le SMF dans le réseau visité peut rejeter les messages N11 avec une cause N11 propre. Ce qui pousse l'AMF à sélectionner un nouveau SMF dans le réseau visité et un SMF dans le réseau nominal dans le but de traiter la session PDU en utilisant le roaming HR.

VI- PROCEDURES 5G

Les procédures sont constituées des échanges de signalisation de bout-en-bout sur le réseau 5G effectués lors des différentes opérations sur le réseau notamment entre l'UE et les fonctions réseaux et entre fonctions réseaux. Ces opérations sont entre autres relatives à la sécurité (authentification, enregistrement, etc..), à la gestion des sessions, à la mobilité, etc….A cet effet, il existe plusieurs procédures utilisées obligatoirement ou optionnellement sur le réseau 5G. Ce chapitre se focalise sur quelques exemples de procédures qui sont : la procédure d'authentification, la procédure d'enregistrement, la procédure de requête de service à partir de l'UE, la procédure d'activation de session PDU.

VI.1 : Procédures d'authentification

Il existe deux types d'authentification : l'authentification primaire et les autres authentifications qui suivent appelées authentifications subséquentes.

L'objectif des procédures d'authentification primaire et d'agrément sur les clés est de permettre une authentification mutuelle entre l'UE et le réseau et fournir les informations sur les clés qui peuvent être utilisées entre l'UE et le réseau pour les procédures de sécurité subséquentes. Les informations sur les clés fournies par la procédure d'authentification primaire et d'agrément sur les clés se constituent à une clé racine appelée K_{SEAF} fournie par l'AUSF du réseau nominal à l'EASF du réseau visité.

Les clés pour plus d'un contexte de sécurité peuvent être dérivées de la clé K_{SEAF} sans avoir besoin d'exécuter une nouvelle procédure d'authentification.

La clé racine K_{SEAF} est dérivée d'une clé intermédiaire appelée K_{AUSF}. La clé K_{AUSF} doit être enregistrée avec sécurité dans l'AUSF conformément aux politiques de l'opérateur.

L'UE et le réseau 5G doivent supporter les deux méthodes d'authentification EAP-AKA' et 5G AKA.

La structure de la méthode EAP définit les rôles suivants : l'entité paire distante, l'authentificateur de transit et le serveur d'authentification en back-end. Le serveur d'authentification en back-end agit comme le serveur d'authentification EAP, qui termine la méthode d'authentification avec l'entité paire. Lorsque la méthode EAP-AKA' est utilisée dans le système 5G, la structure EAP est supportée de la manière suivante :

- L'UE est l'entité paire distante,
- Le SEAF tient le rôle d'authentificateur de transit,
- L'AUSF tient le rôle de serveur d'authentification back-end.

VI.1.1 : Construction du nom du réseau de service

VI.1.1.1 : Nom du réseau de service (Serving Network Name, SNN)

Le SNN est utilisé dans la dérivation de la clé racine. Il sert à un double objectif, notamment :

- Il lie la clé racine au réseau visité (réseau de service) en incluant l'identifiant du réseau de service ;
- Il permet d'assurer que la clé racine est spécifique pour l'authentification entre un réseau 5G et un UE en incluant un code de service fixé à « 5G ».

Dans la méthode 5G AKA, le « nom du réseau de service » a un objectif similaire de lier le RES* et le XRES* au réseau visité.

Le SNN est une concaténation du code de service et de l'identifiant du réseau de service (SN ID) séparés par « : ».

Le SN ID identifie le PLMN de service ou PLMN visité, excepté pour les réseaux non publics isolés.

VI.1.1.2 : Construction du SNN par l'UE

L'UE construit le SNN comme suit :

- Il fixe le code de service à « 5G »,
- Il met la valeur de l'identifiant réseau au SN ID du réseau sur lequel il s'authentifie,
- Il concatène le SN ID et le code de service en les séparant par « : ».

VI.1.1.3 : Construction du SNN par le SEAF

Le SEAF construit le SNN comme suit :

- Il fixe le code de service à « 5G »,
- Il met la valeur de l'identifiant réseau au SN ID du réseau visité auquel l'AUSF transmet les données d'authentification,
- Il concatène le SN ID et le code de service en les séparant par « : ».

VI.1.2 : Initiation de l'authentification et sélection de la méthode d'authentification

L'initiation de l'authentification primaire est décrite par le schéma suivant :

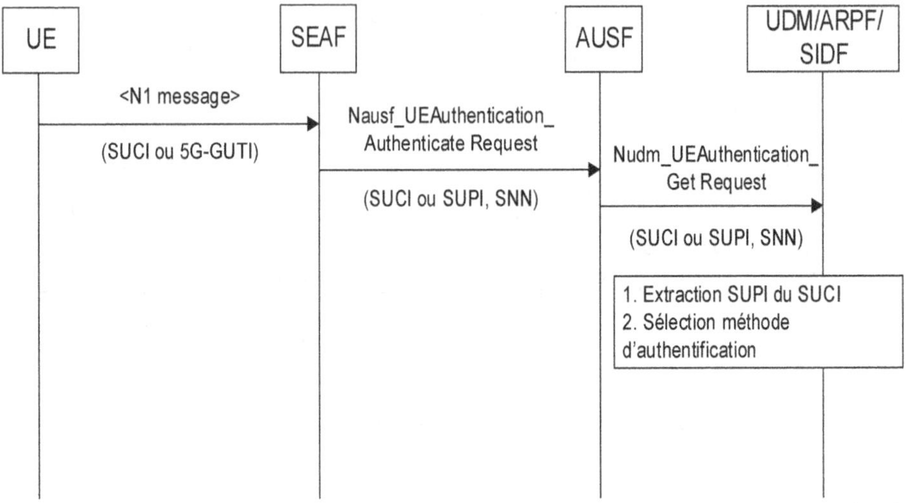

Figure 34 : *Initiation de l'authentification et sélection de la méthode*

Conformément à sa configuration, le SEAF initie l'authentification de l'UE lors de toute procédure nécessitant l'établissement d'un lien de signalisation avec l'UE. L'UE utilise le 5G-GUTI ou le SUCI dans la requête d'enregistrement.

Le SEAF invoque le service Nausf_UEAuthentication en envoyant une requête Nausf_UEAuthentication_Authenticate à l'AUSF à chaque fois que le SEAF souhaite initier une authentification.

Le message de requête Nausf_UEAuthentication_Authenticate contient soit le SUCI ou le SUPI.

Le SEAF inclut le SUPI dans le message de la requête Nausf_UEAuthentication_Authenticate dans le cas où le SEAF dispose d'une 5G-GUTI valide et ré-authentifie l'UE. Dans le cas contraire, le SUCI est inclus dans la requête Nausf_UEAuthentication_Authenticate.

La requête Nausf_UEAuthentication_Authenticate doit contenir le nom du réseau de service (SNN).

A la réception du message Nausf_UEAuthentication_Authenticate Request, l'AUSF vérifie que le SEAF demandeur dans le réseau de service est habilité à utiliser le nom du réseau de service inclus dans le message en comparant le nom du réseau de service avec celui attendu.

L'AUSF enregistre temporairement le nom du réseau de service reçu. Si le réseau visité n'est pas autorisé à utiliser le SNN reçu, l'AUSF indique dans le message Nausf_UEAuthentication_Authenticate Response que le réseau de service n'est pas autorisé.

La requête Nudm_UEAuthentication_Get Request transmis de l'AUSF à l'UDM contient les informations suivantes :

- Le SUPI ou le SUCI,
- Le nom du réseau de service.

A la réception de la requête Nudm_UEAuthentication_Get Request, l'UDM invoque le SIDF (Subscription Identifier De-concealing Function) lorsque c'est le SUCI qui est fourni. Le SIDF doit démasquer le SUCI afin d'avoir le SUPI et avant que l'UDM procède au traitement de la requête.

Sur la base du SUPI, l'UDM/ARPF (Authentication credential Repository and Processing Function) choisit la méthode d'authentification.

VI.1.3 : Procédure d'authentification avec la méthode EAP-AKA'

Les étapes sont décrites comme suit :

1. L'UDM/ARPF génère d'abord le vecteur d'authentification (Authentication Vector, AV) constitué du quintuplé (RAND, AUTN, XRES, CK, IK). Il calcule ensuite la clé de chiffrement CK' et la clé d'intégrité IK' et remplace dans le vecteur d'authentification les clés CK et IK respectivement par CK' et IK'.
2. L'UDM envoie subséquemment le vecteur d'authentification modifié AV' (RAND, AUTN, XRES, CK', IK') dans son message de réponse *Nudm_UEAuthentication_Get Response* à l'AUSF à partir duquel il a reçu la requête *Nudm_UEAuthentication_Get Request* en indiquant que cet AV' doit être utilisé pour la méthode EAP-AKA'. Dans le cas où le SUCI est inclus dans la requête *Nudm_UEAuthentication_Get Request*, l'UDM inclut le SUPI dans la réponse *Nudm_UEAuthentication_Get Response*.

3. L'AUSF envoie au SEAF le message *EAP-Request/AKA'-Challenge* dans le message de réponse *Nausf_UEAuthentication_Authenticate Response*.
4. Dans un message *Authentication Request* à travers la signalisation NAS, le SEAF transfert à l'UE de façon transparente le message *EAP-Request/AKA'-Challenge*. Le ME (Mobile Equipment) transfert à l'USIM le RAND et le AUTN reçu dans le message *EAP-Request/AKA'-Challenge*.
5. A la réception du RAND et l'AUTN, l'USIM vérifie la fraicheur de l'AV' en vérifiant si toutefois l'AUTN peut être accepté. Si tel est le cas, l'USIM calcule une réponse RES. L'USIM retourne le RES, le CK et l'IK au ME. Le ME fait une dérivation de CK' et IK' à partir de CK et IK.
6. L'UE envoie au SEAF le message *EAP-Response/AKA'-Challenge* contenu dans le message Auth-Resp à travers la signalisation NAS.
7. Le SEAF transfert à l'AUSF de manière transparente le message contenu dans le message de requête *Nausf_UEAuthentication_Authenticate Request*.
8. L'AUSF vérifie le message. Lorsque la vérification est faire avec succès, il continue le processus, sinon il retourne un message d'erreur au SEAF. L'AUSF informe l'UDM du résultat de la vérification.
9. L'AUSF et l'UE peuvent optionnellement échanger les messages de notifications EAP-Request/AKA'-Notification et EAP-Response /AKA'-Notification de manière transparente à travers le SEAF.
10. L'AUSF dérive l'EMSK (Extended Master Session Key) du CK' et de l'IK'. L'AUSF utilise les 256 bits les plus significatifs de l'EMSK comme clé d'authentification K_{AUSF} et calcule alors le K_{SEAF} à partir du K_{AUSF}. L'AUSF envoie un message de succès EAP au SEAF à travers le message de réponse *Nausf_UEAuthentication_Authenticate Response*. Le SEAF transfère de manière transparente à l'UE ce message contenant le K_{SEAF}. Si l'AUSF a reçu du SEAF le SUCI lors de l'initiation de l'authentification, alors il inclut le SUPI dans le message de réponse *Nausf_UEAuthentication_Authenticate Response*.
11. Le SEAF envoie à l'UE le message de succès EAP sur l'interface N1.

La clé K_{SEAF} reçue dans le message *Nausf_UEAuthentication_Authenticate Response* constitue la clé racine. Le SEAF dérive de K_{SEAF}, du SUPI et d'autres paramètres, la clé K_{AMF} qui est transmise à l'AMF. A la réception du message de succès EAP, l'UE dérive l'EMSK de CK' et IK'. Le ME utilise les 256 bits les plus significatifs de l'EMSK comme K_{AUSF} et calcule ensuite K_{SEAF} da la même manière que dans l'AUSF. Il dérive également K_{AMF} de K_{SEAF}, du SUPI et d'autres paramètres.

Lorsque l'AUSF et le SEAF détermine que l'authentification est faite avec succès, le SEAF fournit alors à l'AMF la clé K_{AMF}.

La figure suivante décrit la procédure d'authentification avec la méthode EAP-AKA'.

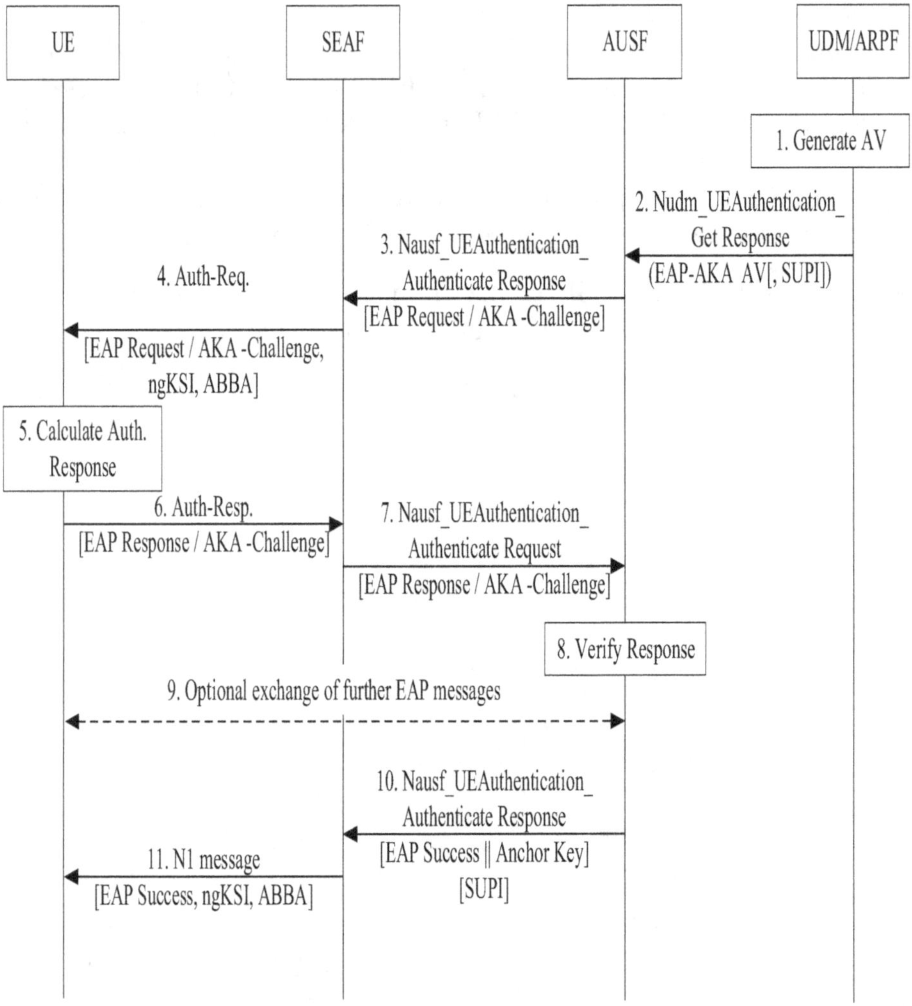

Figure 35 : *Procédure d'authentification avec la méthode* EAP-AKA'

VI.1.4 : Procédure d'authentification avec la méthode 5G AKA

La méthode 5G AKA est une amélioration de la méthode EPS AKA en fournissant au réseau nominal la preuve d'une authentification réussie sur le réseau visité. La preuve est envoyée par le réseau visité dans un message de confirmation d'authentification.

La figure suivante décrit la procédure d'authentification avec la méthode 5G AKA.

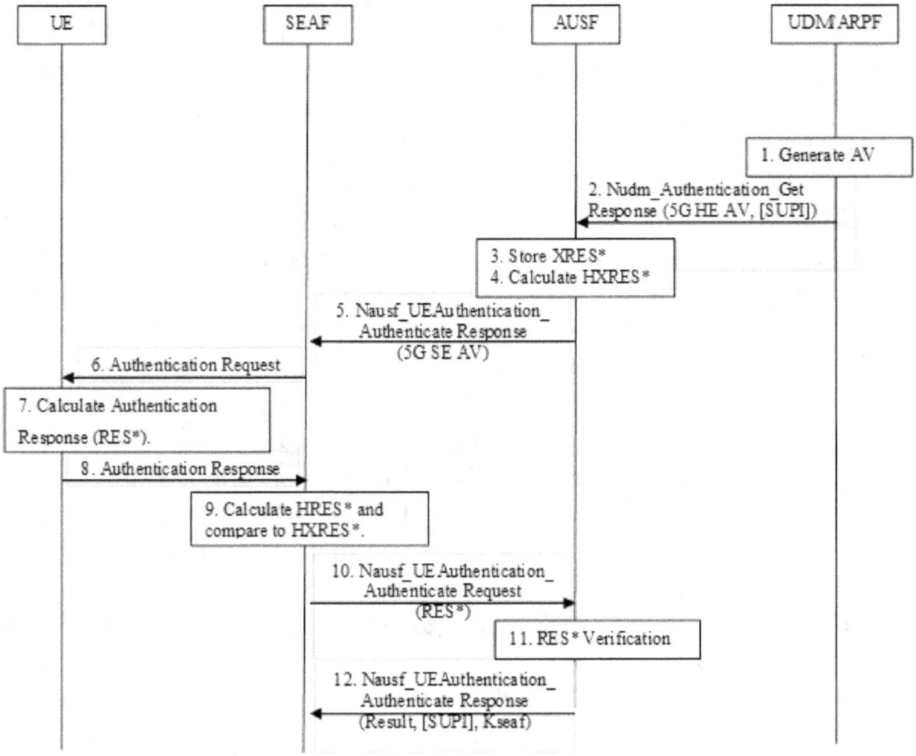

Figure 36 : *Procédure d'authentification avec la méthode* 5G AKA

Les étapes sont décrites comme suit :

1. Pour chaque requête *Nudm_Authenticate_Get Request*, l'UDM/ARPF crée le vecteur d'authentification 5G HE AV (5G Home Environment Authentication Vector). L'UDM/ARPF dérive d'abord la clé K_{AUSF} et calcule XRES*. Ensuite, l'UDM/ARPF crée le vecteur d'authentification 5G HE AV à partir du RAND, de l'AUTN, du XRES*, et du K_{AUSF}.
2. Dans le message de réponse *Nudm_UEAuthentication_Get Response*, l'UDM retourne le 5G HE AV à l'AUSF avec l'indication qu'il doit être utilisé avec la 5G AKA. Dans le cas où le SUCI dans la requête initiale *Nudm_UEAuthentication_Get Request*, l'UDM inclut le SUPI dans le message de réponse *Nudm_UEAuthentication_Get Response*.

3. L'AUSF enregistre temporairement le XRES* avec le SUCI ou le SUPI.
4. L'AUSF génère alors le 5G AV à partir du 5G HE AV reçu de l'UDM/ARPF en calculant le HXRES* à partir du XRES* et la clé K_{SEAF} à partir de la clé K_{AUSF} et en remplaçant le XRES* par le HXRES* et la clé K_{AUSF} par la clé K_{SEAF} dans le 5G HE AV.
5. L'AUSF retire la clé K_{SEAF} et transmet au SEAF le 5G SE AV (5G Serving Environment Authentication Vector) composé du triplet (RAND, AUTN, HXRES*) dans un message de réponse *Nausf_UEAuthentication_Authenticate Response*.
6. Le SEAF envoie à l'UE le RAND et l'AUTN dans un message NAS *Authentication –Request*. Le ME transfert le RAND et l'AUTN reçu à la carte USIM.
7. A la réception de l'AUTN et du RAND, la carte USIM vérifie la fraicheur du 5G AV en vérifiant si toutefois l'AUTN peut être accepté. Si tel est le cas, l'USIM calcule une réponse RES. L'USIM transmet le RES, le CK, l'IK au ME. Le ME calcule le RES* à partir du RES, le K_{AUSF} à partir de CK/IK et le K_{SEAF} à partir du K_{AUSF}.
8. L'UE transmet le RES* au SEAF dans un message NAS *Authentication Response*.
9. Le SEAF calcule alors le HRES* à partir du RES* et il compare le HRES* au HXRES*. S'ils sont les mêmes, le SEAF considère que l'authentification est faite avec succès du point de vue réseau visité. Lorsque l'UE n'est pas accessible et que le SEAF ne reçoit pas le RES*, il considère que l'authentification est échouée et l'indique à l'AUSF.
10. Le SEAF transmet à l'AUSF le RES* tel que reçu de l'UE à travers un message *Nausf_UEAuthentication_Authenticate Request*.
11. Lorsque l'AUSF reçoit ce message, il vérifie si l'AV n'est pas expiré. Lorsque l'AV est expiré, l'AUSF considère que l'authentification est échouée du point de vue réseau nominal. Sinon, l'AUSF compare le RES* reçu avec le XRES* enregistré. Lorsque le RES* et le XRES* sont égaux, l'AUSF considère que l'authentification est réussie du point de vue réseau nominal. L'AUSF informe l'UDM du résultat de l'authentification.
12. L'AUSF indique au SEAF à travers un message de réponse *Nausf_UEAuthentication_Authenticate Response* si l'authentification est réussie ou non du point de vue réseau

nominal. Lorsque l'authentification est réussie le K_{SEAF} est transmis au SEAF dans le message *Nausf_UEAuthentication_Authenticate Response*. Dans le cas où l'AUSF a reçu du SEAF le SUCI dans la requête d'authentification, et si l'authentification est réussie, l'AUSF inclut le SUPI dans le message *Nausf_UEAuthentication_Authenticate Response*.

Si l'authentification est réussie, la clé K_{SEAF} reçue dans le message *Nausf_UEAuthentication_Authenticate Response* est considérée comme clé racine.

VI.1.5 : Hiérarchie, dérivation et schémas de distribution des clés

VI.1.5.1 : Hiérarchie des clés

La figure suivante décrit en détail les éléments importants de la hiérarchie des clés utilisés dans le système 5G.

Les clés relatives à l'authentification sont : K, CK et IK. Dans le cas de la méthode EAP-AKA', les clés CK' et IK' sont générées à partir de CK et IK.

La hiérarchie des clés inclut les clés suivantes : K_{AUSF}, K_{SEAF}, K_{AMF}, K_{NASint}, K_{NASenc}, K_{N3IWF}, K_{gNB}, K_{RRCint}, K_{RRCenc}, K_{UPint} and K_{UPenc}.

Clés pour l'AUSF dans le réseau nominal

- K_{AUSF} qui est une clé dérivée :
  - Par le ME et l'AUSF de CK' et IK' dans le cas de la méthode d'authentification EAP-AKA'. CK' et IK' sont reçues de l'ARPF comme partie du vecteur d'authentification modifié.
  - Par le ME et l'ARPF de CK et IK dans le cas de méthode 5G AKA d'authentification 5G AKA. K_{AUSF} est reçu par l'AUSF de l'ARPF comme partie du vecteur d'authentification 5G HE AV.

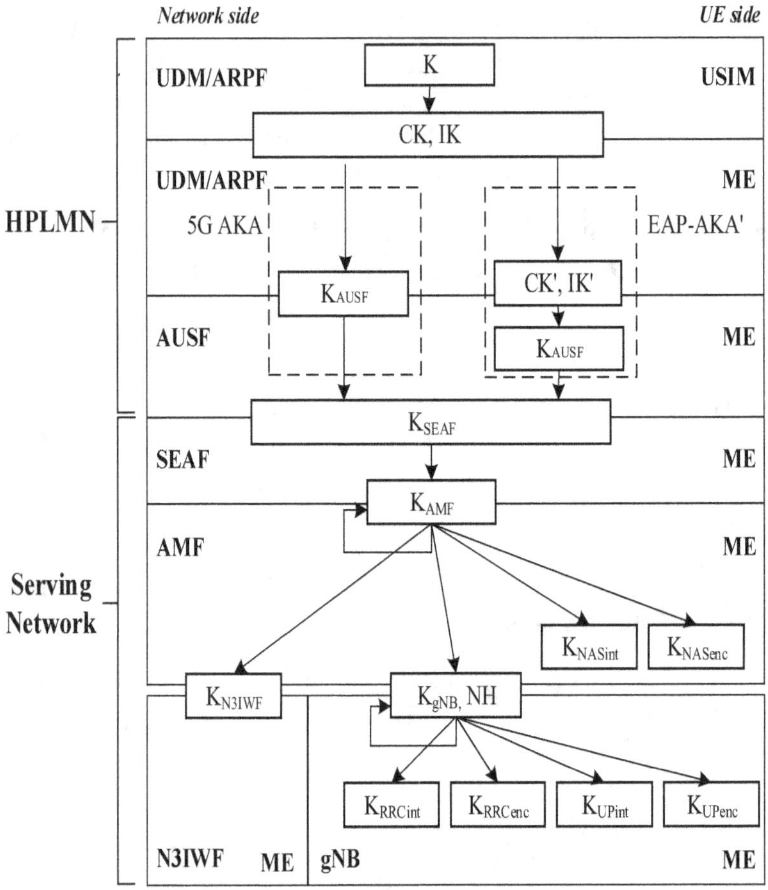

Figure 37 : *Hiérarchie des clés dans le système 5G*

- K_{SEAF} est la clé racine dérivée de K_{AUSF} par le ME et l'AUSF. K_{SEAF} est fourni par l'AUSF au SEAF du réseau visité.

Clés pour l'AMF dans le réseau visité (serving network) :

- K_{AMF} est une clé dérivée de K_{SEAF} par le SEAF et le ME. K_{AMF} est utilisée par l'AMF du réseau visité.

Clés pour la signalisation NAS :

- K_{NASint} est une clé dérivée de K_{AMF} par le ME et l'AMF. Elle est uniquement utilisée pour la protection de la signalisation NAS avec un algorithme particulier pour l'intégrité des données.
- K_{NASenc} est une clé dérivée de K_{AMF} par le ME et l'AMF. Elle est uniquement utilisée pour la protection de la signalisation NAS avec un algorithme particulier pour cryptage des données.

Clés pour le NG-RAN :

- K_{gNB} est une clé dérivée de K_{AMF} par le ME et l'AMF.

Clés pour le trafic utilisateur (UP) :

- K_{UPenc} est une clé dérivée de K_{gNB} par le ME et le gNB. Elle est uniquement utilisée pour la protection des données des utilisateurs avec un algorithme particulier pour le cryptage des données.
- K_{UPint} est une clé dérivée de K_{gNB} par le ME et le gNB. Elle est uniquement utilisée pour la protection des données des utilisateurs avec un algorithme particulier pour l'intégrité des données.

Clés pour la signalisation RRC :

- K_{RRCint} est une clé dérivée de K_{gNB} par le ME et le gNB. Elle est uniquement utilisée pour la protection de la signalisation RRC avec un algorithme particulier pour l'intégrité des données.
- K_{RRCenc} est une clé dérivée de K_{gNB} par le ME et le gNB. Elle est uniquement utilisée pour la protection de la signalisation RRC avec un algorithme particulier pour le cryptage des données.

Clés intermédiaires :

- NH est une clé dérivée en partie de K_{gNB} par le ME et l'AMF pour la sécurisation des transferts lors du handover.

- K'_{AMF} est une clé dérivée par le ME et l'AMF et utilisée lors de la mobilité de l'UE entre deux AMFs.

Clé pour un accès non 3GPP :

- K_{N3IWF} est une clé dérivée de K_{AMF} par le ME et l'AMF pour un accès non 3GPP. K_{N3IWF} n'est pas transmis entre N3IWFs.

VI.1.5.2 : Dérivation des clés et schémas de distribution

VI.1.5.2.1 : Clés dans les entités réseaux
Clés dans l'ARPF :

L'ARPF traite sur le long terme la clé K et toute autre donnée sensible dans un environnement sécurisé. La clé K est sur 128 ou 256 bits.

Durant la procédure d'authentification et d'agrément sur les clés, l'ARPF dérive de K, CK' et IK' dans le cas où la méthode EAP-AKA' est utilisé et K_{AUSF} dans le cas où la méthode 5G AKA est utilisée.

En outre, l'ARPF contient la clé privée du réseau nominal utilisée par le SIDF pour démasquer le SUCI et reconstruire le SUPI.

Clés dans l'AUSF :

Dans le cas où la méthode d'authentification EAP-AKA' est utilisée, l'AUSF doit dérivée la clé K_{AUSF} de CK' et IK'. La clé K_{AUSF} est enregistrée dans l'AUSF entre deux procédures d'authentification et d'agrément sur les clés.

L'AUSF génère la clé racine, appelée K_{SEAF}, à partir des éléments d'authentification reçus de l'ARPF durant la procédure d'authentification.

Clés dans le SEAF :

Le SEAF reçoit la clé racine, K_{SEAF}, de l'AUSF à la suite du succès de l'authentification primaire pour chaque réseau de service (visité).

Le SEAF ne transfère la clé K_{SEAF} à aucune autre entité. Une fois que la clé K_{AMF} est dérivée, le SEAF doit supprimer la clé K_{SEAF}.

Le SEAF génère la clé K_{AMF} immédiatement après le succès de la procédure d'authentification et d'agrément sur les clés et le transfère à l'AMF. Cela implique que le SEAF est généralement colocalisé avec l'AMF.

Clés dans l'AMF :

L'AMF reçoit K_{AMF} du SEAF ou d'un autre AMF (K'_{AMF} lors de la mobilité de l'UE entre AMF). L'AMF génère K_{NASint} et K_{NASenc} pour la protection de la signalisation NAS. L'AMF génère des clés spécifiques à l'accès radio à partir de K_{AMF}. Il s'agit en particulier de K_{gNB}, de NH et de K_{N3IWF}.

Clés dans le NG-RAN :

Le NG-RAN reçoit de l'AMF les clés K_{gNB} et NH et génère à partir d'elles toutes les clés supplémentaires pour l'accès radio.

Clés dans le N3IWF :

Le N3IWF reçoit la clé K_{N3IWF} de l'AMF.

La figure ci-dessous montre la dépendance entre les différentes clés et la manière dont elles sont dérivées du point de vue entités réseaux.

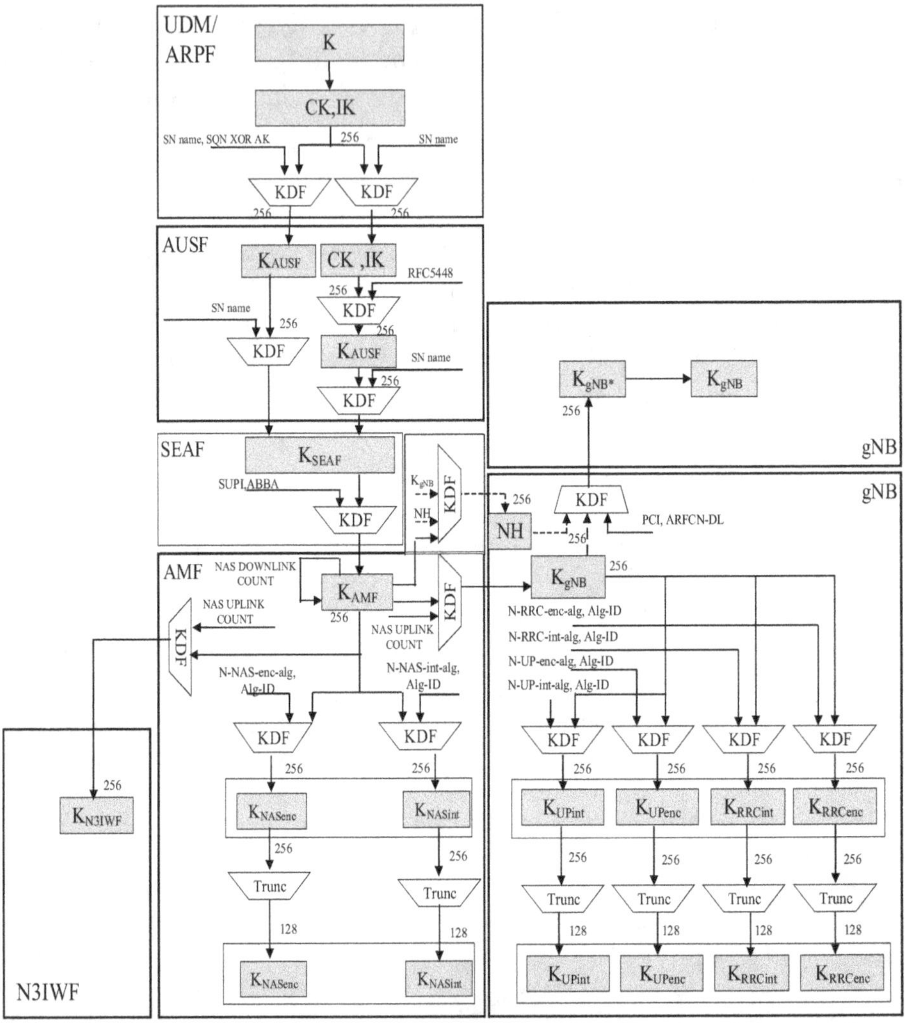

***Figure 38** : Dérivation et schéma de distribution des clés pour les nœuds du réseau 5G*

VI.1.5.2.2 : Clés dans l'UE

Chaque clé dans une entité réseau a son correspondant dans l'UE.

Clés sur la carte USIM :

L'USIM enregistre dans le long terme la même clé K enregistrée dans l'ARPF. Durant la procédure d'authentification et d'agrément sur les clés, l'USIM génère les éléments d'authentification à partir de K et les transfère au ME.

Si fourni par l'opérateur, l'USIM contient la clé privée utilisée pour démasquer le SUCI afin d'obtenir le SUPI.

Clé dans le ME :

La figure ci-dessous présente les dérivations et les relations entre clés dans l'UE.

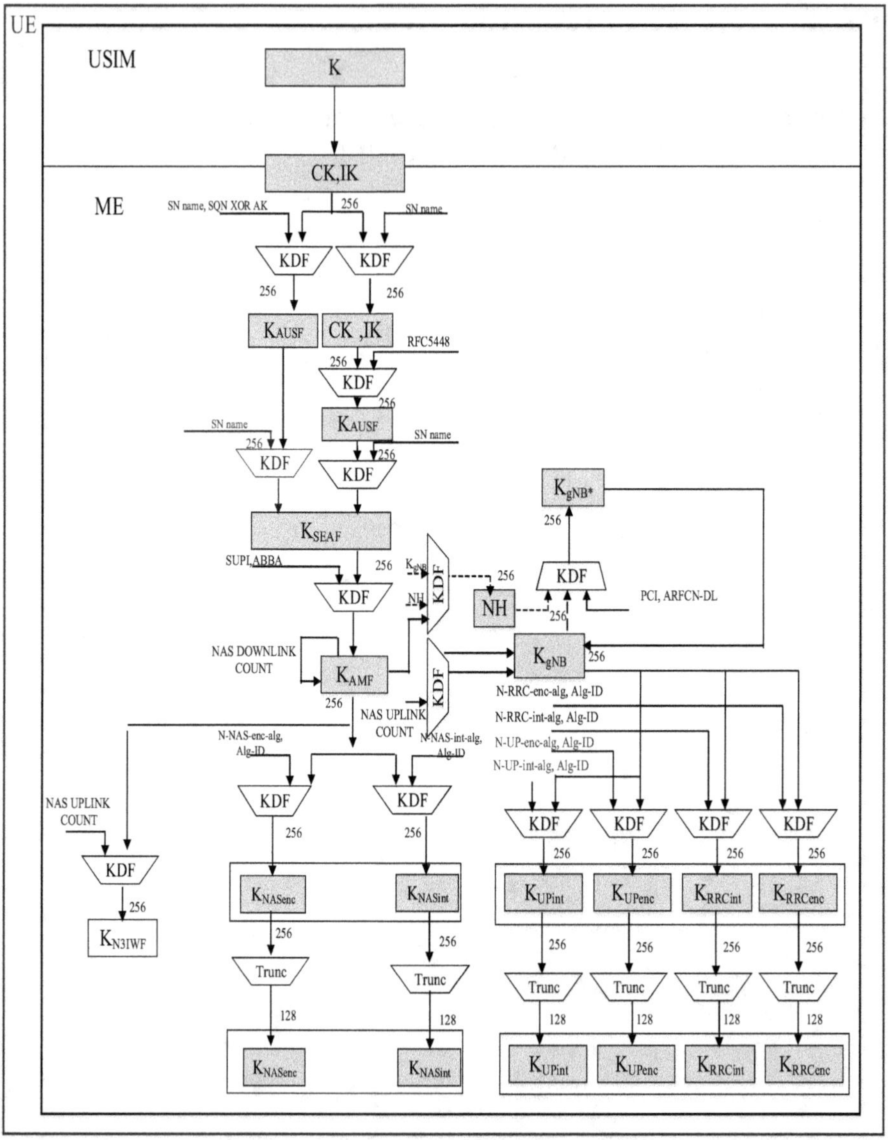

Figure 38 : *Dérivation et schéma de distribution des clés pour l'UE*

Le ME génère la clé K_{AUSF} à partir des éléments reçus de l'USIM, notamment le CK et l'IK.

Lorsque le 5G AKA est utilisé la génération du RES* à partir du RES est effectuée au niveau du ME.

L'UE enregistre la clé K_{AUSF}. Lorsque l'USIM supporte le stockage des paramètres 5G, la clé K_{AUSF} est enregistrée sur l'USIM. Autrement, la clé K_{AUSF} est enregistrée dans la mémoire non volatile du ME.

Le ME procède à la génération de la clé K_{SEAF} à partir de la clé K_{AUSF}. Lorsque l'USIM supporte le stockage des paramètres 5G, la clé K_{SEAF} est enregistrée sur l'USIM. Autrement, la clé K_{AUSF} est enregistrée dans la mémoire non volatile du ME.

Le ME procède à la génération de la clé K_{AMF}. Lorsque l'USIM supporte le stockage des paramètres 5G, la clé K_{AMF} est enregistrée sur l'USIM. Autrement, la clé K_{AMF} est enregistrée dans la mémoire non volatile du ME. Le ME procède à la génération de toutes les autres clés dérivées de K_{AMF}.

Pour tout contexte de sécurité 5G, les clés K_{AUSF} et K_{SEAF} enregistrées dans le ME doivent être supprimées si :

a) La carte USIM est retirée du ME alors que ce dernier est en marche,
b) Le ME est sous tension et constate que la carte USIM est différente de celle avec laquelle le contexte de sécurité a été créé,
c) Le ME est sous tension et le ME découvre que la carte USIM est absente.

VI.2 : Procédures de gestion de l'enregistrement

VI.2.1 : Généralités

Les procédures d'enregistrement et de dé-enregistrement fournissent les fonctionnalités requises pour enregistrer ou dé-enregistrer l'UE ou un utilisateur sur le système 5GS.

Un UE s'enregistre sur le réseau pour être autorisé à recevoir les services, permettre le traçage de sa mobilité et permettre son accessibilité. L'UE initie la procédure d'enregistrement en utilisant un des types d'enregistrement suivants :

- Enregistrement initial sur le réseau 5GS,
- Enregistrement sur mobilité suite à l'entrée de l'UE dans une zone de tracking (TA) en dehors de sa zone d'enregistrement qu'il soit dans l'état CM-CONNECTED ou CM-IDLE, ou lorsque l'UE met à jours ses capabilités ou les paramètres négociés lors de son enregistrement, avec ou sans changement de zone de tracking,
- Mise à jour périodique de l'enregistrement suite à un temps prédéfini d'inactivité,
- Enregistrement pour les services d'urgence

La procédure générale d'enregistrement décrite ci-dessous s'applique à tous les types de procédures d'enregistrement. Celle de mise à jour périodique n'utilise pas tous les paramètres utilisés dans les autres procédures.

Les éléments d'informations suivants peuvent être transmis par l'UE dans le message de requête d'enregistrement lorsque l'UE ne dispose d'aucun contexte de sécurité NAS :

- Le type d'enregistrement,
- Le SUCI, le 5G-GUTI ou le PEI,
- Les paramètres de sécurité,
- Le GUTI additionnel,
- Mise à jour de zone de tracking 4G,
- L'indication que l'UE vient d'un réseau EPS

La procédure de dé-enregistrement permet :

- A l'UE d'informer le réseau qu'il ne veut plus accéder au réseau pendant un long temps,
- Au réseau d'informer l'UE qu'il n'aura plus accès au réseau pendant un long temps.

A cet effet, il existe deux types de dé-enregistrement : le dé-enregistrement initié par l'UE et le dé-enregistrement initié par le réseau. Le dé-enregistrement initié par l'UE ou par le réseau peut se faire à travers un accès 3GPP, un accès non 3GPP ou les deux.

Dans cette partie, nous allons décrire la procédure générale d'enregistrement et la procédure de dé-enregistrement initiée par l'UE.

VI.2.2 : Procédure générale d'enregistrement

La procédure générale d'enregistrement est décrite comme suit :

1. L'UE envoie la requête d'enregistrement au NG-RAN éventuellement avec les éléments d'informations cités précédemment et également en indiquant le type d'enregistrement
2. Lorsque le 5G-S-TMSI ou le GUAMI ne sont pas inclus dans le message ou n'indiquent pas un AMF valide, le (R)AN, sur la base de la technologie d'accès et du NSSAI demandé, sélectionne un AMF. Lorsque l'UE est dans l'état CM-CONNECTED, le (R)AN peut transférer le message de requête d'enregistrement à l'AMF sur la base des connexions sur l'interface N2 de l'UE. Si le (R)AN n'arrive pas à sélectionner un AMF approprié, sur la base de la configuration, il transfère le message à l'AMF configuré à son niveau pour effectuer la sélection d'AMF.
3. Le (R)AN envoie au nouvel AMF un message N2 contenant la requête d'enregistrement et les paramètres N2. Lorsque le NG-RAN est utilisé comme accès radio, les paramètres N2 incluent l'identité du PLMN sélectionné (PLMN ID), les informations de localisation et l'identité de la cellule sur laquelle l'UE s'est campé. Les paramètres N2 inclut également la cause de l'établissement.
   Lorsque la procédure d'enregistrement est de type mise à jour périodique, les étapes 4 à 19 sont ignorées.
4. (Etape optionnelle) Le nouvel AMF envoie à l'ancien AMF une requête *Namf_Communication_UEContextTransfer* contenant la requête d'enregistrement ou à l'UDSF une requête *Nudsf_Unstructured Data Management_Query()* lorsque ce dernier est déployé.
   Lorsque l'UDSF est déployé, si le 5G-GUTI est inclus dans la requête d'enregistrement, l'AMF fournissant le service à l'UE est changé après la dernière procédure d'enregistrement et le nouvel AMF et l'ancien AMF sont dans le même lot d'AMF (AMF set), le nouvel AMF retire directement de l'UDSF le SUPI et les informations de contexte de l'UE en utilisant la requête *Nudsf_UnstructuredDataManagement_Query*.
   Lorsque l'UDSF n'est pas déployé, si le 5G-GUTI est inclus dans la requête d'enregistrement, l'AMF fournissant le service à l'UE est changé après la dernière procédure d'enregistrement, le nouvel

AMF doit demander à l'ancien AMF à travers le service *Namf_Communication_UEContextTransfer* en incluant le type d'accès et le message NAS complet de la requête d'enregistrement dont l'intégrité est protégée, le SUPI et les informations de contexte de l'UE. Dans ce cas, l'ancien AMF vérifie la conformité de la demande concernant l'UE en utilisant le 5G-GUTI et le message NAS de requête d'enregistrement.

Lorsque le nouvel AMF a déjà reçu de l'ancien AMF les contextes de l'UE durant une procédure de handover, les étapes 4, 5 et 10 sont ignorées.

Pour un enregistrement pour les services d'urgence, si l'UE s'identifie à travers un 5G-GUTI non connu par l'AMF, les étapes 4 et 5 sont ignorées et l'AMF demande immédiatement le SUPI à l'UE. Si l'UE s'identifie avec le PEI, la demande de SUPI n'est plus nécessaire. La permission d'enregistrement pour les services d'urgence sans l'identité de l'utilisateur, dépend de la régulation.

5. (Etape optionnelle) Lorsque l'UDSF n'est pas déployé, l'ancien AMF répond au nouvel AMF à travers le service *Namf_Communication_UEContextTransfer* contenant le SUPI et les informations du contexte de l'UE. Lorsque l'UDSF est déployé, l'UDSF répond au nouvel AMF à travers le service *Nudsf_Unstructured Data Management_Query()* contenant le SUPI et les informations du contexte de l'UE.

   Le contexte de l'UE concerne, entre autres, les sessions PDUs établis, les informations sur les DNNs, les S-NSSAIs, les ID des sessions PDUs, etc….
6. (Etape optionnelle) La requête d'identité est transmise par le nouvel AMF à l'UE. Lorsque le SUCI n'est pas fourni pas l'UE et n'a pas pu être reçu de l'ancien AMF, la procédure de requête d'identité est initiée par le nouvel AMF en envoyant à l'UE un message *Identity Request* pour demander le SUCI.
7. (Etape optionnelle) L'UE répond au nouvel AMF avec son SUCI. L'UE répond avec un message *Identity Response* contenant le SUCI déduit de la clé publique fourni pour le HPLMN.
8. L'AMF initie l'authentification de l'UE en saisissant un AUSF. L'AMF sélectionne l'AUSF sur la base du SUPI ou du SUCI. Lorsque l'AMF est configuré pour supporter les enregistrements d'urgence pour les SUPIs non authentifiés et l'UE indique un enregistrement pour les services d'urgence, alors l'AMF ignore

l'étape d'authentification ou continue la procédure d'enregistrement même si l'authentification échoue.

9. Cette étape concerne l'authentification de l'UE. Durant cette étape, l'AMF reçoit de l'AUSF les informations relatives à la sécurité. Il transmet les contextes de sécurité au NG-RAN qui les stocke à son niveau et les utilise pour protéger les messages échangés avec l'UE.
10. (Etape optionnelle) Le nouvel AMF envoie un message de mise à jour du statut de l'enregistrement à l'ancien AMF à travers le service *Namf_Communication_RegistrationStatusUpdate()*.
    Lorsque l'AMF est changé, le nouvel AMF informe l'ancien AMF que l'enregistrement est effectué avec succès.
    Lorsque la procédure d'authentification/de sécurité échoue, l'enregistrement est rejeté, le nouvel AMF saisit l'ancien AMF à travers le service *Namf_Communication_RegistrationStatusUpdate()* pour lui indiquer le rejet de l'enregistrement. L'ancien AMF se comporte alors comme si l'opération de transfert des contextes de l'UE n'a jamais existée.
    Lorsque l'enregistrement échoue pour d'autres raisons, le nouvel AMF en informe l'ancien AMF en indiquant la raison (NSSAI non supporté, etc…).
11. (Etape optionnelle) Dans le cas où la vérification de l'identité du terminal (ME) est requise sur le 5G-EIR, lorsque le PEI n'est pas fourni par l'UE ou n'a pas pu être extrait de l'ancien AMF la procédure de demande d'identité est initié par le nouvel AMF en envoyant un message *Identity Request* à l'UE pour avoir le PEI. Le PEI est transmis crypté sur l'interface radio sauf dans le cas où l'UE effectue un service d'urgence et n'a pas pu être authentifié. Pour un enregistrement pour un service d'urgence, l'UE doit inclure le PEI dans la requête d'enregistrement. Dans un tel cas, cette étape n'est plus nécessaire.
12. (Etape optionnelle) Le nouvel AMF initie la vérification de l'identité du terminal à travers le service *N5g-eir_EquipmentIdentityCheck_Get*. La vérification du PEI est faite par le 5G-EIR et le résultat est fourni à l'AMF.
13. Lorsque l'étape 14 est nécessaire à exécuter, le nouvel AMF, sur la base du SUPI, sélectionne un UDM, qui, à son tour, sélectionne une instance UDR.

14. a-c) Lorsque l'AMF a changé depuis la dernière procédure d'enregistrement, ou lorsque l'UE fournit un SUPI ne référant pas à un contexte valide dans l'AMF, ou si l'UE s'enregistre avec l'AMF avec lequel il s'est précédemment enregistré à travers un accès non 3GPP, alors le nouvel AMF s'enregistre dans l'UDM en utilisant *Nudm_UECM_Registration.*
    Lorsque l'AMF ne dispose pas de données de souscription pour l'UE, il récupère les données de souscription relatives à l'accès et à la mobilité, les données de souscription relatives à la sélection du SMF, les données relatives au contexte de l'UE dans le SMF et les données relatives à la localisation en utilisant Nudm_SDM_Get avec l'UDM.
    Après la réception d'une réponse avec succès, l'AMF, en utilisant la requête *Nudm_SDM_Subscribe*, souscrit auprès de l'UDM à être notifié lorsque les données de souscription demandées, sont modifiées. L'UDM souscrit à son tour auprès de l'UDR en utilisant *Nudr_DM_Subscribe*.
    d) Comme indiqué au point a) lorsque l'UDM enregistre le type d'accès associé avec le nouvel AMF, alors il doit initier une notification pour informer l'ancien AMF (correspondant au même type d'accès) de son dé-enregistrement en utilisant *Nudm_UECM_DeregistrationNotification*, si toutefois un tel AMF existe.
    e) Lorsque l'ancien AMF n'a plus de contexte pour l'UE pour d'autres types d'accès, il désinscrit auprès de l'UDM par rapport aux données de souscription de l'UE en utilisant *Nudm_SDM_unsubscribe*.
15. Lorsque l'AMF décide d'initier une communication avec le PCF, il agit comme suit :
    Si le nouvel AMF décide d'utiliser un (V-)PCF identifié par son (V-)PCF ID inclut dans les données de contexte de l'UE reçues de l'ancien AMF, il le contacte pour obtenir les politiques définies. Sinon le nouvel AMF peut procéder à la découverte et la sélection du (V-)PCF en passant par le (H-)PCF et conformément à la procédure de découverte et sélection du PCF.
16. (étape optionnelle) Le nouvel AMF effectue un établissement ou une modification des associations de politiques d'accès et de mobilité en utilisant *AM Policy Association Establishment/Modification*.

Lorsque le nouvel AMF sélectionne un nouveau (V-)PCF (cf. étape 15), il procède à l'établissement d'une association de politique d'accès et de mobilité avec le (V-)PCF sélectionné.
Lorsque le (V-)PCF identifié par le (V-)PCF ID inclus dans les données du contexte de l'UE reçues de l'ancien AMF est utilisé, le nouvel AMF procède à une modification de l'association de politique d'accès et de mobilité avec ce (V-)PCF.
Si l'AMF notifie les restrictions de mobilité au PCF pour ajustement, ou si le PCF met à jour lui-même les restrictions de mobilités à la suite de certaines exigences (applications utilisées, date, heure, etc..), le PCF fournit à l'AMF les restrictions de mobilité mises à jour.

17. (étape optionnelle) L'AMF invoque *Nsmf_PDUSession_UpdateSMContext* dans les cas suivants :
    - Lorsque la liste des sessions PDU à activer est incluse dans la requête d'enregistrement (étape 1), l'AMF envoie la requête *Nsmf_PDUSession_UpdateSMContext* aux SMFs associés avec ces sessions PDU dans le but d'activer les connexions UP y relatives.
    - Lorsque l'AMF détermine à l'étape 3 que l'UE effectue une mobilité inter-RAT de ou vers un NB-IoT, il envoie la requête *Nsmf_PDUSession_UpdateSMContext* aux SMFs associés avec les sessions PDU de l'UE de manière que ces SMFs puissent mettre à jour ces sessions en fonction des données de souscription pour la continuité de la session lors d'une mobilité inter-RAT.

    Lorsque l'AMF de service a changé, le nouvel AMF de service notifie le SMF de chacune des sessions PDU qu'il est désormais le responsable du lien de signalisation vers l'UE : le nouvel AMF de service invoque *Nsmf_PDUSession_UpdateSMContext* en utilisant les informations sur les SMF reçues de l'ancien AMF à l'étape 5.
    L'AMF utilise le service *Nsmf_PDUSession_ReleaseSMContext* vers le SMF pour toute session PDU terminée (libérée) au niveau de l'UE dans le but de libérer les ressources réseau relatives à cette session.
18. Lorsque l'AMF a changé et que l'ancien AMF indique que l'UE est dans l'état CM-CONNECTED à travers un N3IWF, un W-AGF (Wireline Access Gateway Function) ou un TNGF (Trusted Non-3GPP Gateway Function), et lorsque l'ancien AMF et le

nouvel AMF sont dans le même PLMN, alors le nouvel AMF crée une association UE NGAP vers le N3IWF/TNGF/W-AGF auquel l'UE est connecté. Ce qui libère automatiquement les associations NGAP UE entre le N3IWF/TNGF/W-AGF et l'ancien AMF.

19. Le N3IWF/TNGF/W-AGF envoie une réponse au nouvel AMF en utilisant *UE Context Modification Response*.
    19a (étape optionnelle) Après que le nouvel AMF reçoit la réponse du N3IWF, ou du TNGF ou du W-AGF à l'étape 19, il s'enregistre avec l'UDM en utilisant *Nudm_UECM_Registration* comme à l'étape 14a, mais avec le type d'accès mis à non 3GPP. L'UDM enregistre cet AMF en l'associant avec le type d'accès concerné sans supprimer, si elles existent, les identités des autres AMFs associés avec d'autres types d'accès.
    19b (étape optionnelle) Lorsque l'UDM enregistre le type d'accès (non 3GPP) associé avec le nouvel AMF, il notifie cela à l'ancien AMF en utilisant *Nudm_UECM_DeregistrationNotification* pour le même type d'accès. Ainsi, l'ancien AMF supprime les contextes de l'UE pour l'accès non 3GPP.
    19c L'ancien AMF désinscrit de l'UDM pour les données de souscription en utilisant *Nudm_SDM_unsubscribe*.
20. Vide
21. Le nouvel AMF envoie à l'UE un message d'acceptation de l'enregistrement *Registration Accept*. Ce message est envoyé avec certains des paramètres suivants : 5G-GUTI, zone d'enregistrement, [restrictions de mobilité], [état de la session PDU], [NSSAI permis], [correspondance des NSSAI permis], [NSSAI configurés pour le PLMN de service], [correspondance des NSSAI configurés], [S-NSSAIs rejetés], [NSSAI pendants], [timer pour la mise à jour périodique de l'enregistrement], [temps d'activité], [Information sur le LADN], [MICO mode accepté], [indication du support de la voix IMS sur des sessions PS], [Indicateur de support des services d'urgences], [Paramètres DRX acceptés], [indication du changement de la souscription à un slice réseau], [Liste des PLMN équivalents], etc….
    21b Le nouvel AMF effectue l'établissement d'une association de politique de l'UE avec le PCF. Il envoie la requête de création *Npcf_UEPolicyControl Create Request* au PCF. Le PCF répond au nouvel AMF avec *Npcf_UEPolicyControl Create Response* et déclenche la procédure de mise à jour de la configuration de l'UE.

22. L'UE envoie au nouvel AMF le message *Registration Complete* lorsqu'il se met à jour avec succès avec les informations reçues dans le message d'acceptation de l'enregistrement. Ce message sert d'accusé de réception pour le nouvel AMF
23. (étape optionnelle) Lorsque les données de souscription pour l'accès et la mobilité fournies par l'UDM à l'AMF à l'étape 14b incluent le steering des informations de roaming avec l'indication que l'UDM demande et acquitte la réception de ces informations de l'UE, l'AMF transmet les acquittements de l'UE à l'UDM en utilisant *Nudm_SDM_Info*.
    23a Pour un enregistrement sur un accès 3GPP, lorsque l'AMF ne libère pas les connexions de signalisation, il envoie un message *RRC Inactive Assistance Information* au NG-RAN.
    Pour un enregistrement sur un accès non 3GPP, lorsque l'UE est aussi dans l'état CM-CONNECTED, sur un accès 3GPP, l'AMF envoie un message *RRC Inactive Assistance Information* au NG-RAN.
24. (étape optionnelle) Après l'étape 14a et parallèlement à toutes les étapes précédentes, l'AMF envoie à l'UDM une indication homogène du support de la voix IMS sur sessions PS en utilisant *Nudm_UECM_Update* :
    - Si l'AMF évalue le support de la voix IMS sur sessions PS,
    - Si l'AMF détermine la nécessité de la mise à jour.
25. (étape optionnelle) Lorsque l'UE indique qu'il supporte spécifiquement la procédure d'autorisation et d'authentification pour des slices réseaux dans les capabilités réseaux pour la gestion de la mobilité dans la requête d'enregistrement, et lorsqu'un slice réseau dans le HPLMN est sujet à cette procédure d'autorisation et d'authentification, ladite procédure est exécutée à cette étape.

La figure ci-dessous représente la procédure d'enregistrement décrite ci-dessus.

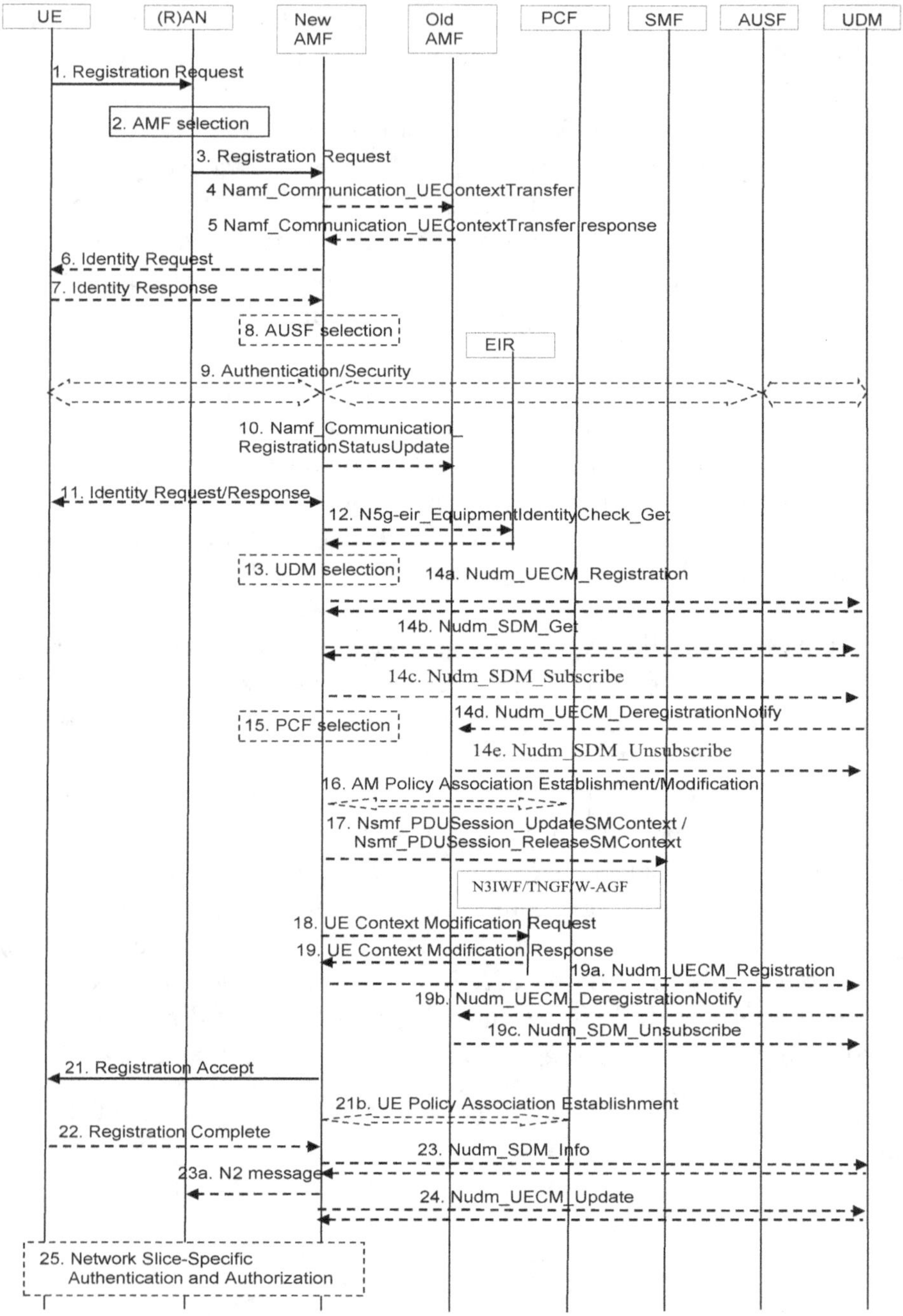

***Figure 39 :** Procédure d'enregistrement*

VI.2.3 : Procédure de dé-enregistrement initié par l'UE

La procédure de dé-enregistrement est décrite comme suit :

1. L'UE envoie un message NAS contenant la requête de dé-enregistrement (*Deregistration Request*) avec les paramètres 5G-GUTI, le type d'enregistrement et le type d'accès
2. (étape conditionnelle) Lorsque l'UE n'a pas de session PDU établie avec l'accès ciblé à l'étape 1, alors les étapes 2 à 5 ne sont pas exécutées. Sinon, toutes les sessions de l'UE relevant de cet accès sont libérées par l'AMF en envoyant la requête Nsmf_PDUSession_ReleaseSMContext Request contenant l'ID du contexte au SMF pour chacune des sessions PDU.
3. (étape conditionnelle) Le SMF libère toutes les ressources par exemple les adresses IP et les préfixes d'adresses IP qui étaient alloués aux sessions PDU et libère également les ressources sur le plan utilisateur :
   3a (étape conditionnelle) Le SMF envoie aux UPF un message sur l'interface N4 contenant la requête de libération des sessions PDU *N4 Session Release Request (N4 Session ID)*. Les UPFs bloquent alors tous les paquets relatifs aux dites sessions PDU et libèrent tous les tunnels et contextes associés avec la session N4.
   3b (étape conditionnelle) Les UPFs acquittent la requête en transmettant au SMF le message de réponse *N4 Session Release Response (N4 Session ID)*
4. (étape conditionnelle) Le SMF répond à l'AMF avec le message *Nsmf_PDUSession_ReleaseSMContext Response*
5. (étape optionnelle) Lorsque le PCC (Policy and Charging Control) est appliqué aux dites sessions, le SMF exécute la procédure de terminaison des associations de politiques de contrôle appliquées aux sessions. S'il s'agit de la dernière session PDU gérée par le SMF pour l'UE, le SMF se désinscrit de la notification des changements sur les données de souscription dans l'UDM avec le message *Nudm_SDM_Unsubscribe*. Ensuite, le SMF invoque le service *Nudm_UECM_Deregistration* pour que l'UDM toutes les associations qu'il a enregistrées entre l'identité du SMF, le réseau de données DNN et les ID des sessions PDU.

6. (étape optionnelle) S'il existe une association avec le PCF pour cet UE et que l'UE ne soit plus enregistré avec aucun accès, l'AMF effectue une procédure de terminaison et de suppression des associations de politiques AM (Access and Mobility) initiées par l'AMF.
   6a (étape optionnelle) S'il existe une association avec le PCF pour cet UE et que l'UE ne soit plus enregistré avec aucun accès, l'AMF effectue une procédure de terminaison et de suppression des associations de politiques de l'UE initiées par l'AMF.
7. (étape conditionnelle) En fonction du type de dé-enregistrement, l'AMF envoie le message de réponse NAS *Deregistration Accept* à l'UE pour indiquer l'acceptation de la requête. Si le type de dé-enregistrement est le switch off de l'UE, ce message ne lui est pas envoyé.
8. Lorsque l'accès concerné par la procédure de dé-enregistrement est un accès 3GPP ou les deux accès 3GPP et non 3GPP en même temps, et qu'il existe une connexion de signalisation N2 avec le NG-RAN, l'AMF envoie au NG-RAN une commande de libération de la signalisation N2 relative à l'UE en indiquant comme cause la dé-enregistrement de l'UE.
   Lorsque l'accès concerné par la procédure de dé-enregistrement est un accès non 3GPP ou les deux accès 3GPP et non 3GPP en même temps, et qu'il existe une connexion de signalisation N2 avec le N3IWF/TNGF/W-AGF, l'AMF envoie au N3IWF/TNGF/W-AGF une commande de libération de la signalisation N2 relative à l'UE en indiquant comme cause la dé-enregistrement de l'UE.

La figure ci-dessous représente la procédure de dé-enregistrement initié par l'UE.

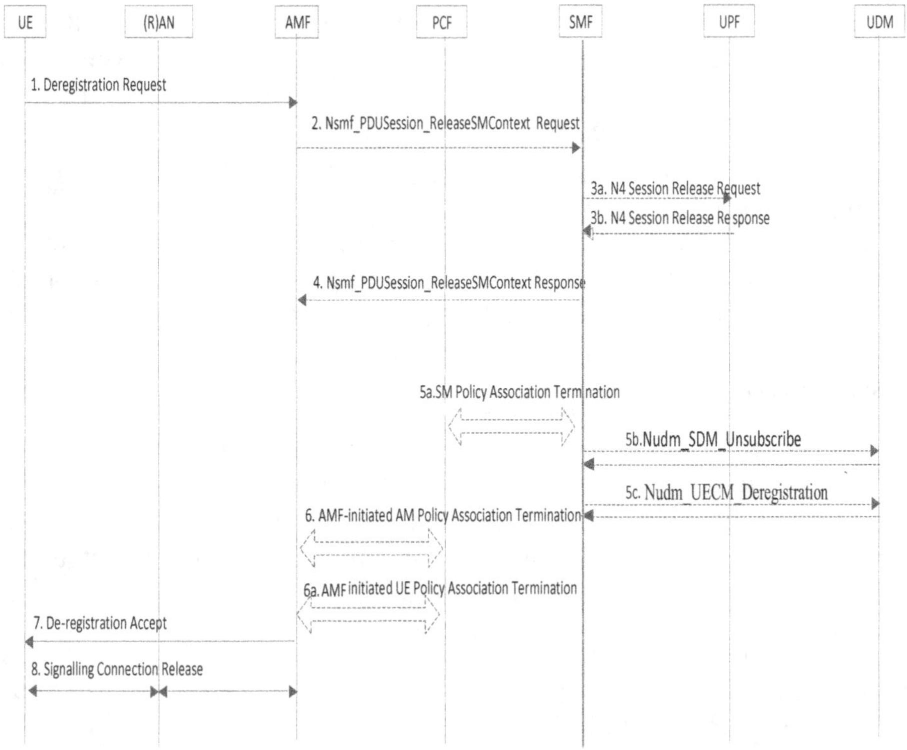

Figure 40 : *Procédure de dé-enregistrement initiée par l'UE*

VI.3 : Procédures de demande de services

La procédure de demande de services est utilisée par l'UE dans l'état CM-IDLE ou le cœur de réseau 5G pour demander l'établissement d'une connexion sécurisée avec l'AMF. Elle est également utilisée pour établir un lien pour les données du plan utilisateur pour une session PDU déjà établie pour l'UE aussi bien dans l'état CM-IDLE que l'état CM-CONNECTED.

L'UE n'initie par une nouvelle procédure de demande de service lorsqu'une autre est déjà en cours.

La demande de service peut être déclenchée par l'UE ou par le réseau. Dans ce chapitre, la demande de service déclenchée par l'UE est décrite.

L'UE dans l'état CM-IDLE initie une procédure de demande de service dans le but de transmettre des messages de signalisation en uplink, des données utilisateurs, une demande de service d'urgence, ou de répondre à un message de paging du réseau. L'UE, dans l'état CM-IDLE, n'initie pas une demande de service tant que le compteur de séparation entre demandes de service n'est pas écoulé. Après la réception de la demande de service, l'AMF procède à l'authentification de l'UE. Après l'établissement de la connexion de signalisation avec l'AMF, l'UE ou le réseau doit transmettre les messages de signalisation, par exemple, pour l'établissement de session PDU entre l'UE et le SMF à travers l'AMF.

La procédure de demande de service est utilisée par l'UE dans l'état CM-CONNECTED pour demander l'activation d'une connexion du plan utilisateur pour les sessions PDU et répondre à un message de notification de l'AMF. Lorsque la connexion sur le plan utilisateur est activée la couche AS de l'UE l'indique à la couche NAS.

Pour toute demande de service, l'AMF répond avec un message d'acceptation de demande de service pour synchroniser la situation des sessions PDU entre l'UE et le réseau, si nécessaire. L'AMF répond avec un message de rejet de demande de service lorsque la demande de service ne peut pas être satisfaite par le réseau. Le message de rejet contient une indication ou un code demandant à l'UE d'effectuer la procédure d'enregistrement.

Pour cette procédure, le SMF et l'UPF éventuellement impactés sont tous sous le contrôle du PLMN desservant l'UE, par exemple, dans le cas d'un roaming HR, le SMF et l'UPF dans le HPLMN ne sont pas impliqués si la relocalisation du V-SMF n'est pas déclenchée.

Pour une demande de service due aux données utilisateurs, le réseau initie des actions supplémentaires lorsque l'activation de la connexion du plan utilisateur n'est pas réussie.

La présente procédure est applicable aux scénarii avec ou sans UPF intermédiaire, ou avec ou sans la re-sélection d'un UPF intermédiaire.

La procédure de demande de service initiée par l'UE est décrite comme suit :

1. L'UE envoie au (R)AN la demande de services contenant les paramètres d'accès réseau et les services voulues (liste des sessions PDU à activer, la liste des sessions PDU permises, les paramètres de sécurité, les états des sessions PDU, le 5G-S-TMSI, etc…). La liste des sessions PDU à activer est fournie lorsque l'UE veut réactiver ces sessions PDU. La liste des sessions PDU permises est fournie par l'UE lorsque la demande de service est une réponse à un paging ou une notification NAS pour une session PDU associée avec un accès non 3GPP. Elle identifie les sessions PDU pouvant être transférées à l'accès 3GPP.
   Pour un UE dans l'état CM-CONNECTED, seules les listes des sessions PDU à activer et des sessions PDU permises doivent être incluses dans la demande de service.
2. Le (R)AN transmet à l'AMF un message sur l'interface N2 composé des paramètres N2 et de la demande de service. Les paramètres N2 incluent le 5G-S-TMSI, l'ID du PLMN sélectionné, les informations de localisation et la cause de l'établissement.
3. Cette étape est relative à l'authentification et à l'établissement des contextes de sécurité. Lorsque la demande de service n'est pas transmise avec la protection de l'intégrité ou lorsque la vérification de l'intégrité échoue, l'AMF rejette la demande de service.
   Lorsque l'UE dans l'état CM-IDLE initie une demande de service pour uniquement établir une connexion de signalisation, après un établissement avec succès de la connexion, l'UE et le réseau peuvent échanger la signalisation NAS et les étapes 4 à 11 et 15 à 22 sont ignorées.
4. (étape optionnelle) L'AMF envoie au SMF la requête *Nsmf_PDUSession_UpdateSMContext Request* contenant l'ID de la session PDU, le type d'opération, les informations de localisation de l'UE, le type d'accès, le type de RAT, l'indication de la présence de l'UE dans une zone de service LADN, l'indication du changement du type d'accès, etc..
   Cette requête est utilisée lorsque :
   - L'UE identifie une liste de sessions PDU à activer dans le message de la demande de service ;
   - La procédure est déclenchée par le SMF mais les sessions PDU identifiées par l'UE corrèlent avec d'autres ID de

sessions PDU différentes de celles indexées initialement dans la requête du SMF ;

- La procédure est déclenchée par le SMF pour répondre au paging ou à une notification NAS pour un accès 3GPP, et que la localisation actuelle de l'UE est en dehors de la zone de validité fournie par le SMF pour l'établissement des sessions ou la zone de validité n'est par fournie par le SMF. Autrement, lorsque la localisation courante de l'UE est incluse dans la zone de validité, les étapes 4 à 11 sont ignorées.
- La procédure est déclenchée par le SMF pour répondre au paging ou à une notification NAS pour un accès non 3GPP, et que l'AMF reçoit uniquement les informations de gestion de sessions sur N2 ou à la fois les informations de gestion de sessions sur N2 et N1.

5. **5a**. (étape conditionnelle) lorsque l'AMF indique au SMF un changement possible du type d'accès de la session PDU à l'étape 4, et lorsque le PCC est déployé, le SMF initie la procédure de modification des associations de politiques de gestion des sessions si les critères de déclenchement du contrôle PCC sont satisfaits. Le PCF fournit les règles PCC mis à jour.

   5b. Le SMF sélectionne un UPF pour prendre en charge les connexions du plan utilisateur.

   Lorsque la session PDU correspond à un LADN et le SMF détermine que l'UE est en dehors de la zone de disponibilité de ce LADN en se référant sur les indicateurs de présence de l'UE dans les zones de disponibilité LADN fournis par l'AMF, le SMF, en fonction des politiques locales, décide soit :

   - De maintenir la session PDU et rejeter l'activation de la connexion du plan utilisateur pour la session PDU et en informer l'AMF ;
   - De libérer la session PDU et en informer l'AMF

   Dans les deux cas de figures, le SMF répond à l'AMF avec la cause réelle de rejet et l'activation du plan utilisateur pour la session PDU est abandonnée.

   Autrement, sur la base des informations de localisation reçues de l'AMF, le SMF vérifie les critères de sélection de l'UPF (voir chapitre sur l'architecture 5G), et détermine d'exécuter soit :

- D'accepter l'activation de la connexion du plan utilisateur et continuer avec l'UPF courant,
- D'accepter l'activation de la connexion du plan utilisateur et sélectionner un nouvel UPF intermédiaire, si l'UE s'est déplacé en dehors de la zone de service de l'UPF qui était précédemment connecté au réseau d'accès tout en maintenant cet UPF comme source principale de la session PDU,
- De rejeter l'activation de la connexion UP pour une session PDU en SSC mode 2, et déclencher un rétablissement de la session PDU après la procédure de demande de service pour effectuer l'allocation d'un nouvel UPF devant agir comme UPF source principale, c'est-à-dire que l'UE s'est déplacé en dehors de la zone de service de l'UPF source principale initial.

Dans le cas où le SMF n'arrive pas à trouver un UPF intermédiaire convenable, le SMF décide :

- Soit d'initier le rétablissement de la session PDU ;
- Soit de maintenir la session PDU et rejeter l'activation de la connexion du plan utilisateur pour la session PDU et en informer l'AMF ;
- Libérer la session PDU après la demande de service.

6. **6a**. (étape conditionnelle) Le SMF envoie à l'UPF (source) une requête de modification de la session sur l'interface N4.
   6b. (étape conditionnelle) L'UPF (source) répond au SMF à travers le message de réponse *N4 Session Modification Response* et fournit les informations de tunnel au SMF.
   6c. (étape conditionnelle) le SMF envoie au nouvel UPF (intermédiaire) une demande d'établissement de session sur l'interface N4. Lorsque le SMF sélectionne un nouvel UPF pour agir en qualité d'UPF intermédiaire pour la session PDU, ou lorsque le SMF décide d'insérer un UPF intermédiaire pour la session PDU dépourvue d'UPF intermédiaire, une requête d'établissement de session est transmise audit UPF assurant la détection de paquets, le transfert de données, le renforcement et le reporting des règles configurées.
   6d. (étape conditionnelle) Le nouvel UPF (intermédiaire) envoie au SMF la réponse à la requête d'établissement de session.

7. **7a**. (étape conditionnelle) Le SMF envoie à l'UPF (source) une requête de modification de session sur l'interface N4 lorsque le SMF sélectionne un nouvel UPF pour agir comme UPF intermédiaire pour la session PDU. Lorsqu'un nouvel UPF intermédiaire est ajouté à la session PDU, l'UPF (source) commence à lui envoyer des données DL.
   Dans le cas où la demande de service est initiée par le réseau et que l'UPF source ou racine (PSA) demande à l'ancien UPF d'établir un second tunnel, l'UPF PSA met en mémoire tampon les données à transférer à l'UE et démarre un timer.
   7b. L'UPF (source) envoie au SMF la réponse à la requête de modification de session sur l'interface N4 contenant, si demandées par le SMF, les informations sur les tunnels DL utilisés au niveau de l'ancien UPF intermédiaire. Le SMF démarre un timer qui sera utilisé à l'étape 22a pour libérer les ressources de l'ancien UPF s'il existe.
8. **8a**. (étape conditionnelle) Le SMF envoie à l'ancien UPF intermédiaire une requête de modification de session sur l'interface N4 contenant l'adresse IP du nouvel UPF et les ID des tunnels utilisés en DL. Le SMF démarre un timer pour superviser le tunnel de transfert de données.
   8b. L'ancien UPF intermédiaire envoie au SMF le message de réponse de modification de session PDU sur l'interface N4.
9. (étape conditionnelle) L'ancien UPF intermédiaire transfère au nouvel UPF intermédiaire les données dans sa mémoire tampon. Lorsque l'UPF intermédiaire est changé et que les tunnels de transmission sont établis avec le nouvel UPF, l'ancien UPF intermédiaire transfère ses données en mémoire tampon au nouvel UPF intermédiaire agissant comme point de terminaison de l'interface N3.
10. (étape conditionnelle) l'ancien UPF intermédiaire transfère à l'UPF source les données en mémoire tampon pour le downlink. Lorsque l'ancien UPF intermédiaire est supprimé et qu'il n'y a pas de nouvel UPF intermédiaire assigné à la session PDU et que les tunnels de transmission sont établis avec l'UPF source, alors l'ancien UPF intermédiaire transfère les données en mémoire tampon à l'UPF source agissant comme point de terminaison N3.
11. (étape conditionnelle) Le SMF répond à l'AMF en utilisant *Nsmf_PDUSession_UpdateSMContext Response* contenant les informations de gestion de session sur l'interface N2 (ID de la

Session PDU, QFI(s), profils QoS, Information sur le Tunnel, le S-NSSAI, information de sécurité pour le plan utilisateur, Protection de l'intégrité de l'UE, débit maximum, RSN (Redundancy Sequence Number)), le conteneur de de gestion de session pour l'interface N1, la cause, etc..

Pour une session PDU pour laquelle le SMF accepte l'activation de la connexion pour le plan utilisateur à l'étape 5a ou 5b, le SMF génère uniquement les informations de gestion de session sur l'interface N2 et les envoie à travers *Nsmf_PDUSession_UpdateSMContext Response* pour établir le plan utilisateur.

Le SMF peut rejeter l'activation du plan utilisateur de la session PDU en indiquant la cause dans la réponse *Nsmf_PDUSession_UpdateSMContext Response*. La cause de rejet peut être entre autres :

- La session PDU correspond à un LADN et l'UE est en dehors de la zone de disponibilité de ce LADN,
- L'AMF notifie au SMF que l'UE est joignable pour les services prioritaires et réglementaires uniquement alors que la session PDU à activer n'est pas pour un tel service,
- Le SMF décide de changer l'UPF PSA pour la session PDU. Pour ce cas, après avoir rejeté avec la réponse *Nsmf_PDUSession_UpdateSMContext Response*, le SMF instruit à l'UE d'établir une nouvelle session PDU.
- Le SMF reçoit une réponse négative à l'étape 6b pour raison d'indisponibilité de ressources au niveau de l'UPF

12. L'AMF envoie au (R)AN une requête sur l'interface N2 contenant les informations de gestion de sessions reçues du SMF, le contexte de sécurité, la liste des restrictions de mobilité, l'UE-AMBR, liste des cellules/TA/identifiants NG-RAN recommandés, les capabilités radio pour l'UE, les informations d'assistance du cœur de réseau, les besoins de traçages. Le NSSAI autorisé pour l'UE pour le type d'accès utilisé, est également inclus dans la requête N2.

    Lorsque la procédure de demande de service est déclenchée alors que l'UE se trouve dans l'état CM-CONNECTED, seules les informations de gestion de sessions sont incluses dans le message N2 de l'AMF vers le (R)AN.

13. Le NG-RAN procède à la reconfiguration de la connexion RRC avec l'UE en fonction des informations de qualité de service des sessions PDU pour lesquelles les connexions UP (User Plan) et les porteuses de données radio sont activées.
    Pour un UE dans l'état CM-IDLE, lorsque la procédure de demande de service n'est pas initiée par l'UE pour les besoins de signalisation uniquement, la sécurité pour le plan utilisateur est établie à cette étape.
    Pour un UE dans l'état CM-IDLE, lorsque la procédure de demande de service est initiée par l'UE pour les besoins de signalisation uniquement, alors seul le contexte de sécurité pour l'accès est établi.
    Après que les ressources radio pour le plan utilisateur soient établies, les données uplink de l'UE peuvent être transmises au NG-RAN. Le NG-RAN envoie à son tour les données uplink à l'UPF à travers son adresse et l'identifiant du tunnel fournis à l'étape 11.
14. (étape conditionnelle)Le NG-RAN envoie à l'AMF un accusé de réception de la requête N2 avec le message *N2 Request Ack* contenant la liste des sessions PDU à établir avec les informations de gestion de session (information sur le tunnel de l'accès réseau, la liste des flux de QoS acceptés pour les différentes sessions PDU, liste des flux QoS rejetés), liste des sessions PDU rejetés avec les causes des rejets.
15. (étape conditionnelle) Lorsque l'AMF reçoit le message de l'étape 14, alors il transfère les informations de gestion de sessions aux SMF concernés pour chaque ID de session PDU. L'AMF utilise pour cela la requête *Nsmf_PDUSession_UpdateSMContext Request* contenant les informations de gestion des sessions, le type de RAT et le type d'accès.
16. (étape optionnelle) Lorsque le PCC dynamique est activé, le SMF initie une notification au PCF par rapport aux informations sur la nouvelle localisation de l'UE en initiant la procédure de modification de politiques de gestion de sessions à l'endroit du PCF. Le PCF fournit ainsi les politiques mises à jour.
17. **17a**. (étape conditionnelle) Lorsque le SMF sélectionne un nouvel UPF comme UPF intermédiaire à l'étape 5b, le SMF initie une procédure de modification de session sur l'interface N4 à l'endroit du nouvel UPF intermédiaire et fournit les informations sur les tunnels de l'accès radio. Les données en downlink issues du

nouvel UPF intermédiaire peuvent être alors transmises au NG-RAN et à l'UE.

17b. l'UPF envoie au SMF la réponse à la demande de modification de session.

18. (étape conditionnelle)

    18a. Le SMF envoie une requête de modification de session sur l'interface N4 à l'UPF racine (PSA). Lorsque le plan utilisateur doit être établi ou modifié pour une session PDU et qu'après la modification, il n'y a pas d'UPF intermédiaire disponible, le SMF initie une procédure de modification de session à l'endroit de l'UPF racine (PSA) et fournit les informations de tunnel de l'accès radio. Les données en downlink issues de l'UPF racine peuvent être alors transmises au NG-RAN et à l'UE.

    Le SMF instruit à l'UPF de supprimer les règles associées au flux de QoS rejetés.

    18b. L'UPF racine (PSA) répond à la requête de modification du SMF

19. (étape conditionnelle) Le SMF répond à la requête de l'AMF de l'étape 15 avec le message *Nsmf_PDUSession_UpdateSMContext Response*.

20. (étape conditionnelle)

    20a. Le SMF envoie au nouvel UPF intermédiaire une requête de modification de session lorsqu'un tunnel de transfert a été établi avec le nouvel UPF et que le timer démarré à l'étape 8a pour ce tunnel est expiré, le SMF envoie la requête de modification de session au nouvel UPF agissant comme point de terminaison de l'interface N3, pour libérer le tunnel de transfert de données.

    20b. Le nouvel UPF intermédiaire agissant comme point de terminaison N3 envoie la réponse de modification de session au SMF.

21. (étape conditionnelle)

    21a. Le SMF envoie à l'UPF racine (PSA) une requête de modification de session lorsqu'un tunnel de transfert a été établi avec l'UPF racine et que le timer démarré à l'étape 7b pour ce tunnel est expiré, le SMF envoie la requête de modification de session à l'UPF racine (PSA) agissant comme point de terminaison de l'interface N3, pour libérer le tunnel de transfert de données.

    21b. L'UPF racine (PSA) agissant comme point de terminaison N3 envoie la réponse de modification de session au SMF.

22. (étape conditionnelle)

22a. Le SMF envoie à l'ancien UPF intermédiaire une requête de libération des ressources pour la session lorsqu'un tunnel de transfert a été établi avec l'ancien UPF intermédiaire et que le timer démarré à l'étape 7b pour ce tunnel est expiré, le SMF envoie la requête *N4 Session Release Request (Release Cause)* à l'ancien UPF intermédiaire agissant comme point de terminaison de l'interface N3, pour libérer le tunnel de transfert de données.

Dans le cas où le SMF décide de continuer d'utiliser l'ancien UPF à l'étape 5b, le SMF envoie une demande de modification de session à travers le message *N4 Session Modification Request* fournissant les informations de tunnel sur l'accès radio.

22b. L'UPF racine (PSA) agissant comme point de terminaison N3 envoie la réponse de modification de session ou la réponde de libération de session pour confirmer la modification ou la libération des ressources au SMF.

La figure ci-dessous décrit la procédure de demande de service initié par l'UE :

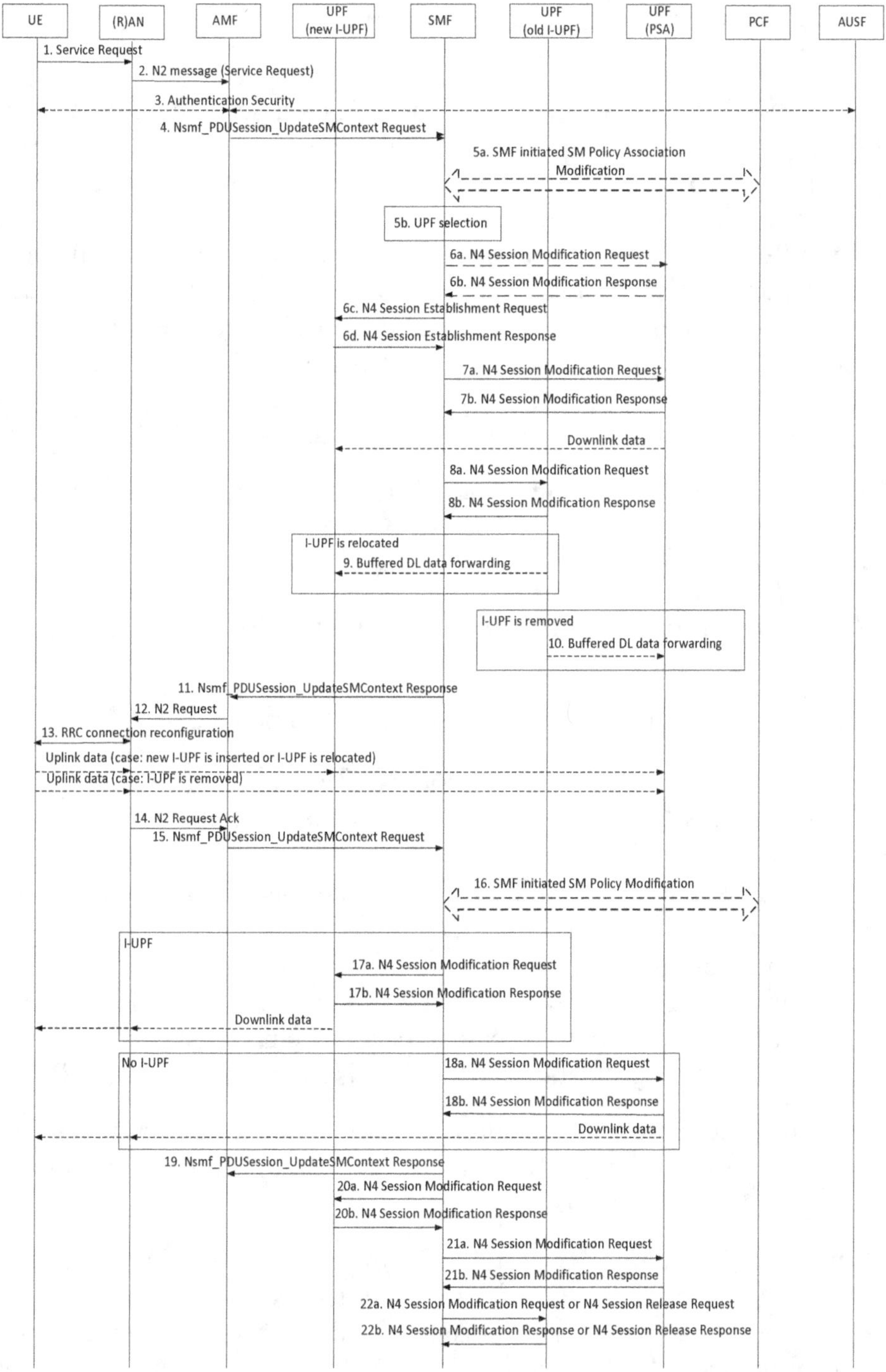

Figure 41 : *Procédure de demande de service initié par l'UE*

VI.4 : Procédures de gestion des sessions

Lorsque l'UE veut transmettre des données sur le plan utilisateur, il doit nécessairement établir une session PDU. Durant la vie de la session, des modifications sur ses caractéristiques peuvent être nécessaires. Lorsqu'il n'y a plus besoin de transmettre des données, la session PDU peut être désactivée. La session PDU peut être également établie par le réseau pour un UE donné lorsque des données en downlink se présentent pour cet UE. Ainsi, les procédures concernant la session PDU sont la procédure d'établissement ou d'activation de session PDU, la procédure de modification de session PDU et la procédure de désactivation ou de libération de session PDU.

Les procédures d'activation et de désactivation de session PDU sont décrites dans ce chapitre.

VI.4.1 : Procédure d'établissement de session PDU

Une procédure d'établissement de session PDU peut concerner :

- L'établissement d'une session PDU initiée par l'UE,
- Une session PDU initiée par l'UE et issue d'un handover entre un accès 3GPP et un accès non 3GPP,
- Une session PDU initiée par l'UE et issue d'un handover d'un EPS vers un 5GS,
- Une session PDU initiée par le réseau. Pour cela, le réseau envoie un message déclencheur à l'application sur le terminal. A la réception de ce message déclencheur et sur la base de son contenu, l'application initie l'établissement de la session PDU.

Le déroulement de la procédure d'établissement de session PDU dépend de la situation de l'UE notamment s'il est en roaming ou non et du type de roaming (LBO ou HR).

Dans le cas du roaming, l'AMF détermine si une session PDU doit être établie en mode LBO ou HR. Dans le cas du roaming LBO, la procédure est la même que dans le cas de l'absence de roaming à l'exception que l'AMF, le SMF, l'UPF et le PCF sont tous situés dans le réseau visité. Les sessions PDU pour les services d'urgences ne sont jamais établies en mode roaming HR.

La procédure décrite ci-dessous est pour l'établissement de session PDU pour un UE dans son réseau nominal (sans roaming) ou un UE en roaming LBO.

1. L'UE initie une procédure d'établissement de session PDU en envoyant un message NAS contenant la requête d'établissement de session PDU inclus dans le conteneur de gestion de session sur l'interface N1. La requête d'établissement de session PDU inclut un ID de session PDU, le type de demande de session PDU, le SSC mode demandé, le débit maximum autorisé pour la protection de l'intégrité des données de l'UE, les options de configuration PCO (Protocol Configuration Options), les capabilités de gestion de session 5G, etc…
   Le type de demande indique une « requête initiale » lorsqu'il s'agit d'une demande pour l'établissement d'une nouvelle session PDU ou indique « PDU existant » lorsqu'il s'agit du basculement d'une session PDU entre réseaux d'accès 3GPP et non 3GPP ou d'un handover venant d'un EPC.
   En outre, le type de demande indique « requête d'urgence » lorsqu'il s'agit de l'établissement de session PDU pour des services d'urgence. Egalement, il indique « session PDU existant pour urgence » lorsque la demande se réfère au basculement d'une session PDU d'urgence entre un accès 3GPP et un accès non 3GPP ou au handover d'une session PDU d'urgence d'un EPC vers le cœur 5G.
   Le message NAS envoyé par l'UE est encapsulé dans un message N2 par le nœud d'accès et transmis à l'AMF qui y ajoute les informations de localisation et du type d'accès utilisé.
2. L'AMF détermine que le message correspond à une demande de nouvelle session PDU en se référant sur le type de demande équivalant à une requête initiale et que l'ID de la session PDU n'est pas utilisé par une autre session en cours de l'UE.
   L'AMF sélectionne un SMF selon le principe décrit au chapitre II. Lorsque le type de session PDU est « requête initiale » ou lorsque la demande est suite à un handover issu d'un EPS ou d'un accès non 3GPP relié à un autre AMF, l'AMF enregistre une association

du S-NSSAI, du DNN, de l'ID de la session PDU, de l'ID du SMF et du type d'accès utilisé pour la session.
Lorsque le type de demande est « PDU existant » et réfère à une session PDU basculé entre un accès non 3GPP et un accès 3GPP, si le S-NSSAI pour la session PDU fait partie des S-NSSAI autorisés pour le type d'accès cible, la procédure d'établissement de la session PDU s'effectue dans les cas suivants :

- L'ID du SMF correspondant à l'ID de la session PDU et l'AMF sont dans le même réseau PLMN,
- L'ID du SMF correspondant à la session PDU est du réseau HPLMN.

Dans le cas contraire, l'AMF rejette l'établissement de la session PDU en indiquant la cause.

3. L'AMF envoie au SMF soit la demande de création de session PDU *Nsmf_PDUSession_CreateSMContext Request* ou soit la demande de modification de session PDU *Nsmf_PDUSession_UpdateSMContext Request*.
La requête *Nsmf_PDUSession_CreateSMContext Request* contient, entre autres, le SUPI, le DNN sélectionné, le DNN demandé, le S-NSSAI, l'ID de la session PDU, l'ID de l'AMF, le type de requête, l'ID du PCF, la priorité d'accès, la requête d'établissement de session PDU telle qu'envoyée sur l'interface N1, les informations de localisation de l'abonné, le type d'accès, le type de RAT, le PEI, le GPSI, la présence de l'UE dans une zone de service d'un LADN, la souscription aux notifications sur l'état de la session PDU, le mode de sélection du DNN, etc…
La requête *Nsmf_PDUSession_UpdateSMContext Request* contient, entre autres, le SUPI, le DNN, S-NSSAI, l'ID du contexte de la session, l'ID de l'AMF, le type de requête, la requête d'établissement de session PDU telle qu'envoyée sur l'interface N1, les informations de localisation de l'abonné, le type d'accès, le type de RAT, le PEI, l'ID du PLMN, etc..
Lorsque l'AMF ne contient aucune association avec un SMF pour l'ID de la session PDU fourni par l'UE, c'est-à-dire que le type de requête est « requête initiale », l'AMF utilise la requête *Nsmf_PDUSession_CreateSMContext Request*. Lorsque l'AMF contient déjà une association avec un SMF pour l'ID de la session PDU fourni par l'UE, c'est-à-dire que le type de requête est

« PDU existant », l'AMF utilise *Nsmf_PDUSession_UpdateSMContext Request.*

4. Lorsque les données de souscription dans le HPLMN pour la gestion de la session correspondantes au SUPI, au DNN et au S-NSSAI ne sont pas disponibles, alors le SMF retrait ces données de l'UDM en utilisant *Nudm_SDM_Get (SUPI, données de souscription connues, DNN sélectionné, S-NSSAI du HPLMN, l'ID du PLMN courant, l'ID du réseau)* et souscrit à la notification de mise à jour de ces données en utilisant *Nudm_SDM_Subscribe (SUPI, données de souscription connues, DNN sélectionné, S-NSSAI du HPLMN, l'ID du PLMN courant, l'ID du réseau).* L'UDM reçoit ces données de l'UDR avec Nudr_DM_Query et souscrit à la notification de mise à jour de ces données avec Nudr_DM_subscribe.
   Les données de souscription incluent les types de sessions PDU autorisés, les SSC modes autorisés, le 5QI et l'ARP par défaut, l'AMBR souscrit pour une session, les paramètres externes associés au SMF.
   Lorsque le type de demande indique « PDU existant » ou « PDU existant pour service d'urgence », le SMF déduit que la requête est dû à un basculement entre un accès 3GPP et un accès non 3GPP ou à un basculement venant d'un EPS. Le SMF identifie la session PDU à partir de l'ID inclut dans la requête. Dans ce cas, le SMF ne crée par un nouveau contexte de session mais met plutôt à jour le contexte existant et l'envoie à l'AMF dans la réponse.
   Lorsque le type de demande indique « requête initiale » et lorsque l'ancien ID de la session PDU est inclus dans la requête *Nsmf_PDUSession_CreateSMContext*, le SMF identifie la session PDU sur la base de son ID pour la libérer, les adresses ou préfixes IP si souscrits.
5. Le SMF répond à l'AMF soit avec *Nsmf_PDUSession_CreateSMContext* contenant la cause, l'ID du contexte de la session, soit avec Nsmf_PDUSession_UpdateSMContext pour la mise à jour du contexte. Le type de requête utilisé par le SMF correspond au type de requête utilisé par l'AMF à l'étape 3.
   Lorsque le SMF est à mesure de traiter la demande de l'AMF, le SMF crée un contexte et fournit à l'AMF l'ID du contexte.
   Lorsque le SMF décide de ne pas accepter l'établissement de la session PDU, le SMF rejette la requête de l'UE à travers le

message de signalisation NAS incluant la cause du rejet en repondant à l'AMF avec *Nsmf_PDUSession_CreateSMContext Response*. Le SMF indique aussi à l'AMF que la session PDU est à libérer et exécute l'étape 20 de la présente procédure. La procédure d'établissement de session est alors arrêtée.

6. (étape optionnelle) Lorsque le type de demande à l'étape 3 indique « PDU existant » ou « demande d'urgence », « PDU existant pour service d'urgence », le SMF ne procède pas à une authentification/autorisation secondaire.
   Lorsque le SMF a besoin d'effectuer une authentification/autorisation durant l'établissement de la session PDU, le SMF déclenche cette procédure conformément au sous-chapitre VI.1.
7. **7a**. Lorsque le PCC dynamique est activé pour la session PDU, le SMF procède à la sélection de PCF pour la session PDU. Lorsque le type de demande est « PDU existant » ou « PDU existant pour service d'urgence », le SMF utilise le PCF déjà sélectionné pour la session PDU existante.
   7b. Le SMF exécute la procédure d'établissement d'association de politique de gestion de session pour établir une association de politique de gestion de session avec le PCF et obtenir les règles PCC par défaut à utiliser pour la session PDU. Le GPSI doit être utilisé s'il est disponible au niveau du SMF.
8. Le SMF sélectionne un ou plusieurs UPF pour la session PDU.
   Lorsque le type de demande est « requête initiale », le SMF sélectionne un SSC mode et un ou plusieurs UPF pour la session PDU. Dans le cas d'une session PDU de type IPv4 ou IPv6 ou IPv4v6, le SMF alloue les adresses ou les préfixes à la session PDU (sauf si ces adresses ou préfixes sont configurés). Dans le cas d'une session PDU de type non structuré, le SMF alloue un préfixe IPv6 pour la session PDU et un tunnel point-à-point sur l'interface N6. Pour une session PDU de type Ethernet, ni l'adresse MAC ni l'adresse IP ne sont allouées par le SMF à l'UE.
   Lorsque le type de demande indique « PDU existant », le SMF maintient les mêmes adresses/préfixes IP déjà alloués à la session PDU depuis le réseau source, le SSC mode utilisé et l'UPF racine.
   Lorsque le type de demande indique « requête d'urgence », le SMF sélectionne un UPF et le SSC mode 1 pour la session PDU.
9. Le SMF initie une procédure de modification d'associations de politiques de gestion de session pour fournir les informations sur

les conditions qui sont satisfaites pour le déclenchement de contrôle de politiques. Lorsque le type de demande est « requête initiale », le PCC dynamique est activé et le type de session PDU est IPv4, IPv6 ou IPv4v6, le SMF notifie au PCF les adresses ou préfixes IP alloués à l'UE.

Le PCF fournit les politiques mises à jour à l'UE.

10. Lorsque le type de demande indique «requête initiale », le SMF initie une procédure d'établissement de session sur l'interface N4 avec l'UPF sélectionné. Dans le cas contraire, le SMF initie une procédure de modification de session avec l'UPF sélectionné.

    10a. Le SMF envoie la requête *N4 Session Establishment/Modification Request* à l'UPF et fournit les règles de détection, de traitement et de reporting des paquets de données, à appliquer à la session PDU au niveau de l'UPF.

    10b. L'UPF acquitte en envoyant la réponse *N4 Session Establishment/Modification Response* au SMF.

11. Le SMF transfère à l'AMF un message *Namf_Communication_N1N2MessageTransfer (PDU Session ID, N2 SM information, N1 SM container)* composé de l'ID de la session et des conteneurs d'informations pour les interfaces N1 et N2.

    Les informations dans le conteneur pour l'interface N2 sont transférées à l'AMF pour le compte de l'accès radio (AN) et contiennent entre autres :

    - Les informations sur les tunnels établis dans le cœur de réseau (adresses IP) correspondants à la session PDU.
    - Un ou plusieurs profils QoS et les QFIs correspondants devant être fournis à l'accès radio.
    - L'ID de la session PDU qui sera utilisé par la signalisation au niveau de l'accès radio pour indiquer à l'UE les associations entre les ressources sur l'interface radio et la session PDU.
    - Le S-NSSAI pour le PLMN servant l'UE (le S-NSSAI pour le HPLMN ou le S-NSSAI pour le VPLMN dans le cas du roaming LBO). Une session PDU est associé avec un S-NSSAI du HPLMN et, si applicable, avec un S-NSSAI du VPLMN et un DNN.
    - Les informations déterminées par le SMF pour l'exécution de la sécurité sur le plan utilisateur.

- Lorsque les informations pour l'exécution de la sécurité sur le plan utilisateur indiquent que la protection de l'intégrité est « préférée » ou « exigée », le SMF inclut également le débit maximum de données pour la protection de l'intégrité pour l'UE.

Le conteneur d'informations pour l'interface N1 contient le message d'acceptation de l'établissement de la session PDU que l'AMF doit fournir à l'UE.

Lorsque l'établissement de la session PDU échoue entre les étapes 5 à 11, alors la requête *Namf_Communication_N1N2MessageTransfer* inclut dans le conteneur pour l'interface N1, un message de rejet d'établissement de la session PDU et n'inclut pas de conteneur pour l'interface N2.

12. L'AMF transmet à l'accès radio (AN) une requête *N2 PDU Session Request* contenant les informations de gestion de session de l'interface N2, l'ID de la session PDU, le conteneur d'informations pour l'interface N1 contenant à son tour le message d'acceptation d'établissement de la session PDU.
13. Le RAN engage un échange spécifique de signalisation radio avec l'UE relativement aux informations reçues du SMF. Par exemple, dans le cas du NG-RAN, une reconfiguration de la connexion RRC prend place avec l'UE établissant les ressources NG-RAN nécessaires aux règles de qualité de service relatives à la session PDU.

    Le RAN alloue également les informations des tunnels radios établis pour la session PDU.

    Le RAN transfère à l'UE le message NAS composé de l'ID de la session PDU et du conteneur d'informations pour l'interface N1.

    Si les informations de gestion de session ne sont pas incluses à l'étape 11, alors les étapes suivantes de 14 à 16b et 17 sont omises.
14. Le RAN envoie à l'AMF la réponse *N2 PDU Session Response* contenant l'ID de la session PDU, la cause en cas de rejet, les informations de gestion de session sur l'interface N2 contenant à son tour l'ID de la session ID, les informations sur les tunnels radios, la liste des QFI acceptés et rejetés, les notifications de politiques exécutées sur le plan utilisateur.
15. L'AMF transfère au SMF les informations de gestion de session pour l'interface N2 reçues du RAN à travers la requête *Nsmf_PDUSession_UpdateSMContext Request*.

Si la liste des QFI rejetés est incluse dans les informations de gestion de session pour l'interface N2, le SMF doit rejeter les profils QoS associés aux QFI rejetés.
Si les informations de gestion de session pour l'interface N2 indiquent un échec d'établissement des ressources du plan utilisateur, le SMF rejette l'établissement de la session PDU en incluant dans la réponse *Nsmf_PDUSession_UpdateSMContext Response* à l'étape 17 un conteneur de gestion de session pour l'interface N1 avec un message de rejet d'établissement de session PDU. Dans ce cas, l'étape 16 est ignorée et le SMF libère la session N4 avec l'UPF.

16. **16a**. Le SMF initie une procédure de modification de session N4 avec l'UPF. Le SMF fournit également à l'UPF les informations sur les tunnels radios correspondant à la session ainsi que les règles de transfert.
    16b. L'UPF fournit au SMF la réponse à la demande de modification de session N4. Après cette étape, l'UPF délivre à l'UE tout paquet descendant se trouvant dans la mémoire tampon pour la session PDU.
    16c. Lorsque le type de requête à l'étape 3 n'indique ni « requête pour services d'urgence » ni « session PDU existant pour services d'urgence » et, si le SMF ne s'est pas encore enregistré pour la session PDU, alors le SMF s'enregistre avec l'UDM pour la session PDU en utilisant *Nudm_UECM_Registration* contenant le SUPI, le DNN, le S-NSSAI, l'ID de la session PDU, l'identité du SMF, l'ID du PLMN servant l'UE. L'UDM enregistre ces informations. L'UDM peut également enregistrer ces informations dans l'UDR avec *Nudr_DM_Update*.
    Lorsque le type de requête à l'étape 3 indique « requête pour services d'urgence » :
    - Pour un UE authentifié n'étant pas en roaming, en fonction de la configuration du réseau, le SMF s'enregistre avec l'UDM pour la session PDU en utilisant *Nudm_UECM_Registration* contenant le SUPI, l'ID de la session, l'identité du SMF et l'indication de service d'urgence.
    - Pour un UE non authentifié ou un UE en roaming, le SMF ne s'enregistre pas avec l'UDM pour la session PDU.

17. L'AMF reçoit du SMF la réponse à la demande de l'étape 15 à travers *Nsmf_PDUSession_UpdateSMContext Response (Cause)* avec l'indication de la cause en cas de rejet. Après cette étape, le SMF peut souscrire auprès de l'AMF aux notifications d'évènements de mobilité de l'UE (localisation, déplacement de l'UE à l'intérieur ou à l'extérieur de zone d'intérêt) en utilisant *Namf_EventExposure_Subscribe*.
18. (étape conditionnelle) Durant la procédure, lorsque l'établissement de la session PDU échoue à tout moment après l'étape 5, le SMF informe l'AMF en utilisant *Nsmf_PDUSession_SMContextStatusNotify (Release)*. Le SMF libère également toute session N4 créée, toute adresse IP alloué et toute association avec le PCF. Dans ce cas, l'étape 19 est ignorée.
19. Dans le cas où le type de session PDU est IPv6 ou IPv4v6, le SMF génère des annonces de router IPv6 et les envoie à l'UE.
20. Lorsque l'UE indique le support du PMIC (Port Management Information Containers), le SMF informe alors le PCF qu'un port Ethernet maniable est détecté.
21. Lorsque l'établissement de la session PDU échoue après l'étape 4 et le SMF ne gère pas une autre session pour l'UE, le SMF se désinscrit auprès de l'UDM de la notification des mises à jour des données de souscription pour la gestion de sessions en utilisant la requête *Nudm_SDM_Unsubscribe* contenant le SUPI, les données de souscription de gestion de session, le DNN et le S-NSSAI du HPLMN. L'UDM se désinscrit à son tour de la notification des modifications de données auprès de l'UDR avec *Nudr_DM_Unsubscribe*.

La figure ci-dessus donne le schéma de la procédure d'établissement de session PDU.

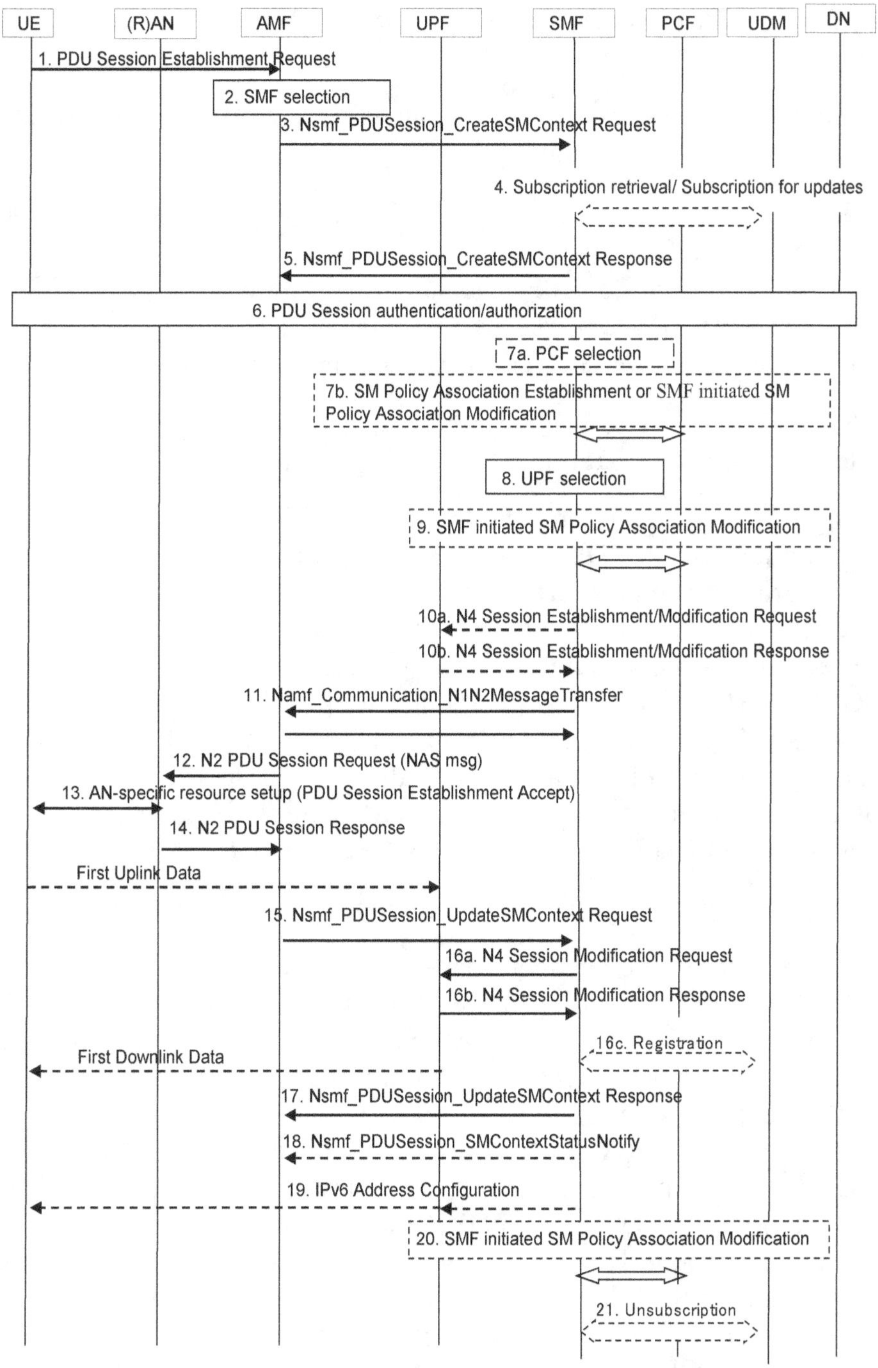

Figure 42 : *Procédure d'établissement de session PDU*

VI.4.2 : Procédure de libération de session PDU

La procédure de libération de session PDU est utilisée pour libérer toutes les ressources associées à la session PDU, incluant :

- Les adresses et préfixes IP allouées pour une session PDU basée IP,
- Toute ressource UPF (incluant les terminaisons N3/N9/N16) qui était utilisée par la session PDU,
- Toute ressource d'accès utilisée par la session PDU.

Le SMF s'assure de notifier la libération de la session PDU à toute entité associée à la session PDU : PCF, DNN, etc….

Comme pour l'établissement de session PDU, la procédure de libération de session PDU dépend de la situation de roaming de l'UE (non roaming, roaming LBO, roaming HR) et de l'initiateur de la procédure (UE ou réseau). La procédure de libération de session PDU décrite ci-dessous est valable pour un UE sans roaming ou en roaming LBO. Elle est également valable pour une procédure initiée par l'UE ou par le réseau. Elle permet dont à l'AMF, au SMF ou au PCF d'initier la libération d'une session PDU. Pour le cas du roaming LBO, la différence avec le cas de non roaming est que l'AMF, le SMF, le PCF et l'UPF sont situés dans le réseau visité.

Les étapes de la procédure sont les suivantes :

1. La procédure est déclenchée par l'un des évènements suivants :
   1a. L'UE initie la procédure de libération de session PDU par la transmission d'un message NAS contenant l'ID de la session PDU et un conteneur de gestion de session sur l'interface N1 avec la requête de libération de la session PDU. Le message NAS est transféré par le RAN à l'AMF avec l'indication des informations de localisation. Ce message est relayé par l'AMF au SMF correspondant à la session PDU à travers l'interface N2.
   L'AMF invoque le service *Nsmf_PDUSession_UpdateSMContext* et fournit au SMF le conteneur de gestion de session sur l'interface N1 et les informations de localisation reçues du RAN
   1b. Le PCF peut initier une procédure de terminaison d'associations de politique de gestion de session pour demander la libération de la session PDU.

1c. l'AMF peut utiliser le service *Nsmf_PDUSession_ReleaseSMContext* pour demander la libération de la session PDU en cas de conflit entre les états de la session PDU dans l'UE et dans l'AMF.
1d. Le RAN peut décider d'indiquer au SMF que les ressources relatives à la session PDU sont libérer, par exemple, lorsque tous les flux QoS de la session PDU sont libérés.
Dans ce cas, il revient au SMF de décider s'il faut maintenir la session PDU avec le plan utilisateur désactivé ou libérer les sessions PDU.
1e. Le SMF peut décider de libérer la session dans les scénarii suivants :

- sur la base d'une demande du DN (annulation des autorisations d'accès aux réseaux de données),
- sur la base d'une demande de l'UDM (changement de souscription),
- lorsque le SMF reçoit une notification d'évènement de l'AMF indiquant que l'UE est en dehors de la zone de service du LADN,
- sur la base des politiques de configuration locale (par exemple, la procédure de libération peut être relative à la relocalisation de l'UPF pour le changement du mode SSC de 2 à 3)
- lorsque le SMF est notifié par le RAN que l'établissement des ressources pour la session PDU est échoué durant une procédure de mobilité.

Lorsque le SMF reçoit l'un des déclencheurs des étapes 1a, 1b, 1c ou 1e, le SMF démarre la procédure de libération de la session PDU.

1f. L'AMF utilise le service *Nsmf_PDUSession_UpdateSMContext* avec une indication de demande de libération de session PDU où la signalisation SM sur l'interface N1 ou N2 est nécessaire avant la libération du contexte.

2. Le SMF libère les adresses et préfixes IP qui étaient alloués à la session PDU ainsi que les ressources du plan utilisateur.
2a. Le SMF envoie une demande de libération de session N4 aux UPFs gérant la session PDU. Les UPFs suppriment tous les

paquets restants de la session PDU et libèrent tous les tunnels et contextes associés avec ladite session N4.

2b. Les UPFs acquittent la demande de libération de session N4 par la transmission d'un message de réponse au SMF.

3. Lorsque la libération de la session PDU est initiée par le SMF et le PCF, et le SMF a reçu une notification de l'AMF que l'UE est injoignable, la procédure continue à l'étape 11 dans laquelle le SMF notifie à l'AMF que la session PDU est libérée en utilisant *Nsmf_PDUSession_SMContextStatusNotify*.

   Lorsque la procédure de libération de la session PDU est initiée par les étapes 1a, 1b, 1d ou 1e, le SMF crée un message SM N1 (gestion de session sur l'interface N1) incluant la commande de libération de session PDU composée de l'ID de la session PDU et de la cause de la libération.

   Lorsque la connexion du plan utilisateur est activée pour la session PDU, le message envoyé à l'AMF par le SMF contient un message SM N2 (gestion de session sur l'interface N2) pour la libération des ressources. Lorsque la connexion du plan utilisateur est désactivée pour la session PDU, le message envoyé à l'AMF par le SMF ne contient pas de message SM N2.

   3a. Lorsque la session PDU est initiée par l'UE à l'étape 1a ou a été déclenchée par le RAN à l'étape 1d, le SMF répond à l'AMF avec le message *Nsmf_PDUSession_UpdateSMContext* contenant la commande de libération de la session PDU. Le message SM N2 pour la libération des ressources est inclus lorsque la libération de la session PDU est initiée par l'UE et lorsque la connexion du plan utilisateur pour la session PDU est active.

   3b. Lorsque la session PDU est initiée par le SMF ou le PCF, le SMF invoque le service *Namf_Communication_N1N2MessageTransfer* contenant la commande de libération de la session PDU.

   3c. Lorsque la libération de la session PDU est initiée par l'AMF dans l'étape 1c, le SMF reçoit de l'AMF la requête *Nsmf_PDUSession_ReleaseSMContext*, le SMF répond à l'AMF avec la réponse *Nsmf_PDUSession_ReleaseSMContext*.

   L'AMF et le SMF suppriment tous les contextes (incluant la session PDU) associés à la session PDU qui est indiquée terminée à l'UE. Le SMF doit également supprimer toutes les souscriptions aux notifications d'évènements au niveau de l'AMF qui deviennent non nécessaires à la libération de la session PDU. Les étapes 4 à 11 sont ignorées.

3d. Lorsque la session PDU est initiée par l'AMF à l'étape 1f, le SMF reçoit de l'AMF la requête *Nsmf_PDUSession_UpdateSMContext* avec une indication de libérer la session PDU, le SMF répond à l'AMF avec Nsmf_PDUSession_UpdateSMContext Response contenant la commande de libération de la session PDU pour libérer la session PDU au niveau de l'UE.

Lorsque la connexion du plan utilisateur est activée pour la session PDU, la réponse Nsmf_PDUSession_UpdateSMContext contient le message N2 pour la libération des ressources RAN associées avec la session PDU.

4. Lorsque le message reçu du SMF à l'étape 3 n'inclut pas de message N2 pour la libération de ressources, l'AMF transmet le message NAS contenant l'ID de la session PDU et le conteneur N1 à l'UE. Les étapes 6 et 7 sont alors ignorées.

   Lorsque l'UE est dans l'état CM-CONNECTED et le message reçu du SMF à l'étape 3 inclut le message N2 pour la libération des ressources, l'AMF transfère les informations de gestion de session reçues du SMF au RAN.
5. Lorsque le RAN reçoit une requête N2 de gestion de session pour la libération des ressources de l'accès radio associées à la session PDU, il s'en suit des échanges de signalisation avec l'UE pour libérer lesdites ressources de l'accès radio.
6. (Etape conditionnelle) Lorsque le RAN reçoit une requête N2 de gestion de session pour la libération des ressources de l'accès radio associées à la session PDU, le RAN acquitte cette requête en envoyant à l'AMF le message *N2 SM Resource Release Ack* contenant, entre autres, les informations de localisation de l'UE.
7. **7a.** L'AMF utilise à l'endroit du SMF le message *Nsmf_PDUSession_UpdateSMContext* pour mettre à jour l'état du contexte relatif à la session PDU et acquitter la libération des ressources de l'accès radio au niveau du RAN (message N2).

   7b. Le SMF répond à l'AMF avec le message *Nsmf_PDUSession_UpdateSMContext*.
8. L'UE acquitte la demande de libération de la session PDU en envoyant au RAN un message NAS contenant l'ID de la session PDU et un conteneur de message sur l'interface N1.

9. (Etape conditionnelle) Le RAN transfère à l'AMF le message NAS reçu de l'UE en envoyant à l'AMF un message NAS N2 incluant le conteneur N1, l'ID de la session PDU et les informations de localisation de l'UE.
10. 10a. L'AMF utilise à l'endroit du SMF le message *Nsmf_PDUSession_UpdateSMContext* pour mettre à jour l'état du contexte relatif à la session PDU et acquitter la libération des ressources de l'accès radio au niveau de l'UE (message N1).
    10b. Le SMF répond à l'AMF avec le message *Nsmf_PDUSession_UpdateSMContext.*
11. Lorsque l'étape 3a, 3b ou 3d est effectuée, le SMF attend jusqu'à la réception des réponses aux informations N1 et N2 nécessaires. Le SMF utilise Nsmf_PDUSession_SMContextStatusNotify pour notifier à l'AMF que le contexte pour la session PDU est libéré. Le SMF supprime toute souscription aux notifications d'évènements sur l'AMF qui ne sont plus nécessaires à la libération de la session PDU.
12. Lorsque le PCC dynamique est appliqué, le SMF utilise la procédure de terminaison d'association de politique de gestion de session pour supprimer la session PDU au niveau du PCF.
13. Le SMF notifie toute entité ayant souscrit à la notification des informations de localisation de l'UE relative à la session PDU.
14. Lorsqu'il s'agit de la dernière session PDU gérée par le SMF pour l'association DNN et S-NSSAI relatives à la session PDU, le SMF se désinscrit auprès de l'UDM de la notification de changement de données de souscription relatives à la gestion de sessions en utilisant le service *Nudm_SDM_Unsubscribe (SUPI, DNN, S-NSSAI)*. L'UDM se désinscrit à son tour auprès de l'UDR pour les notifications des mêmes données.
15. Le SMF invoque le service *Nudm_UECM_Deregistration* incluant le DNN et l'ID de la session PDU. L'UDM supprime les associations qu'il a enregistrées entre l'identité du SMF, le DNN associé et l'ID de la session PDU. L'UDM met à son tour l'UDR à jour avec le service *Nudr_DM_Update*.

La figure ci-dessous décrit la procédure de libération de session dans le cadre d'un UE n'étant pas en roaming ou en roaming LBO.

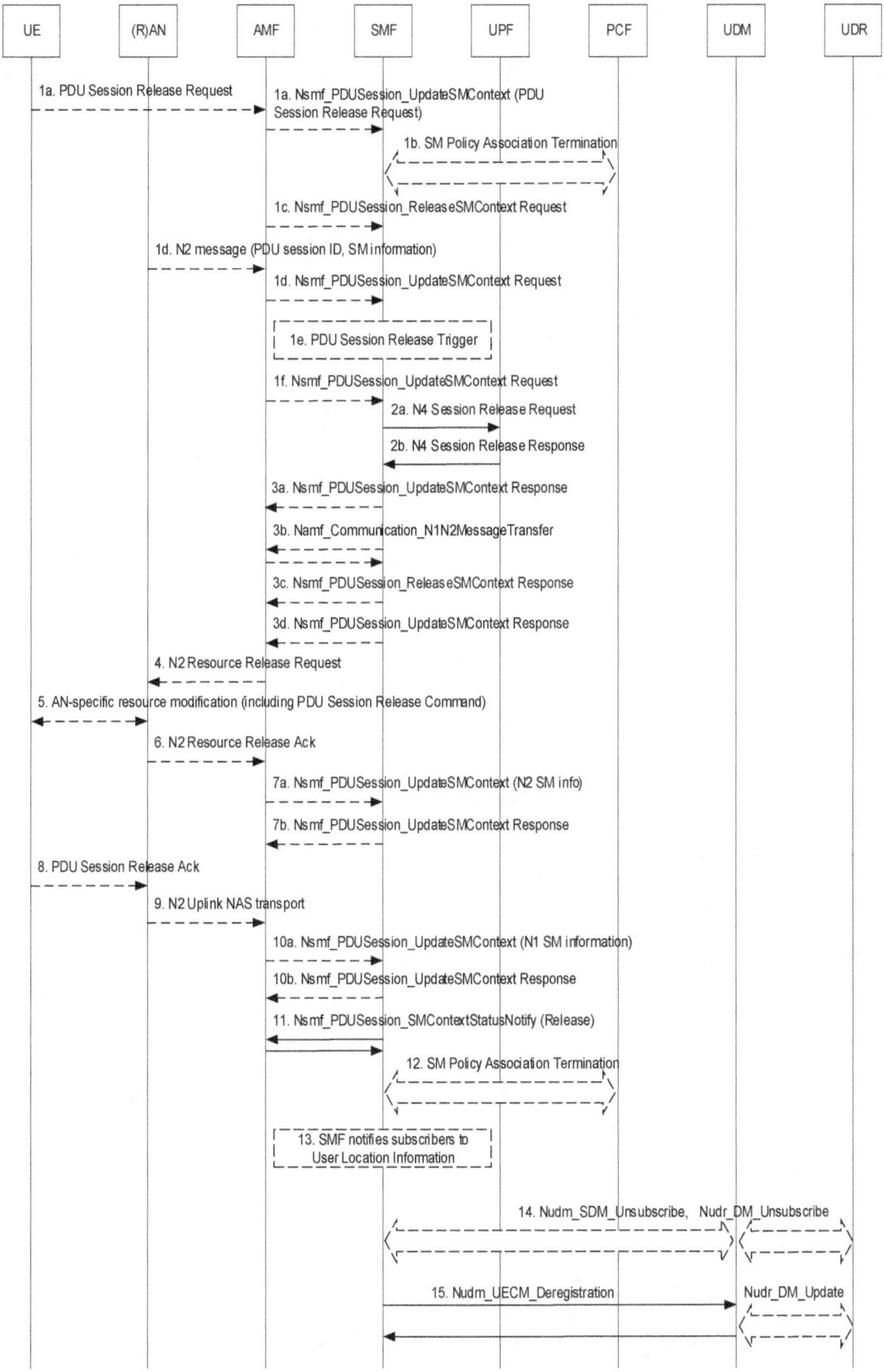

Figure 43 : *Procédure de libération de session PDU*

VII - QUALITÉ DE SERVICE 5G

VII.1 : Généralités

VII.1.1 : Le flux QoS

Le modèle de QoS de la 5G est basé sur les flux de QoS. Le modèle de QoS de la 5G supporte les flux QoS qui nécessitent des débits garantis (Garanteed Bit Rate, GBR QoS Flows) et les flux QoS qui ne nécessitent pas de débit garanti (Non-GBR QoS flows). Le modèle QoS 5G supporte également la QoS réflective.

Le flux QoS est la granularité la plus fine de la différenciation de QoS dans une session PDU. L'identité du flux QoS (QoS Flow ID, QFI) est utilisée pour identifier le flux QoS dans le système 5G. Les trafics du plan utilisateur avec le même QFI dans une session PDU reçoivent le même traitement pour leur livraison. Le QFI est transporté dans l'entête d'encapsulation sur l'interface N3 (et l'interface N9), c'est-à-dire, sans aucun changement de l'entête du paquet de bout en bout. Le QFI est utilisé pour tous les types de sessions. Il est unique dans une session PDU. Le QFI est assigné dynamiquement ou peut prendre la valeur du 5QI (voir paragraphe III.2.2).

Dans le système 5G, le flux QoS est contrôlé par le SMF est doit être préconfiguré ou établi avec la procédure d'établissement de session PDU ou la procédure de modification de session PDU.

Tout flux QoS est caractérisé par :

- Un profil QoS fourni par le SMF à l'accès radio à travers l'AMF sur l'interface du point de référence N2 ou configuré sur l'accès radio,
- Une ou plusieurs règles QoS et optionnellement des paramètres QoS associés à ces règles QoS, qui sont fournis par le SMF à l'UE à travers l'AMF sur l'interface du point de référence N1 et/ou dérivés par l'UE en appliquant la contrôle de la QoS réflective.
- Une ou plusieurs règles de détection de paquets (Packet Detection Rule, PDR) en UL et DL fournies par le SMF à l'UPF.

Dans le système 5G, un flux QoS associé avec la règle QoS par défaut est établi pour une session PDU et maintenu pendant la durée de vie de la session PDU. Ce flux QoS doit être un flux QoS Non-GBR.

Un flux QoS est associé avec les exigences de QoS conformément aux paramètres et aux caractéristiques de QoS.

VII.1.2 : Le profil QoS

Le flux QoS est soit GBR ou non-GBR en fonction de son profil QoS. Le profil QoS d'un flux QoS est envoyé au RAN et il contient les paramètres QoS comme décrits ci-dessous :

- Pour chaque flux QoS, le profil QoS inclut les paramètres QoS suivants :
    - 5G QoS ID (5QI),
    - ARP (Allocation and Retention Priority).
- Pour chaque flux QoS uniquement non-GBR, le profil QoS inclut le paramètre QoS RQA (Reflective QoS Attirbute).
- Pour chaque flux QoS uniquement GBR, le profil QoS inclut les paramètres QoS suivants :
    - Le débit binaire garanti en UL et DL (Garanteed Flow Bit Rate, GFBR),
    - Le débit binaire maximum en UL et DL (Maximum Flow Bit Rate, MFBR).
- Dans le cas d'un flux QoS uniquement GBR, le profil QoS inclut les paramètres suivants :
    - Le contrôle de notification,
    - Le taux maximum de perte de paquets en UL et DL.

Chaque profil QoS a un QFI (QoS Flow ID) correspondant qui n'est pas inclus dans le profil QoS lui-même.

L'utilisation d'un 5QI assigné dynamiquement pour un flux QoS nécessite que les caractéristiques QoS 5G complètes soient signalées comme une partie du profil QoS.

Lorsqu'un 5QI standardisé ou préconfiguré est utilisé pour un flux QoS, quelques caractéristiques QoS 5G sont signalés comme partie du profil QoS.

Le profil QoS alternatif est optionnellement fourni pour un flux QoS GBR avec le contrôle de notification activé. Si la règle PCC correspondance contient les informations relatives, le SMF fournit au RAN, en plus du profil QoS, une liste priorisée de profils QoS alternatifs.

Un profil QoS alternatif représente une combinaison de paramètres QoS auxquels les trafics des applications peuvent s'adapter et ont le même format que le profil QoS de ce flux QoS.

Lorsque le NG-RAN envoie une notification au SMF que le profil QoS n'est pas respecté, le NG-RAN doit, s'il peut satisfaire un profil QoS alternatif, inclure aussi les références de ce profil QoS alternatif.

VII.1.3 : Contrôle des flux QoS

Les options suivantes sont supportées pour contrôler les flux QoS :

1) Pour les flux QoS non-GBR, lorsque les 5QIs standardisés ou préconfigurés sont utilisés et lorsque le 5QI est dans la plage du QFI, la valeur du 5QI peut être utilisée comme le QFI du flux QoS.
    a. Un ARP par défaut doit être préconfiguré au niveau de l'accès radio ou,
    b. L'ARP et le QFI sont envoyés au RAN sur l'interface N2 lors de l'établissement de la session PDU ou lors de la modification de la session PDU et lorsque le NG-RAN est utilisé chaque fois que le plan utilisateur de la session PDU est activée.
2) Pour tous les autres cas (incluant les flux QoS GBR et non-GBR), un QFI assigné dynamiquement est utilisé. Le 5QI peut être standard, pré-configuré ou dynamiquement assigné. Le profil QoS et le QFI d'un flux QoS sont fournis à l'accès radio sur l'interface N2 lors de l'établissement ou la modification de la session PDU et lorsque le NG-RAN est utilisé à chaque activation du plan utilisateur de la session PDU.

Les options 1)b et 2) sont généralement utilisées pour les accès radio 3GPP. La valeur du 5QI préconfiguré ne peut pas être utilisée lorsque l'UE est en roaming.

VII.1.4 : Les règles QoS

L'UE effectue la classification et le marquage du trafic utilisateur en UL, c'est-à-dire, l'association du trafic UL aux flux QoS conformément aux règles de QoS. Ces règles de QoS sont explicitement fournies à l'UE, préconfigurées dans l'UE ou implicitement dérivées par l'UE en appliquant la QoS réflective. Une règle QoS contient le QFI du flux QoS associé, un lot de filtre de paquets et un indicateur de priorité. Une règle QoS fournie explicitement contient un identifiant de règle QoS qui est unique dans une session PDU et est fourni par le SMF.

Il peut y avoir plus d'une règle QoS associée avec le flux QoS (QFI).

Lorsque l'UE informe le réseau du nombre de filtres de paquets supportés pour les règles QoS signalées pour une session PDU, le SMF s'assure que la somme des filtres de paquets utilisés par toutes les règles QoS signalées pour cette session PDU n'excède pas le nombre indiqué par l'UE.

Une règle QoS par défaut est envoyée à l'UE pour chaque établissement de session PDU et est associée avec un flux QoS. Pour les sessions PDU de type IP ou de type Ethernet, la règle de QoS par défaut est la seule règle QoS pour une session PDU contenant des filtres de paquets qui autorisent tous les paquets en UL, et dans ce cas, la plus haute valeur de priorité est utilisée pour cette règle QoS.

Pour les sessions PDU de type non structurées, la règle QoS par défaut ne contient pas de filtre de paquet autorisant tous les paquets en UL, la QoS réflective n'est pas appliquée au flux QoS auquel la règle QoS par défaut est associée et le RQA n'est pas envoyé pour ce flux QoS.

Aussi longtemps que la règle QoS par défaut ne contient pas de filtres de paquets ou contient de filtres de paquets autorisant tous les paquets en UL, la QoS réflective n'est pas appliquée au flux QoS auquel la règle QoS par défaut est associée et le RQA n'est pas envoyé pour ce flux QoS.

VII.1.5 : Correspondance des flux QoS

Le SMF effectue une liaison des SDFs (Service Data Flows) aux flux de QoS en se basant sur les exigences de services et de qualité de service. Le SMF assigne le QFI pour un nouveau flux QoS et déduit son profil QoS, les instructions pour l'UPF et les règles QoS correspondants à partir des règles PCC et autres informations fournies par le PCC.

Si applicable, le SMF fournit les informations suivantes au RAN :

- Le QFI,
- Le profil QoS,
- Optionnellement, le profil QoS Alternatif.

Le SMF fournit les informations suivantes à l'UPF pour activer la classification, mettre en application la bande passante et marquer le trafic du plan utilisateur :

- Une règle de détection de paquets (PDR) en DL contenant la partie DL du modèle de SDF et une règle de détection de paquets (PDR) en UL contenant la partie UL du modèle SDF,
- La valeur de la priorité pour les deux PDR mise à la valeur de priorité appliquée à la règle PCC,
- Les informations relatives à la QoS (par exemple, le MBR pour un SDF, le GFBR et MFBR pour un flux QoS GBR),
- Les informations de marquage de paquets (QFI, DSCP (Differentiated Services Code Point)),
- Pour le PDR en DL, optionnellement, l'indication de la QoS réflective.

Pour chaque SDF, si applicable, le SMF génère explicitement une règle QoS conformément aux principes suivants et la fournit à l'UE pour ajout aux autres éventuelles règles :

- Un unique identifiant de règle QoS est assignée pour la session PDU,
- Le QFI dans la règle QoS est mis au QFI du flux QoS auquel la règle PCC est liée,

- L'ensemble des filtres de paquets de la règle QoS est généré à partir des filtres SDF en UL et optionnellement des filtres SDF en DL de la règle PCC,
- La valeur de priorité pour la règle QoS est mise à la valeur de priorité de la règle PCC pour laquelle la règle QoS est générée,
- Pour un QFI assigné dynamiquement, les paramètres QoS (5QI, GFBR, MFBR, etc..) au niveau du flux QoS sont signalés à l'UE en plus des règles QoS associées au flux QoS.

Les changements des liaisons de SDF aux flux QoS aussi bien que les changements dans les règles PCC ou autres informations fournies par le PCF peuvent nécessiter les changements des flux QoS que le SMF fournit au RAN, à l'UPF et à l'UE. Dans le cas d'un changement explicite de règles QoS associées avec un flux QoS, le SMF fournit explicitement ces règles QoS et les opérations (ajout/modification/retrait) les concernant.

Le principe de classification et de marquage du trafic du plan utilisateur et la correspondance entre flux QoS et ressources de l'accès radio sont illustrés par la figure suivante :

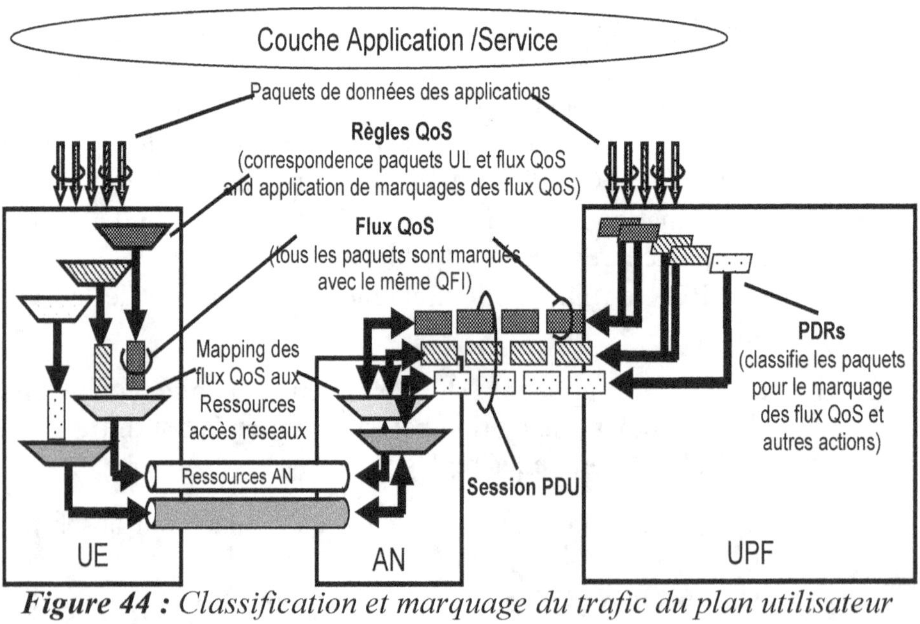

Figure 44 : *Classification et marquage du trafic du plan utilisateur*

En DL, les paquets de données sont classifiés par l'UPF sur la base des lots de filtres de paquets du PDR DL et dans leurs ordres de priorité. L'UPF transmet la classification du trafic du plan utilisateur appartenant à un flux QoS à travers le marquage sur l'interface N3 (N9) en utilisant le QFI. Le nœud d'accès radio lie les flux QoS aux ressources radios. Il n'y a pas de relation stricte de type 1 :1 entre les flux QoS et les ressources radios. Il revient au nœud d'accès d'associer les ressources radio nécessaires auxquelles les flux QoS peuvent être mappés et de les libérer.

S'il n'existe pas de PDR DL correspondant, l'UPF abandonne les paquets de données en DL.

En UL :

- Pour une session PDU de type IP ou Ethernet, l'UE évalue les paquets de données UL par rapport aux filtres de paquets contenus dans les lots de filtres de paquets respectifs des différentes règles QoS en se basant sur l'ordre croissant des valeurs de priorités des règles QoS jusqu'à trouver une règles QoS dont les filtres de paquets correspondent aux paquets de données à transmettre en UL,
- Lorsqu'aucune règle QoS correspondante n'est trouvée, l'UE abandonne les paquets de données en UL,
- Pour une session PDU de type non structurée, la règle QoS par défaut ne contient pas filtre de paquets et laisse passer tous les paquets en UL,
- L'UE utilise le QFI de la règle QoS correspondante pour lier les paquets UL à un flux QoS. Et l'UE lie ensuite les flux QoS aux ressources radio.

VII.1.6 : Trafic DL

Les caractéristiques suivantes s'appliquent pour le traitement du trafic en DL :

- L'UPF mappe le trafic du plan utilisateur aux flux QoS en se référant sur les PDR.

- L'UPF effectue la mise en application de la « session-AMBR » et procède au comptage des paquets pour le besoin de la facturation.
- L'UPF transmet les PDUs de la session PDU dans un tunnel unique entre le 5GC et l'AN, l'UPF inclut le QFI dans l'encapsulation de l'entête. En plus, si nécessaire, l'UPF inclut une indication de la QoS réflective dans l'encapsulation de l'entête.
- L'UPF effectue le marquage des paquets sur la base des flux QoS. L'UPF utilise les valeurs de marquage de paquets fournies par le SMF.
- L'accès réseau mappe les PDUs à partir des flux QoS pour accéder aux ressources radios spécifiques sur la base des QFI et des profils QoS 5G aassociés, et aussi en prenant en compte le tunnel N3 associé avec les paquets DL.
- Lorsque la QoS réflective s'applique, l'UE crée une nouvelle règle QoS dérivée.

VII.1.7 : Trafic UL

Les caractéristiques suivantes s'appliquent au traitement du trafic en UL :

- L'UE utilise les règles QoS stockées pour déterminer la correspondance entre le trafic du plan utilisateur en UL et les flux QoS. L'UE marque les PDUs UL avec les QFI de la règle QoS contenant les filtres de paquets correspondants et transmet les PDUs UL en utilisant les ressources spécifiques d'accès réseau pour les flux QoS en se référant sur la correspondance fournie par l'accès radio.
- L'AN transmets les PDUs vers l'UPF sur les tunnels N3. Lorsque l'AN fait passer un paquet UL vers le cœur de réseau, il inclut la valeur du QFI dans l'encapsulation de l'entête et sélectionne le tunnel N3 à utiliser pour le paquet.
- Le RAN effectue le marquage des paquets en UL sur la base des flux QoS avec une valeur de marquage qui est déterminée en fonction du 5QI, le niveau de priorité, le niveau de priorité ARP associé au flux QoS.

- L'UPF vérifie si toutefois les QFIs dans les PDUs en UL s'alignent avec les règles QoS fournies à l'UE ou implicitement dérivées par l'UE dans le cas de la QoS réflective.
- L'UPF et l'UE effectuent la mise en application de la « session-AMBR » et l'UPF procède au comptage des paquets pour le besoin de la facturation.

VII.1.8 : Limitation de débit et réalisation du AMBR et MFBR

L'AMBR de la session (session-AMBR) en UL et DL est mis en application par l'UPF si l'UPF reçoit les valeurs de la session-AMBR à partir du SMF.

Pour les sessions PDUs en UL classifiées, l'AMBR en UL et DL est exécuté par l'UPF sélectionné par le SMF et supportant la fonctionnalité de classification en UL. En plus, l'AMBR en DL est exécuté par tout UPF terminant l'interface N6.

L'AN exécute l'AMBR au niveau UE en UL et DL pour chaque UE pour les flux QoS non-GBR.

L'UE exécute la limitation de débit sur une session PDU en utilisant l'AMBR lorsque ce dernier lui est fourni.

Le MBR (Maximum Bit Rate) par SDF est obligatoire pour les flux QoS GBR et optionnel pour les flux QoS non-GBR. Le MBR est exécuté par l'UPF.

Le MFBR est pris en charge par l'UPF en DL pour les flux QoS GBR. Le MFBR est pris en charge par le RAN en DL et UL pour les flux QoS GBR. Pour les flux QoS non-GBR, l'UE prend en charge le MFBR en UL.

Le contrôle de la QoS pour les sessions PDU de type non structurées est exécuté au niveau de la session PDU et est supporté pour un maximum d'un flux QoS 5G par session PDU.

Lorsque la session PDU est établie pour transférer des données non structurées, le SMF fournit le QFI appliqué à tout paquet de la session PDU au niveau de l'UPF et l'UE.

VII.2 : Paramètres QoS 5G

VII.2.1 : L'index de qualité 5G : 5QI (5G Quality Index)

Un 5QI est un scalaire qui est utilisé comme une référence aux caractéristiques QoS 5G. Il détermine les paramètres spécifiques au nœud d'accès pour contrôler la qualité de service liée au traitement des transferts des données pour un flux QoS donné.

Il existe une relation une-à-une entre les valeurs standards du 5QI et les combinaisons standards de caractéristiques QoS 5G.

Pour des valeurs 5QI prédéfinies, des caractéristiques QoS 5G sont également prédéfinies au niveau du nœud d'accès.

Les caractéristiques QoS 5G standards ou prédéfinies sont indiquées à travers la valeur du 5QI et ne sont signalées sur aucune interface sauf dans le cas où certaines caractéristiques sont modifiées.

Les caractéristiques QoS 5G pour des flux QoS avec une assignation dynamique du 5QI sont signalées comme partie du profil QoS. Sur l'interface N3, chaque PDU est associé avec un 5QI à travers le QFI inclus dans l'entête d'encapsulation.

VII.2.2 : L'ARP

Le paramètre QoS ARP contient les informations sur le niveau de priorité, la capacité et la vulnérabilité de la préemption. Le niveau de priorité ARP définit l'importance relative d'une demande de ressource. Ce qui permet de décider si toutefois un nouveau flux QoS peut être accepté ou rejeté à cause des limitations des ressources (typiquement utilisé pour le contrôle d'admission du trafic GBR). L'ARP est également utilisé pour déterminer lequel des flux QoS existant choisir pour préempter lors des limitations de ressources.

Les valeurs des niveaux de priorités de l'ARP se situent entre 1 et 15 avec la valeur 1 ayant la plus haute priorité.

Les niveaux de priorités de l'ARP de 1 à 8 sont assignés aux ressources pour les services autorisés à avoir un traitement prioritaire au niveau du réseau courant. Les niveaux de priorités de l'ARP de 9 à 15 sont assignés aux ressources autorisées dans le réseau nominal et sont utilisés au cas où l'UE est en roaming.

La capacité de préemption de l'ARP détermine si toutefois un service de flux de données obtient les ressources déjà attribuées à un autre service de lux de données avec un niveau de priorité ARP moins élevé. La vulnérabilité de la préemption de l'ARP définit si toutefois un service de flux de données perd les ressources qui lui sont assignées au profit d'un autre service de flux de données avec un niveau de priorité ARP plus élevé. La capabilité de préemption de l'ARP et la vulnérabilité de préemption de l'ARP peuvent être activées ou désactivées.

La vulnérabilité de préemption de l'ARP du flux QoS avec la règle QoS par défaut, doit être configurée de manière appropriée pour minimiser le risque de libération non nécessaire de ce flux QoS.

VII.2.3 : L'attribut de la QoS réflective : RQA (Reflective QoS Attribute)

Le RQA est un paramètre optionnel qui indique qu'une partie du trafic (par nécessaire tout) portée par un flux QoS est soumise à la QoS réflective. Uniquement lorsque le RQA est signalé pour un flux QoS, le RAN active le transfert du RQI aux ressources radios correspondant à ce flux QoS. Le RQA est signalé au NG-RAN à travers le point de référence N2 lors de l'établissement de contexte pour l'UE au NG-RAN et à l'établissement ou la modification du flux QoS.

VII.2.4 : Débit binaire des flux (Flow Bit Rate)

Pour les flux QoS GBR uniquement, les paramètres QoS additionnels suivants existent :

- Le débit binaire garanti pour le flux en DL et UL (Garanteed Flow Bit Rate, GFBR),
- Le débit binaire maximum du flux en DL et UL (Maximum Flow Bit Rate, MFBR).

Le GFBR dénote le débit binaire qui est garanti pour être fourni par le réseau au flux QoS sur un intervalle de temps défini. Le MFBR limite le débit binaire au débit binaire le plus élevé attendu par le flux QoS (le trafic en excès est rejeté ou retardé ou géré par une autre politique aux niveaux de l'UE, l'AN et l'UPF). Les débits binaires compris entre les valeurs du GFBR et du MFBR sont fournis avec une priorité déterminée par le niveau de priorité du flux QoS.

Le GFBR et le MFBR sont signalés au RAN dans les profils QoS, et signalés à l'UE comme paramètres QoS de chaque flux QoS.

Le GFBR est recommandé comme le débit binaire le plus bas acceptable au deçà duquel le service est interrompu.

VII.2.5 : Débits binaires agrégés (Aggregate Bit Rate)

Chaque session PDU d'un UE est associée avec le paramètre QoS de débit agrégé limite :

- Le débit binaire maximum agrégé par session (session-AMBR, session Aggregate Maximum Bit Rate)

Le session-AMBR est signalés au(x) entité(s) UPF(s), à l'UE et au RAN (pour permettre le calcul de l'UE-AMBR). Le session-AMBR limite le débit binaire agrégé qui peut être fourni à travers l'ensemble des flux QoS non-GBR pour une session PDU spécifique. Il n'est pas applicable aux flux QoS GBR.

Chaque UE est associé avec le paramètre QoS de débit agrégé limite :

- Le débit binaire maximum agrégé par UE (UE-AMBR)

L'UE-AMBR limite le débit binaire agrégé qui peut être fourni à travers l'ensemble des flux QoS non-GBR à un UE. Chaque RAN établit son UE-AMBR à la somme des session-AMBR de toutes les sessions PDUs avec le plan utilisateur actif jusqu'à l'obtention de la valeur de l'UE-AMBR à partir de l'AMF. L'UE-AMBR est un paramètre fourni au RAN par l'AMF sur la base de l'UE-AMBR souscrit reçu de l'UDM ou reçu du PCF pour le cas d'une souscription dynamique. Si disponible l'AMF fournit au RAN l'UE-AMBR reçu du PCF.

VII.2.6 : Les valeurs par défaut des paramètres QoS 5G

Pour l'établissement de chaque session PDU, le SMF retire de l'UDM la valeur du session-AMBR souscrit et les valeurs par défaut du 5QI, du niveau de priorité ARP et optionnellement du niveau de priorité du 5QI. La valeur par défaut souscrite du 5QI est dans la plage des valeurs standards pour les 5QI non-GBR.

Le SMF change les valeurs par défaut souscrites pour le 5QI, le niveau de priorité de l'ARP et si reçu, pour le niveau de priorité 5QI, sur la base des données de configuration ou en interagissant avec le PCF et les met comme paramètres du flux QoS avec lequel la règle QoS par défaut est associée.

Le SMF configure la capacité de préemption de l'ARP et la vulnérabilité de préemption de l'ARP du flux QoS avec la règle par défaut, sur la base des données de configuration locale ou en interagissant avec le PCF.

Le SMF applique les mêmes valeurs de la capacité de préemption de l'ARP, de la capacité de vulnérabilité de l'ARP et du niveau de priorité de l'ARP à tous les flux QoS de la même session PDU sauf pour les flux QoS nécessitant un paramétrage ARP différent.

Lorsque le PCC dynamique n'est pas déployé, le SMF peut avoir une configuration basée sur le DNN pour activer l'établissement de flux QoS GBR comme flux QoS associé avec la règle QoS par défaut. Cette configuration contient une valeur standard 5QI et également le GFBR et le MFBR pour l'UL et le DL.

Le SMF change les valeurs souscrites pour le session-AMBR (pour l'UL et le DL) sur la base des configurations locales ou en interagissant avec le PCF, pour configurer le session-AMBR des sessions PDU.

VII.2.7 : Le taux de perte maximum des paquets

Le taux de perte maximum des paquets en UL et DL, indique le taux maximum de paquets perdus pour un flux QoS pouvant être toléré en UL et DL. Cela est fourni pour le flux QoS lorsqu'il est compatible avec le GFBR.

VII.3 : Caractéristiques QoS 5G

VII.3.1 : Généralités

Cette partie spécifie les caractéristiques QoS 5G associées avec le 5QI. Les caractéristiques décrivent le traitement de livraison des paquets qu'un flux QoS reçoit côte à côte entre l'UE et l'UPF en termes des caractéristiques de performance suivantes :

- Le type de ressource (GBR, GBR avec délai critique, non-GBR),
- Le niveau de priorité,
- Le délai autorisé pour les paquets (PDB, Packet Delay Budget), y compris le délai au niveau du cœur de réseau,
- Le taux d'erreurs sur les paquets (PER, Packet Error Rate),
- L'intervalle de temps moyen (pour GBR et GBR avec délai critique seulement),
- Volume de données maximum par paquet (Maximum Data Burst Volume, MDBV).

Les caractéristiques QoS 5G sont les lignes directrices pour la configuration des paramètres spécifiques des nœuds pour chaque flux QoS, c'est-à-dire, la configuration des couches protocolaires des liens radios 3GPP.

Les caractéristiques QoS 5G standards ou préconfigurées sont indiquées à travers les valeurs du 5QI et ne sont signalées sur aucune interface sauf si certaines caractéristiques QoS 5G sont modifiées.

Les caractéristiques QoS 5G signalées, sont fournies comme partie du profil QoS et contiennent toutes les caractéristiques listées ci-dessus.

VII.3.2 : Types de ressources

Le type de ressource détermine si les ressources réseaux dédiées relatives à une valeur GFBR au niveau du flux QoS sont allouées permanemment.

Les flux QoS GBR sont donc typiquement autorisés à la demande, nécessitant une politique dynamique et un contrôle de la taxation.

Les flux QoS GBR utilisent soit les ressources de type GBR ou soit les ressources de type GBR avec délai critique. Les définitions du PER et du PDB sont différentes pour les types de ressources GBR et GBR avec délai critique. Le paramètre MDBV s'applique uniquement au type de ressource GBR avec délai critique.

Un flux QoS non-GBR est préautorisé à travers une politique statique et un contrôle de la taxation. Un flux QoS non-GBR utilise uniquement les ressources de type non-GBR.

VII.3.3 : Niveau de priorité

Le niveau de priorité associé avec les caractéristiques QoS 5G indique une priorité dans la répartition des ressources entre les flux QoS. La plus petite valeur du niveau de priorité correspond à la priorité la plus élevée.

Le niveau de priorité est utilisé pour faire la différence entre les flux QoS d'un même UE, il est également utilisé pour différencier les flux QoS de différents UE.

En cas de congestion, lorsque toutes les exigences de qualité de service ne peuvent pas être satisfaites pour un ou plusieurs flux QoS, le niveau de priorité est utilisé pour sélectionner le flux QoS pour lequel les exigences doivent être priorisées. Dans ce cas, le flux QoS avec le niveau de priorité de valeur N est priorisé par rapport aux flux QoS ayant les niveaux de priorités avec les valeurs supérieures telles que N+1, N+2, etc…

Dans le cas où il n'y a pas congestion, le niveau de priorité est utilisé pour définir la répartition des ressources entre les flux QoS. En plus, la priorité est accordée sur la base d'autres paramètres (type de ressource, condition radio) dans le but d'optimiser les performances des applications et la capacité du réseau.

Chaque 5QI standard est associé avec un niveau de priorité par défaut. Le niveau de priorité est signalé en même temps que le 5QI au RAN et si reçu, il est utilisé à la place du niveau de priorité par défaut.

Le niveau de priorité est également signalé au RAN avec le 5QI préconfiguré, et si reçu, il est utilisé à la place du niveau de priorité préconfiguré.

VII.3.4 : Délai autorisé pour les paquets (PDB, Packet Delay Budget)

Le PDB définit la limite supérieure pour le temps que met un paquet entre l'UE et l'UPF terminant l'interface N6. Pour certains 5QI, la valeur du PDB est la même en UL et DL. Dans le cas d'un accès 3GPP, le PDB est utilisé pour supporter les fonctions de classification (classification des poids des priorités) et les fonctions de la couche liaison. Pour les flux GBR utilisant les types de ressources avec délai critique, un paquet accusant un retard plus que le PDB est considéré perdu si le volume de données par paquet n'excède par le MDBV pendant la période de PDB et que le flux QoS n'excède pas le GFBR. Pour les flux QoS GBR avec des ressources de type GBR n'excédant pas le GFBR, 98% des paquets ne doivent pas avoir un délai dépassant le PDV du 5QI.

Le délai autorisé qui s'applique au réseau d'accès est déterminé en soustrayant le délai autorisé pour le cœur de réseau (CN PDB) du PDB global. Le CN PDB représente le délai entre l'UPF terminant l'interface N6 et le nœud d'accès 5G (5G-AN).

Pour un 5QI standard, la valeur du CN PDB est statique et prédéfinie (voir tableau dans le sous chapitre VII.4).

Pour un 5QI non-standard, la valeur du CN PDB est statique et configurée de manière homogène sur le réseau.

Pour les flux QoS utilisant les types de ressources avec délai critique, dans le but d'obtenir un délai autorisé PDB plus précis pour le 5G-AN, une valeur dynamique pour le CN PDB, qui représente le délai mis entre l'UPF terminant l'interface N6 pour le flux QoS et le 5G-RAN, peut être utilisée. Si elle est utilisée pour un flux QoS, le 5G-RAN applique la valeur dynamique du CN PDB à la place de la valeur statique du CN PDB qui est uniquement liée au 5QI.

La valeur dynamique du CN PDB pour un 5QI GBR avec délai critique, est configurée dans le réseau de deux manières :

- Configurée dans chaque nœud 5G-RAN sur la base d'une variété de paramètres tels que les adresses IP ou les plages de TEID (Terminal Endpoint Identity) de l'UPF terminant le tunnel N3 et sur la base des différentes combinaisons UPF PSA et 5G-AN en tenant en compte les UPF-I.
- Configurée dans le SMF sur la base des différentes combinaisons UPF PSA et 5G-AN en tenant en compte les UPF-I. La valeur du CN PDB pour un flux QoS particulier est signalé au 5G-AN (pendant les procédures d'établissement et de modification de sessions, de handover et de demande de services) lorsque le flux QoS est établi ou la valeur dynamique pour le CN PDB pour le flux QoS change.

Lorsque le nœud 5G est configuré localement avec une valeur dynamique du CN PDB pour le 5QI GBR avec délai critique, et reçoit une valeur différente à travers la signalisation sur l'interface N2 pour un flux QoS avec le même 5QI, la configuration locale du nœud 5G détermine laquelle des deux valeurs il faut utiliser.

Les services utilisant un flux QoS GBR avec un débit inférieur ou égal au GFBR considèrent qu'il n'y a pas de congestion occasionnant la perte de paquet.

Les services utilisant un flux QoS non-GBR peuvent connaitre des retards et des pertes de paquet. Dans les scénarios sans congestion, 98% des paquets ne doivent pas avoir un retard dépassant le PDV du 5QI.

Le PDB pour les ressources de types GBR et non-GBR dénote une limite supérieure souple dans le sens qu'un paquet qui expire ce délai, n'est pas rejeté et n'est pas calculé avec le PER. Toutefois, pour les ressources de type GBR avec délai critique, les paquets avec des retards plus élevés que le PDB sont ajoutés au PER et sont rejetés ou acceptés en fonction de la configuration locale.

VII.3.5 : Taux d'erreurs sur les paquets (PER, Packet Error Rate)

Le PER définit la limite supérieure du taux des PDU (paquets IP) qui ont été traités par l'émetteur au niveau des protocoles de la couche liaison (RLC et HARQ pour le RAN) et qui ne sont pas délivrés avec succès par le récepteur correspondant aux couches supérieures (PDCP pour le RAN). Ainsi, le PER définit supérieure du taux de non-congestion relatif aux pertes de paquets. Le but du PER est de permettre une configuration appropriée des protocoles de la couche liaison (RLC et HARQ pour le RAN). Pour chaque 5QI, la valeur du PER est le même en UL et DL. Pour les flux QoS GBR avec des ressources de type GBR avec délai critique, un paquet avec un délai plus élevé que PDB, est considéré comme perdu et est inclus dans le PER sauf si le volume de données excède MDBV pendant une période de PDB ou si le flux QoS dépasse le GFBR.

VII.3.6 : Intervalle de temps moyen

Chaque flux QoS GBR est associé avec un intervalle de temps moyen. L'intervalle de temps moyen représente la durée sur laquelle le GFBR et le MFBR sont calculés par le RAN, l'UPF et l'UE.

Chaque 5QI standard (pour les ressources de types GBR et GBR avec délai critique) est associé avec une valeur d'intervalle de temps moyen par défaut. L'intervalle de temps moyen peut être signalé en même temps qu'un 5QI standard au RAN et à l'UPF. S'il est reçu, il est utilisé à la place de la valeur par défaut.

L'intervalle de temps moyen peut être également signalé au RAN en même temps qu'un 5QI préconfiguré. S'il est reçu, il est utilisé à la place de la valeur préconfigurée.

VII.3.7 : Volume de données maximum par paquet (Maximum Data Burst Volume, MDBV)

Chaque flux QoS avec le type de ressource GBR avec délai critique est associé avec un MDBV.

Le MDBV dénote le plus grand volume de données que le 5G-AN peut servir durant une période de 5G-AN PDB (c'est-à-dire la partie du PDB assignée au 5G-AN).

Chaque 5QI standard (pour les types de ressources GBR avec délai critique) est associé avec une valeur MDBV par défaut. Le MDBV peut être signalé au RAN en même temps que le 5QI standard. S'il est reçu, il est utilisé au lieu de la valeur par défaut.

Le MDBV est également signalé au RAN avec le 5QI préconfiguré. S'il est reçu, il est utilisé au lieu de la valeur préconfigurée.

VII.4 : Correspondance entre standard 5QI et caractéristiques QoS 5G

Les valeurs 5QI standards sont spécifiées pour des services supposés être fréquemment utilisés et bénéficient ainsi d'une signalisation optimisée en utilisant les caractéristiques QoS standards. Les valeurs 5QI assignées dynamiquement (qui nécessitent une signalisation des caractéristiques QoS comme faisant partie du profil QoS) sont utilisées pour les services pour lesquels des valeurs standards 5QI ne sont pas définies. Une correspondance une-à-une est définie dans le tableau suivant entre les caractéristiques QoS 5G et les valeurs 5QI standards.

Valeur 5QI	**Type de ressource**	**Niveau de priorité par défaut**	**PDB (NOTE 3)**	**PER**	**MDBV par défaut (NOTE 2)**	**Intervalle de temps moyen par défaut**	**Exemples de services**
1	GBR (NOTE 1)	20	100 ms (NOTE 11, NOTE 13)	10^{-2}	N/A	2000 ms	Voix conversationnelle
2		40	150 ms (NOTE 11, NOTE 13)	10^{-3}	N/A	2000 ms	Vidéo conversationnelle (Live Streaming)
3 (NOTE 14)		30	50 ms (NOTE 11, NOTE 13)	10^{-3}	N/A	2000 ms	Jeu en temps réel, messages V2X (Vehicule to everything), Distribution d'électricité moyenne tension, supervision des processus d'automation
4		50	300 ms (NOTE 11,	10^{-6}	N/A	2000 ms	Vidéo non conversationnelle

		NOTE 13)				(Buffered Streaming)
65 (NOTE 9, NOTE 12)	7	75 ms (NOTE 7, NOTE 8)	10^{-2}	N/A	2000 ms	Voix PTT (Push To Talk) pour les missions critiques
66 (NOTE 12)	20	100 ms (NOTE 10, NOTE 13)	10^{-2}	N/A	2000 ms	Voix PTT (Push To Talk) pour les missions non-critiques
67 (NOTE 12)	15	100 ms (NOTE 10, NOTE 13)	10^{-3}	N/A	2000 ms	Vidéo pour les missions critiques
75 (NOTE 14)						
71	56	150 ms (NOTE 11, NOTE 13, NOTE 15)	10^{-6}	N/A	2000 ms	Vidéo uplink en direct
72	56	300 ms (NOTE 11, NOTE 13, NOTE 15)	10^{-4}	N/A	2000 ms	Vidéo uplink en direct
73	56	300 ms (NOT	10^{-8}	N/A	2000 ms	Vidéo uplink en

			E 11, NOTE 13, NOTE 15)				direct
74		56	500 ms (NOTE 11, NOTE 15)	10^{-8}	N/A	2000 ms	Vidéo uplink en direct
76		56	500 ms (NOTE 11, NOTE 13, NOTE 15)	10^{-4}	N/A	2000 ms	Vidéo uplink en direct
5	Non-GBR	10	100 ms NOTE 10, NOTE 13)	10^{-6}	N/A	N/A	Signalisation IMS
6	(NOTE 1)	60	300 ms (NOTE 10, NOTE 13)	10^{-6}	N/A	N/A	Vidéo (mise en mémoire tampon) basée TCP (par exemple www, e-mail, chat, ftp, partage de fichiers, vidéo progressive, etc.)
7		70	100 ms	10^{-}	N/A	N/A	Voix, Vidéo

			(NOTE 10, NOTE 13)	3			(Live Streaming) Jeu interactif
8		80	300 ms (NOTE 13)	10^{-6}	N/A	N/A	Vidéo (mise en mémoire tampon) basée TCP (par exemple www, e-mail, chat, ftp, partage de fichiers, vidéo progressive, etc.)
9		90					
69 (NOTE 9, NOTE 12)		5	60 ms (NOTE 7, NOTE 8)	10^{-6}	N/A	N/A	Mission critique avec sensibilité sur le délai
70 (NOTE 12)		55	200 ms (NOTE 7, NOTE 10)	10^{-6}	N/A	N/A	Mission critique pour données
79		65	50 ms (NOTE 10, NOTE 13)	10^{-2}	N/A	N/A	messages V2X
80		68	10 ms (NOTE 5,	10^{-6}	N/A	N/A	Applications avec faible

			NOTE 10)				Latence, eMBB, Réalité augmentée
82	Delay Critical GBR	19	10 ms (NOTE 4)	10^{-4}	255 bytes	2000 ms	Automation discrète
83		22	10 ms (NOTE 4)	10^{-4}	1354 bytes (NOTE 3)	2000 ms	Automation Discrète ; messages V2X
84		24	30 ms (NOTE 6)	10^{-5}	1354 bytes (NOTE 3)	2000 ms	Systèmes de transport Intelligent
85		21	5 ms (NOTE 5)	10^{-5}	255 bytes	2000 ms	Distribution électricité haute tension messages V2X (conduite à distance, NOTE 16)
86		18	5 ms (NOTE 5)	10^{-4}	1354 bytes	2000 ms	messages V2X (conduite avancée: Evitement de collision)

NOTE 1 : Un paquet avec un délai plus que le PDB n'est pas compté comme perdu, n'est pas ainsi inclus dans le PER.
NOTE 2 : Il est nécessaire que le MDBV par défaut soit supporté par un PLMN supportant les 5QIs concernés.
NOTE 3 : La taille du MTU (Maximum Transfert Unit) et la

fragmentation IP peuvent avoir un impact sur le CN PDB.

NOTE 4 : Une valeur statique du CN PDB de 1 ms pour le délai entre un UPF terminant l'interface N6 et un 5G-AN doit être soustraite du PDB fourni pour avoir le PDB à appliquer à l'interface radio.

NOTE 5: Une valeur statique du CN PDB de 2 ms pour le délai entre un UPF terminant l'interface N6 et un 5G-AN doit être soustraite du PDB fourni pour avoir le PDB à appliquer à l'interface radio.

NOTE 6 : Une valeur statique du CN PDB de 5 ms pour le délai entre un UPF terminant l'interface N6 et un 5G-AN doit être soustraite du PDB fourni pour avoir le PDB à appliquer à l'interface radio.

NOTE 7 : Pour les services de missions critiques, il est supposé que l'UPF terminant l'interface N6 est localisé tout prêt du 5G-AN et n'est pas normalement utilisé sur une longue distance, dans une situation de roaming HR. Par conséquent, une valeur statique pour le CN PDB de 10 ms pour le délai entre un UPF terminant l'interface N6 et un 5G-AN est soustraite du PDB pour avoir le PDB à appliquer à l'interface radio.

NOTE 8 : Dans les deux modes RRC Idle et RRC Connected, les exigences sur le PDB peuvent être assouplies (mais pas à plus que 320 ms) pour les premiers paquets en DL ou pour la signalisation dans le but de permettre des techniques (DRX) d'économie raisonnable de batteries.

NOTE 9 : Il est attendu que les 5QI-65 et 5QI-69 sont utilisés ensemble pour fournir le service de mission critique PTT. Il est attendu que le volume de trafic par UE sera similaire ou moins comparé à la signalisation IMS.

NOTE 10 : Dans les deux modes RRC Idle et RRC Connected, les exigences sur le PDB peuvent être assouplies pour les premiers paquets en DL ou pour la signalisation dans le but de permettre des techniques (DRX) d'économie raisonnable de batteries.

NOTE 11 : Dans le mode RRC Idle, les exigences sur le PDB peuvent être assouplies pour les premiers paquets en DL ou pour la signalisation dans le but de permettre des techniques (DRX) d'économie raisonnable de batteries.

NOTE 12 :	Cette valeur du 5QI peut être uniquement assignée suite à une demande venant du réseau. L'UE et toute application s'exécutant sur l'UE ne sont pas autorisés à demander cette valeur du 5QI.
NOTE 13 :	Une valeur statique du CN PDB de 20 ms pour le délai entre un UPF terminant l'interface N6 et un 5G-AN doit être soustraite du PDB fourni pour avoir le PDB à appliquer à l'interface radio.
NOTE 14 :	Ce 5QI n'est pas encore supporté puisqu'il est uniquement utilisé pour la transmission des messages V2X sur les porteuses MBMS (Multimedia Broadcast Multicast Service).
NOTE 15 :	Pour le streaming en direct en uplink, les lignes directrices pour les valeurs du PDB des différents 5QI correspondent aux configurations de latence prédéfinies dans les spécifications 3GPP (TS 26.238). Dans le but de supporter les services streaming fiable avec des latences élevées (au dessus de 500 ms), si des combinaisons différentes de PDB et PER sont nécessaires, elles utiliseront des 5QI non standardisés.
NOTE 16 :	Ces services ont besoin de MDBV de valeurs plus larges à signaler au RAN. Le support de telles valeurs larges du MDBV avec une latence faible et une haute disponibilité exige une configuration convenable du RAN.

Tableau 15 : Correspondance entre caractéristiques QoS 5G et valeurs standards 5QI

VII.5 : Exigences de performance sur la 5G

VII.5.1 : Hauts débits et densités de trafic

Plusieurs scénarios exigent le support la transmission de données à très haut débit ou des densités de trafic très élevées dans le système 5G. Les scénarios concernent différentes zones de service : zones urbaines et rurales, bureaux et maisons, et des cas de déploiement spécifiques (zones de rassemblement massif, de diffusion, résidentielles, ou de véhicules à grande vitesse).

Quelques scénarii sont les suivants :

- Macro urbain : le scénario général de large zone en urbain.
- Macro rural : le scénario général de large zone en rural.
- Hotspot à l'intérieur : le scénario des bureaux, habitations et les déploiements résidentiels,
- Accès large bande dans la masse : le scénario de masse très dense, par exemple, dans les stades ou concerts. En plus de la densité élevée des connexions, les utilisateurs veulent partager ce qu'ils voient et entendent, mettant une exigence plus élevée sur l'uplink par rapport au downlink.
- Urbain dense : le scénario pour les utilisateurs piétons, et les utilisateurs dans les véhicules en milieu urbain dense, par exemple, au bureau, au centre-ville, dans les centres commerciaux, dans les zones résidentielles.
- Services de diffusion : le scénario pour les utilisateurs stationnaires, les piétons, et les utilisateurs dans les véhicules, par exemple, au bureau, au centre-ville, dans les centres commerciaux, dans les zones résidentielles, dans les zones rurales et dans les trains à grande vitesse.
- Train à grande vitesse : le scénario des utilisateurs dans le train.
- Véhicule à grande vitesse : le scénario des utilisateurs dans les véhicules.
- Connectivité dans les avions : le scénario pour les utilisateurs dans les avions.

Les utilisateurs dans les véhicules, les trains ou les avions peuvent être directement connectés ou être connectés à travers une station de base à bord.

Le tableau ci-dessous donne les exigences de performance pour les différents scénaris.

	Scénario	**Débit expérimenté (DL)**	**Débit expérimenté (UL)**	**Capacité de la zone de trafic (DL)**	**Capacité de la zone de trafic (UL)**	**Densité globale d'utilisateurs**	**Facteur d'activité**	**Vitesse de l'UE**	**couverture**
1	Macro urbain	50 Mbps	25 Mbps	100 Gbps/km^2	50 Gbps/km^2	10 000/km^2	20%	Piétons et utilisateurs dans les véhicules (jusqu'à 120 km/h	Tous les réseaux
2	Macro rural	50 Mbps	25 Mbps	1 Gbps/km^2	500 Mbps/km^2	100/km^2	20%	Piétons et utilisateurs dans les véhicules (jusqu'à 120 km/h	Tous les réseaux
3	hotspot à l'intérieur	1 Gbps	500 Mbps	15 Tbps/km^2	2 Tbps/km^2	250 000/km^2		Piétons	Bureau et zone résidentielle

4	Broadband access in a crowd	25 Mbps	50 Mbps	[3,75] Tbps/km^2	[7,5] Tbps/km^2	[500 000]/km^2	30%	Piétons	Zone confinée
5	Urbain dense	300 Mbps	50 Mbps	750 Gbps/km^2	125 Gbps/km^2	25 000/km^2	10%	Piétons et utilisateurs dans les véhicules (jusqu'à 60 km/h)	Bidonville
6	Services de diffusion	Maximum 200 Mbps (par canal TV)	N/A ou modeste (exemple, 500 kbps par utilisateur)	N/A	N/A	[15] canaux TV de [20 Mbps] sur une porteuse	N/A	Utilisateurs stationnaires, piétons et utilisateurs dans les véhicules (jusqu'à 500 km/h)	Tous les réseaux
7	Train à grande vitesse	50 Mbps	25 Mbps	15 Gbps/train	7,5 Gbps/train	1 000/train	30%	Utilisateurs dans le train (jusqu'à 500 km/h)	Sur les rails

8	Véhicule à grande vitesse	50 Mbps	25 Mbps	[100] Gbps/km^2	[50] Gbps/km^2	4 000/km^2	50%	Utilisateurs dans les véhicules (jusqu'à 250 km/h)	Sur les routes
9	Connectivité des avions	15 Mbps	7,5 Mbps	1,2 Gbps/avion	600 Mbps/avion	400/avion	20%	Utilisateurs dans l'avion (jusqu'à 1 000 km/h)	

Tableau 16 : Exigence de performance pour le très haut débit et scénarii de densité de trafic

VII.5.2 : Haute fiabilité et faible latence

VII.5.2.1 : Généralités

Plusieurs scénarios nécessitent le support de latence très faible et de haute disponibilité des services de communication. Ce qui nécessite également une très haute fiabilité. La latence globale d'un service dépend du délai sur l'interface radio, de la transmission à l'intérieur du système 5G, de la transmission au serveur pouvant se situer en dehors du système 5G, et du traitement des données. Certains de ces facteurs dépendent directement du système 5G lui-même, tandis que pour d'autres, les impacts peuvent être réduits par une interconnexion convenable entre le système 5G et les serveurs ou services en dehors du système 5G.

VII.5.2.2 : Scénarios et KPIs (Key Performance Indicator)

Les différents déploiements pour supporter l'URLLC (Ultra Reliable Low Latency Communication) dépendent des possibilités pour les systèmes 3GPP de faire face à un ensemble de KPIs spécifiques avec l'application des valeurs et plages différentes pour chaque attribut. L'approche commune et flexible de la 5G pour l'URLLC permet au système 5G de prendre en charge l'ensemble des KPIs spécifiques nécessaires à une implémentation donnée.

Quelques scénarios nécessitent une latence très faible et une très haute disponibilité de services de communications. Des exemples sont les suivants :

- Le contrôle de mouvement : le contrôle de mouvement conventionnel est caractérisé par des exigences élevées sur les systèmes de communications relatives à la latence, la fiabilité et la disponibilité. Les systèmes supportant le contrôle de mouvement sont généralement déployés dans des zones géographiques limitées mais peuvent être également déployés dans des zones larges et leurs accès limités à des personnes autorisées.
- Automatisation discrète : l'automatisation discrète est caractérisée par des exigences élevées sur les systèmes de communications

relatives à la fiabilité et à la disponibilité. Les systèmes supportant l'automatisation discrète sont généralement déployés dans des zones géographiques limitées et leurs accès sont limités à des personnes autorisées.

- Automatisation des processus : automatisation pour les flux, par exemple, les raffineries et les réseaux de distribution d'eau. L'automatisation des processus est caractérisée par des exigences élevées sur les systèmes de communications relatives à la disponibilité. Les systèmes supportant l'automatisation des processus sont généralement déployés dans des zones géographiques limitées et leurs accès sont limités à des personnes autorisées.
- Les automatismes de distribution d'électricité (moyenne et haute tension). La distribution d'électricité est caractérisée par des exigences élevées sur les systèmes de communications relatives à la disponibilité. En contraste avec le cas précédent, la distribution d'électricité est fortement immergée dans l'espace public.
- Les systèmes de transport intelligents (solutions d'automatisme pour les infrastructures supportant la circulation routière). Cette utilisation concerne la connexion des infrastructures en bordure des routes avec les autres infrastructures telles que les systèmes d'orientation. Comme pour la distribution d'électricité, les nœuds sont profondément immergés dans l'espace public.
- La télécommande (commande à distance) : la télécommande est caractérisée par un UE exploité à distance, soit par un humain ou un ordinateur. Par exemple, la conduite à distance permet à un conducteur distant ou à une application V2X d'exploiter un véhicule distant sans chauffeur ou un véhicule distant situé dans un environnement dangereux.
- Les communications sur les chemins de fer ont utilisés les systèmes de communications basés 3GPP (comme le GSM-R par exemple) pendant un temps pour permettre le contrôle automatique des trains à grande vitesse atteignant les 500 Km/h avec un conducteur toujours à bord. La prochaine étape est pour des trains complètement autonomes sans conducteur utilisant des systèmes d'exploitation automatisés des trains. Ces modes d'opération exige des communications très fiables avec des latences modérées et à une vitesse supérieure à 500 Km/h.

VII.5.2.3 : Autres scénarios et exigences

VII.5.2.3.1 : Réalité Augmentée (AR) / Réalité virtuelle (VR)

L'interaction audio-visuelle est caractérisée par une personne interagissant avec l'environnement ou d'autres personnes, ou contrôlant un UE, relayant un feedback audio-visuel. Dans les cas d'utilisation telle que la réalité virtuelle et la conversation interactive, l'exigence de la latence inclut les latences au niveau de la couche application (par exemple les codecs), qui peuvent être spécifiées en dehors de la 3GPP.

Pour supporter les environnements de la réalité virtuelle avec une capabilité de temps faible entre le mouvement réel et le mouvement sur l'écran du casque terminal de réalité virtuelle (motion-to-photon), le système 5G supporte :

- La latence motion-to-photon dans la plage de 7 à 15 ms avec le maintien d'un débit de 1Gbits/s pour l'utilisateur,
- Un délai motion-to-sound (le temps entre le mouvement réel et la perception du son dans l'écouteur du casque de la réalité cvirtuelle) de 20 ms.

Pour supporter l'accomplissement des taches interactives durant les conversations vocales le système 5G supporte le codage de la voix à faible délai pour les services conversationnels interactifs (100 ms).

En raison du traitement séparé des composantes audio et vidéo, le système 5G assure pour la réalité virtuelle la synchronisation audio-vidéo dans le but d'éviter un impact négatif sur l'expérience utilisateur. Pour supporter l'environnement VR, le système 5G supporte les seuils de synchronisation audio-vidéo suivants :

- Dans la plage de [125ms-5ms] pour l'audio en retard,
- Dans la plage de [45ms-5ms] pour l'audio en avance.

VII.5.2.3.2 : Les infrastructures sans fil en bordure de route

Les systèmes de transport intelligents adoptent une large variété d'applications liées aux communications dans le but d'augmenter la sécurité routière, de minimiser l'impact environnemental, d'améliorer la gestion du trafic routier, et de maximiser les bénéfices du transport aux utilisateurs commerciaux et au public en général.

Les infrastructures en bordure de route telles que les contrôleurs de feux de circulation, les supervisions du trafic dans les zones urbaines et le long des autoroutes et des routes, sont connectés en mode sans fil aux centres de contrôle de trafic pour les besoins de gestion et de contrôle. Ces communications exigent des latences faibles, une haute disponibilité, et une grande capacité de connexions pour une distribution fiable des données.

Pour supporter les infrastructures en bordure de route, le système 5G doit pouvoir fournir les exigences de performance dans le tableau ci-dessous.

Scénario	Latence max. autorisé	Temps de survie	Disponibilité	Fiabilité	Débit utilisateur	Taille des données	Densité de trafic	Densité de connexion	zone de service
Infrastructures sans fil	30 ms	100 ms	99,9999%	99,999%	10 Mbps	Petite à grande	10 Gbps/km^2	1 000/km^2	2 km

Tableau 17 : Exigences de performance pour les infrastructures en bordure de route

VII.5.3 : Système de positionnement de haute précision

VII.5.3.1 : Description et généralités

L'adaptabilité et la flexibilité sont parmi les fonctionnalités clés du système 5G pour servir une large variété de services de positionnement verticaux et horizontaux dans différents environnements (urbain, rural, indoor). Ceci s'applique au positionnement avec haute précision et se traduit par une aptitude de satisfaire différents niveaux de services et d'exigences, comme exemples en termes de performance (précision, disponibilité, latence) et de fonctionnalités (sécurité).

Le système 5G fournit différents services de positionnement 5G avec des points de performance configurables (par exemples, précision, disponible, latence, consommation d'énergie, variation de débit) en fonction des besoins des utilisateurs, des opérateurs et de tierces parties.

Le système 5G supporte la combinaison des technologies de positionnement 3GPP et non-3GPP pour atteindre des performances des services de positionnement 5G meilleurs que ceux atteints par l'utilisation unique des technologies de positionnement 3GPP.

Les informations de positionnement correspondant doivent être acquises en temps opportun, fiables et disponibles.

Les UE doivent pouvoir partager les informations de positionnement entre eux ou à un contrôleur lorsque les informations de positionnement ne peuvent pas être traitées ou utilisées localement.

VII.5.3.2 : Exigences aux niveaux des services de positionnement horizontaux et verticaux

Le tableau ci-dessus donne les exigences de performance pour les services de positionnement horizontaux et verticaux dans le système 5G.

Niveau de service	Position Absolue (A) ou Relative(R)	Précision (95 % de niveau de confiance)		Disponibilité	Latence	Couverture, environnement d'utilisation et vélocité de l'UE		
						Zone de service de positionnement 5G	Zone de service de positionnement 5G avancé (note 2)	
		Précision horizontale	Précision verticale (note 1)				Extérieur et tunnels	Intérieur
1	A	10 m	3 m	95 %	1 s	Indoor – jusqu'à 30 km/h Extérieur (rural et urbain) jusqu'à 250 km/h	NA	Indoor – jusqu'à 30 km/h
2	A	3 m	3 m	99 %	1 s	Extérieur (rural et urbain) jusqu'à 500 km/h pour les trains et jusqu'à 250 km/h pour les autres véhicules	extérieur (dense urbain) jusqu'à 60 km/h Le long des route jusqu'à 250 km/h et le long des rails	Indoor – jusqu'à 30 km/h

							jusqu'à 500 km/h	
3	A	1 m	2 m	99 %	1 s	Extérieur (rural et urbain) jusqu'à 500 km/h pour les trains et jusqu'à 250 km/h pour les autres véhicules	Extérieur (dense urbain) jusqu'à 60 km/h Le long des routes jusqu'à 250 km/h et le long des rails jusqu'à 500 km/h	Indoor – jusqu'à 30 km/h
4	A	1 m	2 m	99.9 %	15 ms	NA	NA	Indoor – jusqu'à 30 km/h
5	A	0.3 m	2 m	99 %	1 s	Extérieur (rural) jusqu'à 250 km/h	Extérieur (dense urbain jusqu'à 60 km/h Le long des route et le long des rails	Indoor – jusqu'à 30 km/h

							jusqu'à 250 km/h	
6	A	0.3 m	2 m	99.9 %	10 ms	NA	Extérieur (dense urbain jusqu'à 60 km/h	Indoor – jusqu'à 30 km/h
7	R	0.2 m	0.2 m	99 %	1 s	Intérieur et extérieur (rural, urbain, dense urbain) jusqu'à 30 km/h Positionnement relatif est entre deux UEs à moins de 10 m de l'un et l'autre ou entre l'UE et les nœuds de positionnement 5G à moins de 10 m l'un et l'autre (note 3)		

NOTE 1: L'objectif des exigences de positionnement vertical est de déterminer l'étage pour les cas d'utilisation à l'intérieur et de distinguer entre les pistes superposées pourles routes et les rails.

NOTE 2: L'intérieur (indoor) inclut l'intérieur des bâtiments tels que les bureaux, les hôpitaux et bâtiments industriels.

NOTE 3: Les nœuds de positionnement 5G sont des équipements déployés dans la zone de service pour renforcer les capacités de positionnement

Tableau 18 : Exigences de performance pour les systèmes de positionnement horizontaux et verticaux

VII.6 : Indicateurs clés de performance (KPI) 5G

Les indicateurs de performance sont répartis entre les catégories suivantes :

- Accessibilité,
- Intégrité,
- Utilisation,

- Maintenabilité/conservabilité,
- Mobilité
- Efficacité d'énergie

VII.6.1 : Indicateurs de performance pour l'accessibilité

VII.6.1.1 : Nombre d'utilisateurs enregistrés dans le réseau ou par instance de partition réseau à travers l'AMF

Ce KPI décrit le nombre total d'utilisateurs enregistrés dans le réseau ou dans une instance de partition réseau. Il est obtenu par le comptage des utilisateurs qui sont enregistrés dans l'AMF par instance de partition réseau. Le KPI est une somme et un entier positif.

Sa formule est $RSSNSI = \sum_{AMF} RegisteredSubNbrMean$

VII.6.1.2 : Nombre d'utilisateurs enregistrés dans le réseau ou par instance de partition réseau à travers l'UDM

Ce KPI décrit le nombre total d'utilisateurs enregistrés dans le réseau ou dans une instance de partition réseau. Il correspond au comptage des utilisateurs qui sont enregistrés dans l'UDM par instance de partition réseau lors des mesures RM.RegisteredSubUDMNbrMean. Le KPI est une somme et un entier positif.

Sa formule est : $RSSNSI = \mathrm{Re}\,gisteredSubUDMNbrMean$

VII.6.1.3 : Taux de succès d'enregistrement sur une instance de partition réseau

Ce KPI décrit le rapport du nombre de procédures d'enregistrement effectuées avec succès au nombre de tentatives de procédures d'enregistrement sur l'ensemble des AMF relatifs à une instance de partition réseau. Il est utilisé pour évaluer l'accessibilité par l'instance de partition réseau de bout en bout. Ce KPI est un rapport exprimé en pourcentage.

Sa formule est : $\text{RSR} = \frac{\sum_{Type} \text{AMF.5GSRegisSucc.}Type}{\sum_{Type} \text{AMF.5GSRegisAtt.}Type} * 100\%$

VII.6.1.4 : Accessibilité aux DRB (Data Radio Bearer) pour les services de l'UE

Ce KPI décrit le taux d'établissement avec succès des DRB, incluant le taux de succès pour l'établissement de la connexion RRC et de la connexion de signalisation sur l'interface NG. Il est obtenu par le produit du taux de succès d'établissement des connexions RRC, du taux de succès d'établissement des connexions sur l'interface NG et le taux de succès d'établissement des DRB. Les taux de succès pour l'établissement de connexion RRC et de la connexion de signalisation sur l'interface NG excluent les établissements ayant pour cause la signalisation initiée par le mobile (enregistrement, mise à jour de zone de tracking, etc…). L'indicateur peut être évalué par valeur de 5QI ou par instance de partition réseau (SNSSAI). Il est un rapport exprimé en pourcentage.

Sa formule est :

- Par 5QI : DRBAccessibility 5QI = (∑RRC.ConnEstabSucc.*Cause*/∑RRC.ConnEstabAtt.*Cause*) * (∑UECNTXT.ConnEstabSucc.*Cause*/∑ UECNTXT.ConnEstabAtt.*Cause*) * (DRB.EstabSucc.5QI/DRB.EstabAtt.5QI) * 100 ;
- Par SNSSAI : DRB Accessibility SNSSAI = (∑RRC.ConnEstabSucc.*Cause*/∑RRC.ConnEstabAtt.*Cause*) * (∑UECNTXT.ConnEstabSucc.*Cause*/∑ UECNTXT.ConnEstabAtt.*Cause*) * (DRB.EstabSucc.SNSSAI/DRB.EstabAtt.SNSSAI) * 100

VII.6.1.5 : Taux de succès d'établissement des sessions PDU par instance de partition réseau

Ce KPI décrit le rapport du nombre de requêtes d'établissement de session PDU réussies au nombre de tentatives d'établissement de session PDU sur le réseau 5G pour l'ensemble des SMF relatif à une instance de partition de réseau donnée. Il est utilisé pour évaluer l'accessibilité fournie par le réseau de bout en bout et la performance du réseau. Il est obtenu par le rapport du nombre de requête d'établissement de sessions PDU avec succès au nombre de tentatives d'établissement de session PDU. Le KPI est un rapport.

Sa formule est : $\mathrm{PDUESR} = \frac{\mathrm{SM.PduSessionCreationSuccNSI}.\mathit{SNSSAI}}{\mathrm{SM.PduSessionCreationReqNSI}.\mathit{SNSSAI}}$

VII.6.2 : Indicateurs de performance pour l'intégrité des données

VII.6.2.1 : Latence du réseau 5G

VII.6.2.1.1 : Catégories de KPI

Ce KPI décrit la latence de transmission de paquets de bout en bout à travers le RAN, le CN et le TN (Transmission Network) du réseau 5G et est utilisé pour évaluer la performance d'utilisation du réseau de bout en bout. Il est la latence du temps de parcours (RTT, Round Trip Time) de bout en bout des paquets IP de l'UE transmis de l'UE à l'interface N6 sur le réseau 5G. L'interface N6 est le point de référence entre l'UPF et le réseau de données (DN). Ce KPI est exprimé en intervalle de temps (en milliseconde) et est une moyenne. Il est calculé par instance de partition réseau ou par sous réseau.

VII.6.2.1.2 : Latence en downlink dans le gNB

Ce KPI décrit la part de latence de transmission de paquets dans le gNB expérimenté par l'utilisateur final en dowlink. Il est utilisé pour évaluer la contribution en latence du gNB dans la latence totale des paquets. Il s'agit de la moyenne arithmétique du temps écoulé à partir de la réception du paquet IP au niveau du gNB à la transmission de la première partie du paquet sur l'interface air, pour un paquet IP ne trouvant aucune donnée en attente d'être transmise à l'UE. Ce KPI est exprimé en intervalle de temps (en milliseconde) et est une moyenne.

Sa formule est : DLLat_gNB = DRB.RlcSduLatencyDl or optionally DownlinkLat.QoSx = DRB.RlcSduLatencyDl.QoSx où QoS détermine la classe de qualité de service cible.

VII.6.2.1.3 : Le délai intégré en dowlink dans le RAN

Ce KPI décrit la latence moyenne de transmission des paquets à l'UE à travers la partie RAN. Il est utilisé pour évaluer la performance de la latence du NG-RAN en downlink. Les mesures sont optionnellement scindées en sous-compteurs pour chaque niveau QoS correspondant aux valeurs du 5QI. Ce KPI est exprimé en intervalle de temps (en milliseconde) et est une moyenne.

Sa formule est : DLLat_NR = DRB.PdcpSduDelayDl + DRB.PdcpF1Delay + DRB.RlcSduDelayDl + DRB.AirIfDelayDl.

Il est calculé par instance de partition réseau ou par sous réseau.

VII.6.2.2 : Débit montant pour le réseau ou pour une instance de partition réseau

Ce KPI décrit le débit montant pour une instance de partition réseau en calculant la taille des paquets pour chaque paquet IP en uplink transmis avec succès à travers l'instance de partition réseau durant chaque période de granularité. Il est utilisé pour évaluer la performance de l'intégrité de bout-en-bout de l'instance de partition réseau ou du réseau. Il est obtenu par le débit fourni en uplink par l'interface N3 du NG-RAN à l'ensemble des UPFs relatifs à l'instance de partition de réseau concernée. L'unité du KPI est kbits/s et il s'agit d'une somme.

Sa formule est : $UTSNSI = \sum_{AMF} GTP.InDataOctN3UPF$

VII.6.2.3 : Débit descendant pour une instance de partition réseau

Ce KPI décrit le débit descendant pour une instance de partition réseau en calculant la taille des paquets pour chaque paquet IP en downlink transmis avec succès à travers l'instance de partition réseau durant chaque période de granularité. Il est utilisé pour évaluer la performance de l'intégrité de bout-en-bout de l'instance de partition réseau. Il est obtenu par le débit fourni en downlink par les interfaces N3 de l'ensemble des UPFs relatifs à l'instance de partition de réseau concernée au NG-RAN. L'unité du KPI est kbits/s et il s'agit d'une somme.

Sa formule est : $\text{DTSNSI} = \sum_{UPF} GTP.OutDataOctN3UPF$

VII.6.2.4 : Débit montant au niveau de l'interface N3

Ce KPI décrit le nombre total d'octets de tous les paquets de données GTP venant de l'interface N3 (mesurés au niveau de l'UPF) qui ont été générés par l'entité du protocole GTP-U sur l'interface N3 durant une période de granularité. Ce KPI est utilisé pour évaluer la performance d'intégrité du débit GTP montant au niveau de l'interface N3. Il est obtenu en mesurant les débits de données GTP montant fournis par l'interface N3 du NG-RAN à l'UPF durant une période de granularité. L'unité du KPI est kbits/s et il s'agit d'une moyenne.

Sa formule est : *UGTPTS=SUM (GTP.InDataOctN3UPF)/timeperiod)*

VII.6.2.5 : Débit descendant au niveau de l'interface N3

Ce KPI décrit le nombre total d'octets de tous les paquets de données GTP venant de l'interface N3 (transmis à partir de l'UPF) qui ont été générés par l'entité du protocole GTP-U sur l'interface N3 durant une période de granularité. Ce KPI est utilisé pour évaluer la performance d'intégrité du débit GTP descendant au niveau de l'interface N3. Il est obtenu en mesurant les débits de données GTP descendant fournis par l'interface N3 de l'UPF au NG-RAN durant une période de granularité. L'unité du KPI est kbits/s et il s'agit d'une moyenne.

Sa formule est :

DGTPTS=SUM (GTP.OutDataOctN3UPF)/timeperiod) at UPF

VII.6.2.6 : Débit RAN de l'UE

Ce KPI, défini pour l'uplink et le downlink, décrit la manière dont le NG-RAN impacte la qualité de service fournie à l'utilisateur final. Il est obtenu par le rapport du volume de données au niveau RLC par unité de temps écoulé sur l'interface air, pour les transferts limités sur l'interface air. L'unité du KPI est kbits/s et il s'agit d'une moyenne.

Ses formules pour l'uplink et le downlink sont :

RAN UE Throughput DL = DRB.UEThpDl and

RAN UE Throughput UL = DRB.UEThpUl

VII.6.3 : KPI pour l'utilisation

VII.6.3.1 : Nombre moyen de sessions PDU sur un réseau ou sur une instance de partition réseau

Ce KPI décrit le nombre moyen de sessions PDU établis avec succès sur une instance de partition réseau ou sur un réseau. Il est obtenu en comptabilisant les procédures d'établissement de sessions PDU effectuées avec succès sur les SMFs relatifs à l'instance de partition réseau. Le KPI est un entier et constitue une moyenne. Il est produit par instance de partition réseau ou par réseau.

Sa formule est : PDUSesMeanNbr=Sum (SM.SessionNbrMean.SNSSAI) sur tous les SMFs relatifs au SNSSAI.

VII.6.3.2 : Utilisation des ressources virtuelles sur une instance de partition réseau

Ce KPI décrit l'utilisation des ressources virtuelles (mémoire, processeur, disque) qui sont allouées à une instance de partition réseau. Il est obtenu par l'utilisation des ressources virtuelles (mémoire, processeur, disque) divisée par la capacité du système allouée à l'instance de partition réseau. Ce KPI est un rapport exprimé en pourcentage.

Les formules sont les suivantes :

$$VRU_{Processor} = \frac{MeanProcessorUsage}{System\ Capacity_{Processor}} * 100\%$$

$$VRU_{Memory} = \frac{MeanMemoryUsage}{System\ Capacity_{Memory}} * 100\%$$

$$VRU_{Disk} = \frac{MeanDiskUsage}{System\ Capacity_{Disk}} * 100\%$$

VII.6.3.3 : Temps d'établissement des sessions PDU sur une instance réseau

Ce KPI décrit le temps nécessaire à l'établissement avec succès d'une session PDU sur une instance de partition réseau. Il évalue la performance du réseau et l'utilisation fournie par l'instance de partition réseau de bout-en-bout. Il est obtenu par la mesure du temps entre la réception par le SMF de la requête *Nsmf_PDUSession_UpdateSMContext Request* transmis par l'AMF et l'envoi par l'AMF de la requête *Nsmf_PDUSession_CreateSMContext Request* ou de la requête *Nsmf_PDUSession_UpdateSMContext Request PDU Session Establishment Request* au SMF. Le KPI est un intervalle de temps (ms) et constitue une moyenne.

VII.6.3.4 Nombre moyen de mises à jour périodiques de l'enregistrement avec succès

Ce KPI décrit le nombre moyen de mises à jour périodiques de l'enregistrement qui s'effectuent avec succès sur une partition réseau au niveau de l'AMF. Il est obtenu en faisant la somme des mises à jour périodiques effectuées avec succès sur l'ensemble des AMFs relatifs à la partition réseau après l'acception des enregistrements par l'AMF des UE ayant transmis la requête de mise à jour d'enregistrement. Le KPI est un entier et constitue une moyenne.

Sa formule est : RegUpdMeanNbr=Sum (AM.RegNbrMean.SNSSAI) sur l'ensemble des AMFs relatifs au SNSSAI.

VII.6.4 KPI pour la maintenabilité

VII.6.4.1 Maintenabilité des flux QoS

Ce KPI montre comment l'utilisateur final perd anormalement un flux QoS durant le temps d'utilisation du flux QoS. Il est obtenu par le nombre de flux QoS libérés anormalement avec des données en attente, rapporté à la durée des sessions de données. L'unité du KPI est « libérés/s » et le KPI est une moyenne.

Mesurer la maintenabilité du flux QoS d'un unique flux QoS donné est assez simple et sa formule est :

$$R1_{QoS\_x} = \frac{QF.RelActNbr.QoS_{QoS\_x}}{QF.SessionTimeQoS.QoS_{QoS\_x}}$$

Par contre, mesurer la maintenabilité des flux QoS pour plusieurs UEs n'est pas assez simple. La mesure R1 est définie pour observer le niveau d'activité d'un seul flux QoS à la fois, par conséquent utiliser cette formule pour mesurer de manière agrégée la maintenabilité du flux QoS au niveau de l'UE n'est pas précis. Par exemple, pour un UE avec plusieurs flux QoS, il peut y avoir des flux QoS qui sont actifs au même moment. Par conséquent, agréger les mesures des temps de session au niveau flux QoS donne une valeur plus grande que les mesures des temps de sessions au niveau de l'UE. Le cas de la figure ci-dessous en est un exemple.

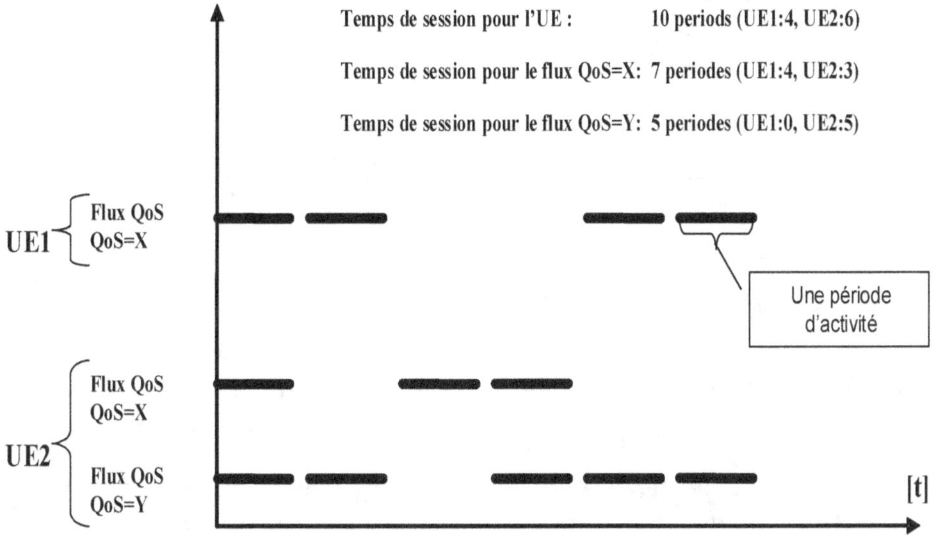

Figure 45 : *Mesure de la maintenabilité des flux QoS de plusieurs UE*

En conséquence, une mesure de la maintenabilité du flux QoS au niveau de l'UE est définie pour fournir une mesure de la maintenabilité globale des flux QoS qui s'exprime par :

$$R2 = \frac{\sum_{QoS} QF.RelActNbr.QoS}{QF.SessionTimeUE}$$

Le taux de maintenabilité est alors défini comme le rapport entre le nombre de libérations anormales de flux QoS ayant des données en attente à la durée d'activité des flux QoS.

VII.6.4.2 : Maintenabilité des DRB

Ce KPI montre à quel degré un utilisateur final perd anormalement un DRB pendant la période d'activité du DRB. Il est obtenu par le nombre de DRB libérés anormalement alors qu'ils étaient actifs, rapporté à la durée des sessions de données. L'unité du KPI est « libérés/s » et le KPI est une moyenne. Il peut être calculé pour un 5QI ou pour un SNSSAI. Les formules sont :

$$R1_{5QI\_x} = \frac{DRB.RelActNbr.5QI_{5QI\_x}}{DRB.SessionTime.5QI_{5QI\_x}}$$

et

$$R1_{SNSSAI\_x} = \frac{DRB.RelActNbr.SNSSAI_{SNSSAI\_x}}{DRB.SessionTime.SNSSAI_{SNSSAI\_x}}$$

VII.6.5 : KPI pour la mobilité

VII.6.5.1 : Taux de succès des handovers NG-RAN

Ce KPI décrit à quel point les handovers réussissent à l'intérieur du NR-RAn, indépendamment qu'ils soient pour raison de couverture ou toute autre raison. Ce KPI est obtenu en faisant le rapport entre le nombre de handovers vers le même gNB ou vers d'autres gNB réalisés avec succès au nombre total de tentatives de handovers vers le même gNB ou vers d'autres gNB. Sa formule est donnée par :

$$GRANHOSR = \frac{(MM.HoExeInterSucc + MM.HoExeIntraSucc)}{(MM.HoExeInterReq + MM.HoExeIntraReq)} \times \frac{(MM.HoPrepInterSucc + MM.HoPrepIntraSucc)}{(MM.HoPrepInterReq + MM.HoPrepIntraReq)} \times 100\,[\%]$$

VII.6.5.2 : Temps moyen d'exécution des handovers inter-gNB d'une partition réseau

Ce KPI décrit la durée moyenne d'exécution avec succès des handovers inter gNB dans une partition réseau. Il permet d'évaluer la performance du réseau et le niveau d'utilisation fourni par une partition réseau de bout-en-bout. Ce KPI est obtenu en mesurant le temps entre la réception par le NG-RAN source du message de libération de ressource transmis par le NG-RAN cible et l'envoi du message de demande de basculement de chemin sur N2 (N2 Path Switch Request) du NG-RAN source au NG-RAN cible sur une période de granularité. L'unité du KPI est en milliseconde.

VII.6.5.3 : Taux de succès de mises à jour d'enregistrements liées à la mobilité

Ce KPI décrit le taux de réussite des mises à jour des enregistrements sur l'AMF liées à la mobilité dans une partition réseau. Ce KPI est obtenu par le rapport du nombre de mises à jour d'enregistrements effectuées avec succès sur le nombre total de tentatives de mises à jour d'enregistrement liées à la mobilité sur l'ensemble reçues par les AMF d'une partition réseau.

VII.6.6 : KPI pour l'efficacité d'énergie

Ce KPI montre l'efficacité énergétique sur un réseau mobile de données sur les NG-RAN opérationnels. Il est obtenu en divisant le volume de données par la consommation globale d'énergie des éléments de réseau considérés. L'unité du KPI est bit/J.

Sa formule est $EE = \frac{\sum_{Samples}(\mathrm{DRB.PdcpSduVolumnUl} + \mathrm{DRB.PdcpSduVolumnDl})}{\sum_{Samples}\mathrm{PEE.Energy}}$

pour le gNB non splittés et

$$EE = \frac{\sum_{Samples}\begin{pmatrix}(\mathrm{F1uPdcpSduVolumeUl} + \mathrm{XnuPdcpSduVolumeUl} + \mathrm{X2uPdcpSduVolumeUl}) + \\ (\mathrm{F1uPdcpSduVolumeDl} + \mathrm{XnuPdcpSduVolumeDl} + \mathrm{X2uPdcpSduVolumeDl})\end{pmatrix}}{\sum_{Samples}\mathrm{PEE.Energy}}$$

pour les gNB splittés.

Le volume global de données est obtenu en mesurant le nombre de bits des SDU en DL et UL des différents éléments de réseau sur la période de mesure. Pour les gNB splittés, le volume de données est calculé par interface (F1, X1, X2). La consommation d'énergie (en KWh) est obtenue en mesurant le PEE (Power Energy Efficiency) des éléments réseau considérés sur la même période de temps. Les échantillons sont agrégés au niveau du nœud NG-RAN. Le système de management assurant la gestion du gNB collecte les données des mesures PEE de tous les PNF (Physical Network Function) dans le gNB de la même manière que les autres données de mesures.

RÉFÉRENCES

[1] 3GPP TS 22011 Service accessibility
[2] 3GPP TS 22071 Location Services (LCS)
[3] 3GPP TS 22101 Service principles
[4] 3GPP TS 22261 Service requirements for the 5G system
[5] 3GPP TS 23003 Numbering, addressing and identification
[6] 3GPP TS 23041 Technical realization of Cell Broadcast Service (CBS)
[7] 3GPP TS 23122 MS in idle mode
[8] 3GPP TS 23228 IP Multimedia Subsystem (IMS)
[9] 3GPP TS 23273 5G System (5GS) Location Services (LCS)
[10] 3GPP TS 23316 Wireless and Wireline Convergence access aspects
[11] 3GPP TS 23501 System architecture for the 5G System
[12] 3GPP TS 23502 Procedures for the 5G System
[13] 3GPP TS 23503 Policy and Charging Control
[14] 3GPP TS 24501 Non-Access-Stratum (NAS) protocol
[15] 3GPP TS 28554 5G end to end Key Performance Indicators (KPI)
[16] 3GPP TS 32240 Charging management
[17] 3GPP TS 33501 Security Architecture and Procedures for 5G System
[18] 3GPP TS 38104 NR Base Station (BS) radio transmission and reception
[19] 3GPP TS 38133 Radio ressource management
[20] 3GPP TS 38201 NR Physical Layer – General Description
[21] 3GPP TS 38202 NR Services provided by the physical layer
[22] 3GPP TS 38211 NR Physical channels and modulation
[23] 3GPP TS 38212 NR Multiplexing and channel coding
[24] 3GPP TS 38213 NR Physical layer procedures for control
[25] 3GPP TS 38214 NR Physical layer procedures for data
[26] 3GPP TS 38215 NR Physical layer measurements
[27] 3GPP TS 38300 NR Overall description
[28] 3GPP TS 38304 User Equipment (UE) procedures in Idle mode and RRC
[29] 3GPP TS 38321 Medium Access Control (MAC) protocol specification

[30] 3GPP TS 38322 NR Radio Link Control (RLC) protocol specification
[31] 3GPP TS 38323 NR Packet Data Convergence Protocol (PDCP) protocol specification
[32] 3GPP TS 38331 NR Radio Resource Control (RRC); Protocol specification
[33] 3GPP TS 38401 NG-RAN Architecture description
[34] 3GPP TS 38410 NG general aspects and principles
[35] 3GPP TS 38411 NG-RAN NG layer 1
[36] 3GPP TS 38412 NG-RAN NG signalling transport
[37] 3GPP TS 38413 NG-RAN NG Application Protocol (NGAP)
[38] 3GPP TS 38414 NG-RAN NG data transport
[39] 3GPP TS 38415 PDU Session User Plane Protocol
[40] 3GPP TS 38420 Xn general aspects and principles
[41] 3GPP TS 38421 NG-RAN Xn layer 1
[42] 3GPP TS 38422 NG-RAN Xn signalling transport
[43] 3GPP TS 38423 NG-RAN Xn Application Protocol (XnAP)
[44] 3GPP TS 38424 NG-RAN Xn data transport
[45] 3GPP TS 38425 NG-RAN NR user plane protocol
[46] 3GPP TS 38810 NR Study on test methods
[47] RFC 4282 The Network Access Identifier

GLOSSAIRE

3GPP : 3rd Generation Patnership Project, est un partenariat entre organismes de normalisation dans le domaine des télécommunications qui produit et publie les spécifications techniques des réseaux mobiles depuis la troisième génération.

AF : Application Function

AKA : Authentication and Key Agreement

AMF : Access and Management Function

AN : Access Network

ARP : Address Resolution Protocol

AUSF : Authentication Function

CCE : Control Channel Element

CM : Connection Management

CORESET : Control Resource Set

CP : Cyclic Prefix

CP : Control Plan

CRB : Common Resource Bloc

CSI-RS : Channel-state information reference signal

DCS : Digital Communication System

DECT : Digital Enhancced Cordless Telecommunications

DFT : Discret Fourrier Transform

DHCP : Dynamic Host Configuration Protocol

DL : Downlink

DM-RS : Demodulation Reference Signal

DN : Data Network

DNN : Data Network Name

DNS : Domain Name System

DSI : Data Set Identifier

EAP-5G : Extended Authentification Protocol pour le réseau 5G utilisé pour l'authentification des utilisateurs connectés à travers un réseau d'accès non 3GPP

EDGE : Enhanced Data rate for GSM Evolution

EGI : External Group Identifier

EIR : Equipment Identity Register

eMBB : enhanced Mobile Broadband

EPC : Evolved Packet Core

ePDG : evolved Packet Data Gateway

EPS : Evolved Packet System

FDD : Frequency Division Duplex

FQDN : Fully Qualify Domain Name

GPRS : General Packet Radio Service

GPSI : General Public Subscriber Identifier

GRE : Generic Routing Encapsulation

GSM : Global System for Mobile Communication

GTP : GPRS Tunneling Protocol

GUAMI : Global Unique AMF Identity

GUTI (5G GUTI) : Global Unique Temporary Identifier

HPLMN : Home Public Land Mobile Network

HSS : Home Subscriber Server

HTTP : HyperText Transfer Protocol

IETF : Internet Engineering Task Force

IFFT : Inverse Fast Fourier Transform

IKE : Internet Key Exchange permet l'échange de clés pour l'établissement d'un tunnel IPsec

IMEI : International Mobile Equipment Identity

IMS : IP Multimedia System

IMSI : International Mobile Subscriber Identity

IP : Internet Protocol

IPsec : Tunnel IPsec pour l'échange de données cryptées avec les clés précédemment échangées

IoT : Internet of Things, Internet des objets.

IPXS : Advanced IP Interconnection for Service

LAC : Location Area Code

LBO : Local Break Out, roaming dont les données utilisateurs ne passent pas par le réseau nominal

LMF : Location Management Function

LTE : Long Term Evolution

MAC : Medium Access Control

MCC : Mobile Country Code

MNC : Mobile Network Code

MIMO : Multiple Input Multiple Output

MM : Mobility Management

MSIN : Mobile Subscriber Identity Number

MSISDN : Mobile Station International Subscriber Directory Number

N3IWF : Non 3GPP Interworking Function

NAI : Network Access Identifier

NAS : Non Access Stratum

NCGI : New radio Celle Global Identifier

NEF : Network Exposure Function

NF : Network Function

NFV : Network Function Virtualization

NGAP : NG Application Part

NR : New Radio

NRF : Network Repository Function

NSI ID : Network Slice Identifier

NSSAI : Network Slice Selection Assistance Information

NSSF : Network Slice Selection Function

OAM : Operating, Administration and Maintenance

OFDM : Orthogonal Frequency Division Multiplex

PAPR : Peak to Average Power Ratio

PBCH : Physical Broadcast Channel

PCC : Policy and Charging Control

PCF : Policy and Charging Function

PDCP : Packet Data Convergence Protocol

PDCCH : Physical Downlink Control Channel

PDSCH : Physical Downlink Shared Channel

PDU : Packet Data Unit

PEI : Personnal Equipment Identity

PFD : Packet Flow Description

PFDF : Packet Flow Description Function, sous entité fonctionnelle dans le NEF, qui s'occupe du PFD

PLMN : Public Land Mobile Network

PRB : Physical Resource Bloc

PSS : Primary Synchronization Channel

PT-RS : Phase-tracking reference signal

QoS : Quality of Service

RAN : Radio Access Network

RAT : Radio Access Technology

RB : Resource Bloc

REG : Resource Element Group

RLC : Radio Link Control

RM : Registration Management

RRC : Radio Resource Control

RNTI : Radio Network Temporary Identifier

SCM : Security Context Management

SCTP : Stream Control Transmission Protocol

SDAP : Service Data Application Protocol

SDF : Service Data Flow

SDL : Supplementary Downlink

SDN : Software Defined Network

SEAF : Security Anchor Functionality

SEPP : Security Edge Protection Proxy

SM : Session Management

SMF : Session Management Function

SMS : Short Message Service

SMSF : Short Message Service Function

S-NSSAI : Single Network Slice Selection Assistance Information

SSS : Secondary Synchronization Channel

SST : Slice/Service Type

SUCI : Subscription Concealed Identifier

SUL : Supplementary Uplink

SUPI : Subscriber Permanent Identifier

TAC : Tracking Area Code

TAI : Tracking Area Identity

TDD : Time Division Đuplex

TCP : Transport Control Protocol

TLS : Transport Layer Security

TMSI : Temporary Mobile Subscriber Identity

UDM : Unified Data Management

UDR : Unified Data Repository

UDSF : Unstructured Data Storage Function

UE : User Equipment

UL : UpLink

UMTS : Universal Mobile Telecommunications System

UP : User Plane

UPF : User Plane Function

URLLC : Ultra Reliable Low Latency Communication

USIM : Universal Subscriber Identity Module

VPLMN : Visited Public Land Mobile Network

WCDMA : Wideband Code Division Multiple Access

TABLE DES MATIERES

Structures éditoriales du groupe L'Harmattan

L'Harmattan Italie
Via degli Artisti, 15
10124 Torino
harmattan.italia@gmail.com

L'Harmattan Hongrie
Kossuth l. u. 14-16.
1053 Budapest
harmattan@harmattan.hu

L'Harmattan Sénégal
10 VDN en face Mermoz
BP 45034 Dakar-Fann
senharmattan@gmail.com

L'Harmattan Cameroun
TSINGA/FECAFOOT
BP 11486 Yaoundé
inkoukam@gmail.com

L'Harmattan Burkina Faso
Achille Somé – tengnule@hotmail.fr

L'Harmattan Guinée
Almamya, rue KA 028 OKB Agency
BP 3470 Conakry
harmattanguinee@yahoo.fr

L'Harmattan RDC
185, avenue Nyangwe
Commune de Lingwala – Kinshasa
matangilamusadila@yahoo.fr

L'Harmattan Congo
67, boulevard Denis-Sassou-N'Guesso
BP 2874 Brazzaville
harmattan.congo@yahoo.fr

L'Harmattan Mali
ACI 2000 - Immeuble Mgr Jean Marie Cisse
Bureau 10
BP 145 Bamako-Mali
mali@harmattan.fr

L'Harmattan Togo
Djidjole – Lomé
Maison Amela
face EPP BATOME
ddamela@aol.com

L'Harmattan Côte d'Ivoire
Résidence Karl – Cité des Arts
Abidjan-Cocody
03 BP 1588 Abidjan
espace_harmattan.ci@hotmail.fr

Nos librairies en France

Librairie internationale
16, rue des Écoles
75005 Paris
librairie.internationale@harmattan.fr
01 40 46 79 11
www.librairieharmattan.com

Librairie des savoirs
21, rue des Écoles
75005 Paris
librairie.sh@harmattan.fr
01 46 34 13 71
www.librairieharmattansh.com

Librairie Le Lucernaire
53, rue Notre-Dame-des-Champs
75006 Paris
librairie@lucernaire.fr
01 42 22 67 13

www.ingramcontent.com/pod-product-compliance
Lightning Source LLC
LaVergne TN
LVHW011158061026
849535LV00003B/782
* 9 7 8 2 3 4 3 2 2 9 0 8 9 *